5G-Advanced NTN
空天地一体化技术

张建国　邱晓康　张　芳　徐　恩
杨东来　吴　松　万俊青　陈明华 ◎编著

人民邮电出版社
北京

图书在版编目（CIP）数据

5G-Advanced NTN 空天地一体化技术 / 张建国等编著.
北京 : 人民邮电出版社, 2025. -- ISBN 978-7-115
-65705-3

Ⅰ. TN929.538

中国国家版本馆 CIP 数据核字第 2024B9Z606 号

内 容 提 要

本书以最新版本的 3GPP Rel-18 协议为主，通过大量图形和表格系统地阐述了 NTN 技术。本书首先简要介绍移动通信发展历程，使读者对通信标准有初步的认识；然后介绍 NR 物理层，包括 NR-RAN 架构、NR 物理层设计要点和 NR 帧结构，为后续章节的学习奠定基础；最后详细分析 NTN 技术原理，为 NTN 后续的规划、设计、优化、应用和研发提供理论支撑。

本书适合从事 NTN 移动通信网络规划、设计、优化和维护的工程技术人员参考使用，以及通信设备研发企业和卫星通信研发企业技术人员使用，也可供高等院校移动通信相关专业的师生参考学习。

◆ 编　著　张建国　邱晓康　张　芳　徐　恩
　　　　　　杨东来　吴　松　万俊青　陈明华
　责任编辑　张　迪
　责任印制　马振武

◆ 人民邮电出版社出版发行　北京市丰台区成寿寺路 11 号
　邮编　100164　电子邮件　315@ptpress.com.cn
　网址　https://www.ptpress.com.cn
　固安县铭成印刷有限公司印刷

◆ 开本：787×1092　1/16
　印张：15.25　　　　　　　　2025 年 4 月第 1 版
　字数：315 千字　　　　　　2025 年 4 月河北第 1 次印刷

定价：119.00 元

读者服务热线：(010)53913866　印装质量热线：(010)81055316
反盗版热线：(010)81055315

编委会

策 划

王鑫荣　章建聪　于江涛　金敏玉

编 委

邱晓康　万俊青　许光斌　李益锋　李虓江　汪　伟
吴成林　张　芳　吴　松　陈明华　张建国　杨东来
单　刚　陶伟宜　徐　恩　徐　辉　黄伟程　景建新

前言

工业和信息化部2018年12月向中国电信、中国移动、中国联通发放了5G系统中低频段试验频率使用许可，2019年6月6日向中国电信、中国移动、中国联通、中国广电发放了5G商用牌照，我国正式进入5G商用元年。目前，我国已建成全球规模最大、技术领先的5G网络。根据工业和信息化部数据，截至2024年9月底，我国累计建成开通5G基站408.9万座，5G移动电话用户超过9.5亿户，"5G+工业互联网"项目数超过1.5万个。5G应用已经融入97个国民经济大类中的76个，在工业、矿业、电力、医疗等重点领域实现了规模化的应用和推广。随着移动通信服务需求的不断增长和通信技术的不断发展，5G网络的应用场景不断扩大，开始向空中和水下扩展，其中卫星通信是重点研究方向。在3GPP Rel-17协议中，引入了非地面网络（NTN），作为地面5G蜂窝移动通信网络的重要补充，NTN与地面5G蜂窝移动通信网络互相融合，可以有效覆盖地面、天空和海洋，实现空天地一体化通信。

3GPP Rel-17是5G NTN的第一个正式版本，涉及技术领域包括透明转发架构、具备全球导航卫星系统（GNSS）能力的用户设备，以及针对低地球轨道（LEO）、中地球轨道（MEO）或地球静止轨道（GEO）运行的目标卫星网络的物理层和接入层适应性，通过定时调整策略、基于位置/时间的切换，解决了NTN超大时延、准地面固定小区切换等问题。为进一步解决中低轨卫星超高速移动导致的频繁切换难题，Rel-18协议通过无随机接入信道（RACH-less）切换、切换过程中不改变物理小区标识（PCI）等技术，实现终端无感知切换，有效地避免了传统切换带来的频繁信令风暴和业务中断问题。本书以最新版本的3GPP Rel-18协议为主，结合编著者多年对物理层的深入理解，用大量图形和表格系统阐述了NTN技术，以便读者快速全面地掌握NTN技术，为NTN后续的规划、设计、优化、应用和研发提供理论支撑。

本书第1章是移动通信发展历程，主要介绍2G、3G、4G、5G的发展历程和6G初步进展。第2章是NR物理层，介绍了NR-RAN架构、NR物理层设计要点和NR帧结构等。第3章是NTN技术概述，主要包括NTN技术应用场景、进展和关键技术，NR-NTN

系统架构，NTN 部署场景，NTN 对 NR 规范的潜在影响，Rel-18 和面向 6G 的 NTN 技术演进。第 4 章是 NR-NTN 频谱和信道安排，包括工作频段、信道带宽和信道安排。第 5 章是 NR-NTN 定时关系和随机接入过程，包括初始小区搜索以及系统消息、上行定时补偿、定时关系增强、随机接入过程、定时提前报告和 HARQ。第 6 章是 NR-NTN 移动性管理，包括移动性管理简介、连接态的移动性管理、连接态的测量管理、空闲态的移动性管理、Rel-18 移动性管理增强和潜在的 TN/NTN-NTN 间移动性管理增强。第 7 章是 NR-NTN 验证 UE 位置，包括网络验证 UE 位置的必要性、5G 蜂窝网定位原理、单卫星 Multi-RTT 定位、参考信号、时间差测量和 Multi-RTT 定位流程。

  本书在介绍 NTN 技术原理的同时，提供了学习 3GPP 协议的方法。本书可以单独阅读，也可以和 3GPP 协议同时阅读。掌握了本书提供的学习方法，读者可以在 3GPP 协议更新后，快速学习和掌握 3GPP 后续版本引入的 NTN 技术新功能。

  本书得到了华信咨询设计研究院有限公司于江涛、李虓江、彭宇、庞玥、韩雷等的大力支持，在此表示感谢。

  由于编著者水平有限，加上 NTN 技术标准与设备仍在不断研发和完善中，书中难免存在疏漏之处，敬请各位读者批评指正。

张建国
2024 年 10 月于杭州

目录

第 1 章 移动通信发展历程 — 001
- 1.1 2G 的发展历程 — 002
- 1.2 3G 的发展历程 — 005
- 1.3 4G 的发展历程 — 009
- 1.4 5G 的发展历程 — 012
- 1.5 6G 初步进展 — 022
- 1.6 本章小结 — 023

第 2 章 NR 物理层 — 025
- 2.1 NR-RAN 架构 — 026
- 2.2 NR 物理层设计要点 — 032
- 2.3 NR 帧结构 — 038
  - 2.3.1 参数集（Numerology）— 038
  - 2.3.2 帧、时隙和 OFDM 符号 — 039
- 2.4 NR-NTN 物理层设计要点 — 044
- 2.5 本章小结 — 045

第 3 章 NTN 技术概述 — 047
- 3.1 NTN 技术应用场景、进展和关键技术 — 048
  - 3.1.1 NTN 的应用场景 — 048
  - 3.1.2 NTN 的系统挑战 — 051
  - 3.1.3 NTN 的标准进展 — 052
  - 3.1.4 NTN 的关键技术 — 053
- 3.2 NR-NTN 系统架构 — 056
  - 3.2.1 NR-NTN 组成与架构 — 056
  - 3.2.2 基于 NTN 的 NG-RAN 架构 — 061

3.3 NTN 部署场景 ·· 068
　3.3.1 NTN 的参考场景 ·· 068
　3.3.2 NTN 的信道特征 ·· 070
3.4 NTN 对 NR 规范的潜在影响 ·· 072
　3.4.1 NTN 面临的约束 ·· 072
　3.4.2 NTN 对 5G NR 规范的潜在影响 ··· 074
　3.4.3 NTN 对 5G NR 随机接入的影响分析 ·· 077
　3.4.4 NTN 对 5G NR 解调参考信号的影响分析 ··································· 079
3.5 Rel-18 和面向 6G 的 NTN 技术演进 ·· 082
　3.5.1 3GPP Rel-18 NTN 主要关键技术 ·· 082
　3.5.2 面向 6G 的 NTN 技术演进 ··· 084
3.6 本章小结 ·· 085

第 4 章　NR-NTN 频谱和信道安排 ·· 087
4.1 工作频段 ·· 088
4.2 信道带宽 ·· 089
4.3 信道安排 ·· 093
　4.3.1 信道间隔 ··· 093
　4.3.2 信道栅格 ··· 093
　4.3.3 同步栅格 ··· 096
4.4 本章小结 ·· 100

第 5 章　NR-NTN 定时关系和随机接入过程 ·································· 101
5.1 初始小区搜索以及系统消息 ··· 102
　5.1.1 初始小区搜索过程 ··· 102
　5.1.2 系统消息 ··· 104
　5.1.3 NTN-Config ·· 105
5.2 上行定时补偿 ·· 107
5.3 定时关系增强 ·· 112
　5.3.1 上行定时关系增强 ··· 112
　5.3.2 MAC CE 定时关系增强 ·· 113
5.4 随机接入过程 ·· 114
　5.4.1 随机接入过程概述 ··· 114
　5.4.2 四步随机接入过程 ··· 116
　5.4.3 两步随机接入过程 ··· 118

5.5	定时提前报告	119
5.6	HARQ	120
5.7	本章小结	121

第6章　NR-NTN 移动性管理 …… 123

- 6.1 移动性管理简介 …… 124
  - 6.1.1 NTN 和 TN 联合部署的移动性场景 …… 124
  - 6.1.2 条件切换 …… 125
  - 6.1.3 UE 粗略位置信息 …… 128
- 6.2 连接态的移动性管理 …… 129
  - 6.2.1 NTN 内的移动性策略 …… 129
  - 6.2.2 NTN-TN 间的移动性策略 …… 135
- 6.3 连接态的测量管理 …… 136
- 6.4 空闲态的移动性管理 …… 142
  - 6.4.1 寻呼 …… 142
  - 6.4.2 小区选择和小区重选 …… 144
- 6.5 Rel-18 移动性管理增强 …… 148
  - 6.5.1 无 RACH 切换 …… 149
  - 6.5.2 具有重新同步的卫星转换 …… 157
  - 6.5.3 NTN-TN 移动性管理增强 …… 164
  - 6.5.4 NTN-NTN 移动性管理增强 …… 171
- 6.6 潜在的 TN/NTN-NTN 间移动性管理增强 …… 172
  - 6.6.1 TN/NTN-NTN DAPS 增强 …… 172
  - 6.6.2 TN/NTN-NTN 双连接增强 …… 176
- 6.7 本章小结 …… 179

第7章　NR-NTN 验证 UE 位置 …… 181

- 7.1 网络验证 UE 位置的必要性 …… 182
- 7.2 5G 蜂窝网定位原理 …… 184
  - 7.2.1 5G 蜂窝网定位系统架构 …… 184
  - 7.2.2 5G 蜂窝网定位方法 …… 188
  - 7.2.3 5G 蜂窝网定位技术 …… 191
  - 7.2.4 5G 蜂窝网定位误差分析 …… 198
- 7.3 单卫星 Multi-RTT 定位 …… 200
  - 7.3.1 基本原理 …… 200

7.3.2　镜像位置模糊问题 …… 201
7.4　参考信号 …… 203
　7.4.1　PRS …… 204
　7.4.2　SRS …… 208
7.5　时间差测量 …… 216
　7.5.1　UE Rx-Tx 时间差（$T_{\text{UE Rx-Tx}}$）…… 217
　7.5.2　gNB Rx-Tx 时间差（$T_{\text{gNB Rx-Tx}}$）…… 221
　7.5.3　UE、gNB 和 LMF 之间的信号流 …… 222
7.6　Multi-RTT 定位流程 …… 223
　7.6.1　NG-RAN/5GC 网元之间传递的信息 …… 223
　7.6.2　Multi-RTT 定位流程的时序 …… 227
7.7　本章小结 …… 228

参考文献 …… **230**

第 1 章

移动通信发展历程

通信系统包括通信网络和用户设备两大部分，通信网络由交换机、传输网和接入网等设备组成，用户设备通常被称为用户终端，用户可利用用户终端获得通信网络的服务。根据用户终端的不同，通信系统又分为固定通信系统和移动通信系统，固定通信系统中用户终端的位置是固定的，移动通信系统中用户终端的位置是可以移动的。

移动通信系统中的用户终端利用无线电波来传递信息，帮助人们摆脱了电话线的束缚，大幅拓展了用户的活动空间。1979年，美国开通了模拟移动通信系统，开创了移动通信的先河。模拟移动通信系统是第一代移动通信系统，简称1G（First Generation）。模拟移动通信系统基本实现了移动用户之间的通信，具有划时代的意义。但是模拟移动通信系统在功能上有安全保密性差、系统容量小、终端功能弱等明显缺点。于是，人们开始研究新的移动通信系统——数字移动通信系统，即第五代移动通信系统。

1.1 2G的发展历程

第二代移动通信系统简称2G，欧洲在20世纪90年代初完成了全球移动通信系统（Global System for Mobile Communications，GSM）标准并成功实施，美国在同期发展了窄带码分多址（Code Division Multiple Access，CDMA，空中接口是IS-95A）。2G是非常成功的移动通信系统，比较好地解决了移动中的语音通信需求并提供了一些数据业务。

GSM的相关工作由欧洲电信标准化协会（European Telecommunications Standards Institute，ETSI）承担，在评估了20世纪80年代中期提出的基于时分多址（Time Division Multiple Access，TDMA）、CDMA和频分多址（Frequency Division Multiple Access，FDMA）提案之后，最终确定GSM标准基于TDMA技术。GSM是一种典型的开放式结构，具有以下主要特点。

① GSM由几个分系统组成，各分系统之间有定义明确且详细的标准化接口方案，保证任何厂商提供的GSM设备可以互联。同时，GSM与各种公用通信网之间也都详细定义了标准接口规范，使GSM可以与各种公用通信网实现互联互通。

② GSM除了可以承载基本的语音业务，还可以承载数据业务。

③ GSM采用FDMA/TDMA及跳频的复用方式，频率重复利用率较高，同时具有灵活方便的组网结构，可以满足用户的不同容量需求。

④ GSM的抗干扰能力较强，系统的通信质量较高。

20世纪90年代中后期，GSM引入了通用分组无线服务（General Packet Radio Service，GPRS），实现了分组数据在蜂窝移动通信系统中的传输，GPRS采用与GSM相同的高斯最小频移键控（Gaussian Minimum Frequency-Shift Keying，GMSK）调制方式，GPRS通常被称为2.5G。

GSM的增强被称为GSM演进的增强型数据速率（Enhanced Data Rate for GSM Evolution，EDGE），通常称为2.75G。EDGE通过在GSM内引入更先进的无线接口获得更高的数据速率，包括高阶调制（8 Phase Shift Keying，8PSK）、链路自适应等，既针对电路交换型业务，也针对GPRS分组交换型业务。

3GPP成立后，GSM/EDGE的标准化工作由ETSI转移到3GPP，其无线接入部分称为GSM/EDGE无线接入网络（GSM/EDGE Radio Access Network，GERAN）。

演进的GERAN复用了现有的网络架构，并对基站收发信机（Base Transceiver Station，BTS）、基站控制器（Base Station Controller，BSC）和核心网络硬件的影响降到最小，同时在频率规划和遗留终端共存方面实现与现有GSM/EDGE的后向兼容。演进的GERAN还具有一系列的性能目标，包括改进频谱效率、提高峰值数据速率、改善网络覆盖、提升业务可行性，以及降低传输时延等。所考虑的技术包括双天线终端、多载波EDGE、减小的传输时间间隔（Transmission Time Interval，TTI）和快速反馈、改进的调制和编码机制、更高的符号速率。

GSM/EDGE的网络结构如图1-1所示。基站子系统（Base Station Subsystem，BSS）包括BTS和BSC。BTS主要负责无线传输，通过空中接口Um与移动台（Mobile Station，MS）相连，通过Abis接口（BTS与BSC之间的接口）与BSC相连。BSC主要负责控制和管理，通过BTS和MS的远端命令管理所有的无线接口，主要进行无线信道的分配、释放，以及越区切换的管理等，起到BSS中交换设备的作用；同时，BSC通过A接口与网络交换子系统（Network Switching Subsystem，NSS）相连，提供语音业务等功能，通过Gb接口（SGSN与BSC之间的接口）与GPRS核心网相连，提供分组数据业务功能。

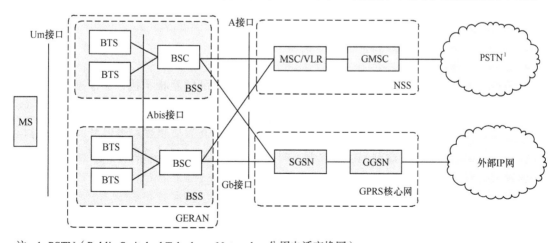

注：1. PSTN（Public Switched Telephone Network，公用电话交换网）。

图1-1　GSM/EDGE的网络结构

窄带 CDMA 空中接口规范由美国电信产业协会（Telecommunication Industry Association，TIA）制定。TIA 于 1993 年完成窄带 CDMA 空中接口规范 IS-95A 的制定工作，1995 年最终定案。1997 年，TIA 在 IS-95A 规范的基础上完成 IS-95B 规范，增加了 64kbit/s 的传输能力，IS-95A 和 IS-95B 是窄带 CDMA 的空中接口标准。

窄带 CDMA 的网络结构如图 1-2 所示，与 GSM 的网络结构相似。CDMA 系统主要由 NSS、BSS 和 MS 三大部分组成。NSS 含有 CDMA 系统的交换功能和用于用户数据与移动性管理、安全性管理所需的数据库功能；BSS 由 BTS 和 BSC 组成；MS 定义为移动台（终端）。

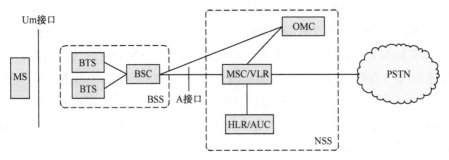

图1-2 窄带CDMA的网络结构

CDMA 空中接口的关键技术包括扩频技术、功率控制技术、分集接收技术和切换技术等。

1. 扩频技术

扩频通信的基本特点是其传输信息所用信号的带宽远大于信息本身的带宽，在 CDMA 系统中，信号速率为 9600bit/s，而带宽达到了 1.23MHz，是信号速率的 100 多倍，因此可以降低对接收机信噪比的要求，带来的好处包括抗干扰性强、误码率低、易于同频使用、提高无线频谱利用率和抗多径干扰，自身还具有加密功能，保密性强。

2. 功率控制技术

CDMA 系统中各个设备使用同一频率，形成系统内部的互相干扰，为了减少离基站近的终端对离基站远的终端的干扰，CDMA 系统需要调整终端的发射功率，使得各个终端到达基站的功率基本相同，这就需要进行功率控制。终端功率控制有开环功率控制和闭环功率控制：开环功率控制只涉及终端；闭环功率控制需要基站和终端共同参与，闭环功率控制可以进一步细分为内环功率控制和外环功率控制。

3. 分集接收技术

为了对抗信号衰落，CDMA 使用多种分集技术，包括频率分集、空间分集和时间分集，时间分集就是 RAKE 接收，即同时使用多个解调解扩器（Finger）对接收信号进行解调解扩，然后将结果合并，从而达到提高信噪比、降低干扰的目的。

4. 切换技术

CDMA 系统支持多种切换方式，包括同一个载频间的软切换和更软切换，以及不同载频间的硬切换。软切换和更软切换是 CDMA 系统特有的切换方式，软切换的定义是终端在切换时，同时与相邻的几个基站保持联系；更软切换的定义是终端在同一个基站的几个扇区内切换。（更）软切换建立在 RAKE 接收的基础上，具有切换成功率高、避免乒乓效应等优点。

1.2　3G 的发展历程

面向 3G 的研究工作起步于 1990 年年初，1996 年，国际电信联盟（International Telecommunication Union，ITU）将第三代移动通信系统命名为国际移动通信系统-2000（IMT-2000），这个命名有 3 层含义：系统工作在 2000MHz 频段，最高业务速率可达 2000kbit/s，预计在 2000 年左右实现商用。

IMT-2000 最主要的工作是确定 3G 的空中接口，1999 年最终确定在 3G 中使用 5 种技术方案。其中宽带码分多址（Wideband Code Division Multiple Access，WCDMA）、CDMA2000、时分同步码分多址（Time Division Synchronous Code Division Multiple Access，TD-SCDMA）三大流派采用 CDMA 技术，是 3G 的主流，WCDMA 和 TD-SCDMA 由 3GPP 组织制定，CDMA2000 由 3GPP2 组织制定。单载波 TDMA（Single Carrier-TDMA，SC-TDMA）和多载波 TDMA（Multi-Carrier TDMA，MC-TDMA）采用 TDMA 技术。本书集中讨论 CDMA 技术。

IMT-2000 定义的 3G 需求主要包括以下内容。

① 最高可达 2Mbit/s 的比特速率。
② 根据不同的带宽需求支持可变比特速率。
③ 支持不同服务质量要求的业务，例如语音、视频和分组数据复用到一条单一的链路中。
④ 时延要求涵盖了从时延敏感型的实时业务到比较灵活的尽力而为型的分组数据。
⑤ 质量要求涵盖从 10% 的误帧率到 10^{-6} 的误比特率。
⑥ 与 2G 系统的共存以及支持为增加覆盖范围和负载均衡而要在两种系统之间进行切换的功能。
⑦ 支持上、下行链路业务不对称的服务。
⑧ 支持频分双工（Frequency Division Duplex，FDD）、时分双工（Time Division Duplex，TDD）两种模式的共存。

1. WCDMA

日本和欧洲分别于 1997 年和 1998 年选择了 WCDMA 空中接口技术。全球 WCDMA 技术规范活动归并到 3GPP 的目的是在 1999 年年底制定首套技术规范，即 Release99。

WCDMA 的无线接入方式被称为 UMTS 陆地无线接入网（UMTS Terrestrial Radio Access Network，UTRAN），UTRAN 是通用移动通信系统（Universal Mobile Telecommunications System，UMTS）中最重要的无线接入方式，使用范围最广。

UTRAN 的网络结构如图 1-3 所示。UTRAN 包含一个或多个无线网络子系统（Radio Network Subsystem，RNS），RNS 是 UTRAN 内的一个子网，它包括一个无线网络控制器（Radio Network Controller，RNC）、一个或多个 Node B，RNC 通过 Iur 接口彼此互连，而 RNC 和 Node B 通过 Iub 接口相连。RNC 是负责控制无线资源的网元，其逻辑功能相当于 GSM 的 BSC，RNC 通过 Iu CS 接口连接到电路交换（Circuit Switching，CS）域的移动交换中心（Mobile Switching Center，MSC）；RNC 通过 Iu PS 接口连接到分组交换（Packet Switched，PS）域的 GPRS 服务支持节点（Serving GPRS Support Node，SGSN）。Node B 的主要功能是进行空中接口物理层的处理（例如信道编码和交织、速率匹配、扩频等），它也执行一些基本的无线资源管理工作，例如内环功率控制，从逻辑上将 Node B 对应 GSM 的基站。

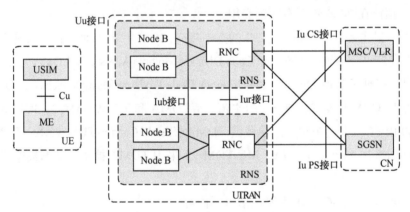

图1-3 UTRAN的网络结构

WCDMA 空中接口的主要特征包括以下 7 项。

① WCDMA 是一个宽带直接序列码分多址（Direct Sequence-Code Division Multiple Access，DS-CDMA）系统，即通过将用户数据与 CDMA 扩频码产生的伪随机比特（称为码片）相乘，把用户信息比特扩展到大的带宽上。

② 使用 3.84Mchip/s 的码片速率需要大约 5MHz 的载波带宽，WCDMA 所固有的宽载波带宽使其能支持高用户数据速率以及多径分集增强。

③ WCDMA 支持 FDD 和 TDD 两种基本的工作模式：在 FDD 模式下，上行链路和下行链路分别使用单独的 5MHz 载波；TDD 模式下只使用一个 5MHz 载波，在上下行链路之间分时共享。

④ WCDMA 支持异步基站工作模式，不需要使用一个全局的时间基准。因为不需要接收全球定位系统（Global Positioning System，GPS）信号，室内小区和微小区的部署就变得简单了。

⑤ WCDMA 在设计上要与 GSM 协同工作，因此，WCDMA 支持与 GSM 之间的切换。

⑥ 由于信号带宽较大，存在复杂的多径衰落信号，WCDMA 使用快速功率控制和 RAKE 接收机在内的分集接收能力，可以缓解信号功率衰落的问题。

⑦ WCDMA 支持软切换和更软切换，可以有效地减轻远近效应造成的干扰。

完成 Release99 后，开始集中对 Release99 进行必要的修改和确定一些新特性上。由于版本的命名方式有所调整，2001 年 3 月发布的版本称为 Rel-4，Rel-4 只对 Release99 做了细微的调整；Rel-5 则有较多的补充，包括高速下行分组接入（High-Speed Downlink Packet Access，HSDPA）和基于 IP 的传输层；Rel-6 中引入了高速上行分组接入（High-Speed Uplink Packet Access，HSUPA）和多媒体多播广播业务（Multimedia Broadcast Multicast Service，MBMS）。Rel-5 和 Rel-6 对移动带宽接入定义了基准要求，而在 Rel-7、Rel-8 和 Rel-9 中，高速分组接入（High-Speed Packet Access，HSPA）的演进进一步提升了 HSPA 的能力，并且在 Rel-10 和 Rel-11 中继续发展。

WCDMA 版本演进的一个显著特征是通过高阶调制方式、多载波技术和多输入多输出（Multiple Input Multiple Output，MIMO）技术，实现了更高的峰值速率。Rel-6 中的峰值比特速率下行链路为 14Mbit/s，上行链路为 5.76Mbit/s。随着双小区 HSPA（Dual Cell HSPA，DC-HSPA）技术，以及三载波和四载波的使用，加之更高阶调制方案（下行链路为 64QAM，上行链路为 16QAM）的实施和多天线解决方案（即 MIMO 技术），下行链路和上行链路的数据速率都有明显的提升。Rel-9 中的峰值比特速率的下行链路为 84Mbit/s，上行链路为 24Mbit/s。HSPA 极限峰值速率的演进路线如图 1-4 所示，并给出了达到极限峰值速率的条件。

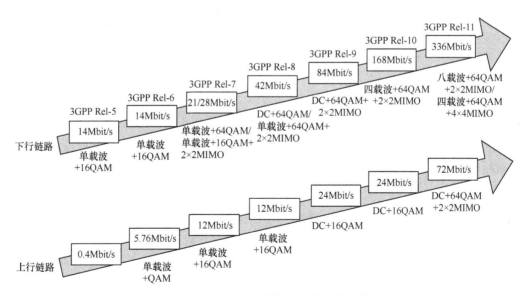

图1-4　HSPA极限峰值速率的演进路线

2. TD-SCDMA

TD-SCDMA 的技术细节由 3GPP 完成。1999 年 12 月，3GPP RAN 第 7 次全会上正式确定了 TD-SCDMA 和 UTRA TDD 标准的融合原则。在 2001 年 3 月的 3GPP RAN 第 11 次全会上，TD-SCDMA 被正式列入 3GPP 关于第三代移动通信系统的技术规范，包含在 3GPP Rel-4 中。TD-SCDMA 的行业标准由中国通信标准化协会（China Communications Standards Association, CCSA）的 TC5 制定，包括系统体系、空中接口和网元接口的详细技术规范，并由原信息产业部在 2006 年 1 月 20 日正式颁布。

除了采用 TDD 而非 FDD 双工方式，TD-SCDMA 与 WCDMA/HSPA 的主要差别在于低码片速率（1.28Mchip/s）以及由此产生的大约 1.6MHz 载波带宽、可选的高阶调制方式（8PSK）和不同的 5ms 时隙帧结构。

TD-SCDMA 反映到 3GPP 标准中的一些功能源自 CCSA 的工作，这些功能包括以下两项具体内容。

① **多频点操作**。在此模式下，单小区可支持多个 1.28Mchip/s 的载波。只在主载波频点上发送广播信道（Broadcast Channel, BCH）以便降低小区间的干扰，主频点上的载波包含所有公共信道，而业务信道既可以在主载波也可以在辅载波上传输，各终端只能在单个 1.6MHz 载波上运行。

② **多载波 HSDPA**。在采用多载波 HSDPA 的小区中，高速下行共享信道（High-Speed Downlink Shared Channel, HS-DSCH）可以在多于一个载波上发送给终端，规范还为最多 6 个载波定义了一个 UE 能力级。

3. CDMA2000

CDMA2000 是在 IS-95 的蜂窝移动通信标准下演进而成的，成为全球化的 IMT-2000 技术时，更名为 CDMA2000，并且其标准化工作也由 TIA 转移到 3GPP2，3GPP2 致力于 CDMA2000 的规范工作。CDMA 标准经历了与 WCDMA/HSPA 类似的演进过程，在其不同的演进过程中，与 WCDMA/HSPA 一样，关注的焦点从语音和电路交换型数据逐步转移到尽力而为型数据和宽带数据，所采用的基本原理与 HSPA 非常类似。

CDMA2000 的演进路线如图 1-5 所示，CDMA 2000 1x 标准正式被 ITU 接纳。为了更好地支持数据业务而启动了两条并行的演进路线：第一条路线只支持数据（EVolution-DataOnly, EV-DO）继续作为演进主线，也称为高速分组数据（High Rate Packet Data, HRPD）；另一条并行路线集成数据与语音（EVolution-Data and Voice, EV-DV），以便在同一载波上同时支持数据和电路交换业务，现在 EV-DV 已经不在 3GPP2 继续演进。

图 1-5 还展示了超移动宽带（Ultra Mobile Broadband, UMB），一个基于正交频分复用（Orthogonal Frequency Division Multiplexing, OFDM）的标准，包括支持多天线传输和最高达 20MHz 的信道带宽等。它与长期演进技术（Long Term Evolution, LTE）所采用

的技术和功能类似，其中一个主要区别在于 UMB 在上行链路上使用 OFDM，而 LTE 采用单载波调制，UMB 不支持 CDMA2000 的后向兼容。目前，UMB 没有得到应用，也不在 3GPP2 中进一步发展，但是来自 UMB 的一些功能，最知名的是基于 OFDM 的多天线方案，已被采纳作为 EV-DO 版本 C 中相应功能的基础。

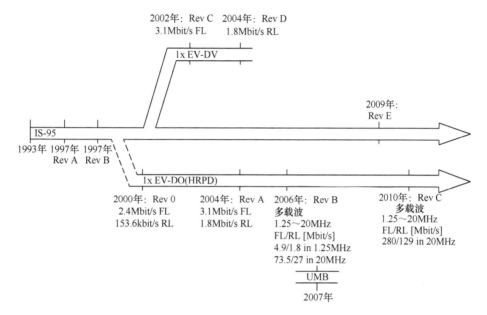

图1-5　CDMA2000的演进路线

1.3 4G 的发展历程

为了应对宽带接入技术的挑战，同时为了满足新型业务的需求，3GPP 在 2004 年年底启动 LTE（也称为 Evolved UTRAN，E-UTRAN）和系统架构演进（System Architecture Evolution，SAE）的标准化工作。在 LTE 系统设计之初，其目标和需求就非常明确。

1. 带宽

支持 1.4MHz、3MHz、5MHz、10MHz、15MHz、20MHz 的信道带宽，支持成对频谱和非成对频谱。

2. 用户面时延

系统在单用户、单流业务，以及小 IP 包的条件下，单向用户面时延小于 5ms。

3. 控制面时延

空闲态到激活态的转换时间小于 100ms。

4. 峰值速率

下行峰值速率达到 100Mbit/s（2 天线接收）、上行峰值速率达到 50Mbit/s（1 天线发送），频谱效率达到 3GPP Rel-6 的 2～4 倍。

5. 移动性

在低速（0～15km/h）的情况下性能最优，高速移动（15～120km/h）的情况下仍支持较高的性能，系统在 120～350km/h 的移动速率下可用。

6. 系统覆盖

在小区半径为 5km 的情况下，系统吞吐量、频谱效率和移动性能等指标符合需求定义的要求；在小区半径为 30km 的情况下，上述指标略有降低；系统能够支持小区半径为 100km 的小区。

2008 年 12 月，3GPP 正式发布了 LTE Rel-8，它定义了 LTE 的基本功能。

在无线接入网架构方面，为了达到简化流程和缩短时延的目的，E-UTRAN 舍弃了 UTRAN 的传统 RNC/Node B 两层结构，完全由多个 eNode B（简称 eNB）的一层结构组成，E-UTRAN 的网络拓扑架构如图 1-6 所示。eNode B 之间在逻辑上通过 X2 接口互相连接，也就是通常所说的 Mesh 型网络，可以有效地支持 UE 在整个网络内的移动性，保证用户的无缝切换。每个 eNode B 通过 S1 接口与 MME/S-GW 相连接，1 个 eNode B 可以与多个 MME/S-GW 互联。与 UTRAN 系统相比，E-UTRAN 将 Node B 和 RNC 融为一个网元 eNB，因此，系统中将不存在 Iub 接口，而 X2 接口类似于元系统中的 Iur 接口，S1 接口类似于 Iu 接口。

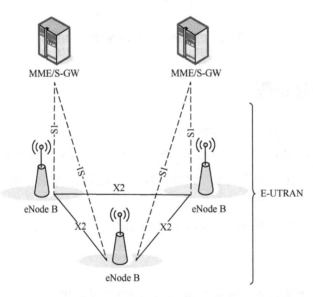

图1-6　E-UTRAN的网络拓扑架构

eNode B 是在 UMTS 系统 Node B 原有的功能基础上，增加了 RNC 的物理层、介质访问控制（Medium Access Control，MAC）层、无线资源控制（Radio Resource Control，RRC）层，以及调度、接入控制、承载控制、移动性管理和小区间无线资源管理等功能，即 eNode B 实现了接入网的全部功能。移动性管理实体（Mobility Management Entity，

MME)/服务网关(Serving GateWay, S-GW)则可以看作一个边界节点, 作为核心网的一部分, 类似于UMTS的SGSN。

E-UTRAN无线接入网的结构可以带来的好处体现在以下3个方面。

① 网络扁平化, 降低系统时延, 改善了用户体验, 可以开展更多业务。

② 网元数目减少使得网络部署更简单, 网络维护更加容易。

③ 取消了RNC的集中控制, 避免单点故障, 有利于提高网络的稳定性。

在物理层方面, LTE系统同时定义了频分双工和时分双工两种方式。

LTE下行传输方案采用传统的带循环前缀(Cyclic Prefix, CP)的OFDM, 每个子载波间隔是15kHz(MBMS也支持7.5kHz), 下行数据主要采用QPSK、16QAM、64QAM这3种调制方式, 业务信道以Turbo编码为基础, 控制信道以卷积码为基础。MIMO被认为是达到用户平均吞吐量和频谱效率要求的最佳技术, 是LTE提高系统效率的最主要手段, 下行MIMO天线的基本配置为: 基站侧有2个发射天线, UE侧有2个接收天线, 即2×2的天线配置。

LTE的上行传输方案采用带循环前缀的峰均比较低的单载波FDMA(Single Carrier-FDMA, SC-FDMA), 使用离散傅里叶变换(Discrete Fourier Transform, DFT)获得频域信号, 然后插入零符号进行扩频, 扩频信号再通过反向快速傅里叶变换(Inverse Fast Fourier Transform, IFFT), 这个过程也简写为DFT扩频的OFDM(DFT Spread OFDM, DFT-S-OFDM)。上行调制主要采用QPSK、16QAM、64QAM, 上行信道编码与下行相同。上行单用户MIMO天线的基本配置为: UE侧有1个发射天线, eNode B有2个接收天线, 上行虚拟MIMO技术也被LTE采纳, 作为提高小区边缘数据速率和系统性能的主要手段。

Rel-8和Rel-9是LTE的基础, 提供了高能力的移动宽带标准, 为了满足新的需求和期望, 在Rel-8/9的基础上, LTE又进行了额外的增强, 并增加了一些新的特征, LTE版本的演进如图1-7所示。

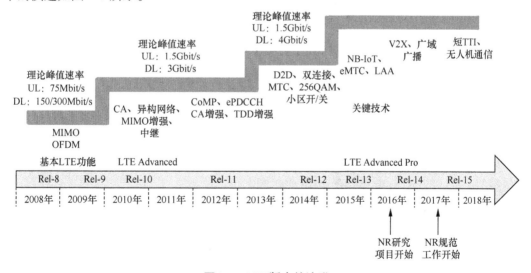

图1-7 LTE版本的演进

Rel-10 是在 2010 年年底完成的，标志着 LTE 演进的开始。Rel-10 无线接入技术完全满足 IMT-Advanced 的需求，因此 Rel-10 及其后的版本也被命名为 LTE-Advanced，简称 LTE-A。Rel-10 支持的新特征包括载波聚合（Carrier Aggregation，CA）、中继（Relay）、异构网络（Heterogeneous Network，HN），同时增强了 MIMO 技术。

Rel-11 进一步扩展了 LTE 的性能和能力，在 2012 年年底冻结。Rel-11 支持的新特征包括协作多点（Coordinated Multiple Point，CoMP）传输和接收，引入了新的控制信道，即增强物理下行控制信道（Enhanced Physical Downlink Control Channel，EPDDCH），支持跨制式（即 FDD 和 TDD）的载波聚合。

Rel-12 在 2014 年完成，主要聚焦在小基站（Small Cell）的特征，例如双连接、小基站开/关、动态（或半动态）TDD 技术，引入了终端直连（Device-to-Device，D2D）通信和低复杂度的机器类通信（Machine-Type Communications，MTC）。

Rel-13 在 2015 年冻结，标志着 LTE Advanced Pro 的开始，在某些时候，Rel-13 也被称为 4.5G 技术，被认为是第一个 LTE 版本和 5G 新空口（New Radio，NR）的中间技术。作为对授权频谱的补充，Rel-13 引入了授权频谱辅助接入（License-Assisted Access，LAA）以支持非授权频谱，改善了对机器类通信的支持（即 eMTC 和 NB-IoT），同时在载波聚合、多天线传输、D2D 通信等方面进行了增强。

Rel-14 于 2017 年春季完成，在非授权频谱等方面增强了之前的版本。Rel-14 支持车辆对车辆（Vehicle-to-Vehicle，V2V）通信和车辆对一切（Vehicle-to-everything，V2X）通信，以及使用较小的子载波间隔以支持广域广播通信。

Rel-15 于 2018 年完成，减少时延（即短 TTI）和支持无人机通信是 Rel-15 的两个主要特征。

总之，除了传统的移动宽带用户案例，后续版本的 LTE 也支持新的用户案例并且在未来继续演进。LTE 支持的用户案例是 5G 的重要组成部分，LTE 支持的功能非常重要且是 5G 无线接入的重要组成部分。

1.4　5G 的发展历程

从 2012 年开始，ITU 组织全球业界开展 5G 标准化的前期研究工作，2015 年 6 月，ITU 正式确定 IMT-2020 为 5G 系统的官方名称，并明确了 5G 的业务趋势、应用场景和流量趋势，ITU 的 5G 标准最终在 2020 年年底发布。

5G 标准的实际制定工作由 3GPP 负责，3GPP 最早提出 5G 是在 2015 年 9 月美国凤凰城召开的关于 5G 的 RAN Workshop 会议上，这次会议旨在讨论并拟定一个面向 ITU IMT-2020 的 3GPP 5G 标准化时间计划。根据规划，Rel-14 主要开展 5G 系统框架和关键技术研究，Rel-15作为第一个版本的5G标准，满足部分5G需求，在2019年被冻结；Rel-16完成第二版本5G标准，满足ITU的所有IMT-2020需求，在2020年7月3日被冻结；2022年6月9日，3GPP RAN第96次会议宣布Rel-17被冻结。至此，5G的首批3个版本标准全部完成。从Rel-18开始，5G-A（5G-Advanced）被视为5G的演进，预计将有3个版本。

ITU发布的5G白皮书定义了5G的三大场景，分别是增强移动宽带（enhanced Mobile BroadBand，eMBB）、超高可靠低时延通信（ultra-Reliable and Low Latency Communication，uRLLC）和海量机器类通信（massive Machine Type Communications，mMTC）。ITU定义的5G三大应用场景如图1-8所示。实际上，不同行业往往在多个关键指标上存在差异化需求，因而5G系统还需要支持可靠性、时延、吞吐量、定位、计费、安全和可用性的定制组合。此外，5G系统还应为多样化的应用场景提供差异化的安全服务，保护用户隐私并支持提供开放的安全能力。

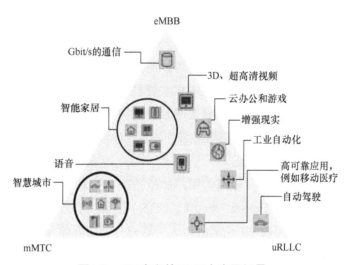

图1-8　ITU定义的5G三大应用场景

中国向ITU输出的5G四大应用场景分别是连续广域覆盖、热点高容量、低功耗大连接和低时延高可靠场景。连续广域覆盖和热点高容量应用场景对应ITU定义的eMBB场景，主要满足2020年及未来的移动互联网业务需求，也就是传统的4G主要技术场景。低功耗大连接和低时延高可靠应用场景主要面向物联网业务，是5G新拓展的应用场景，重点解决传统移动通信网络无法很好支持物联网以及垂直行业应用的问题，其中低功耗大连接场景对应ITU定义的mMTC场景，低时延高可靠场景对应ITU定义的uRLLC场景。

连续广域覆盖应用场景是移动通信最基本的覆盖方式，以保证用户移动性和业务连续性为目标，为用户提供无缝的高速业务体验。该应用场景的主要挑战在于随时随地（包括小区边缘、高速移动等恶劣场景）为用户提供 100Mbit/s 以上的用户体验速率。

热点高容量应用场景主要面向局部热点区域，为用户提供极高的数据传输速率，满足网络极高的流量密度需求。1Gbit/s 用户体验速率、数十 Gbit/s 峰值速率和数十 Tbit/s·km^{-2} 的流量密度需求是该场景面临的主要挑战。

低功耗大连接应用场景主要面向智慧城市、环境监测、智慧农业、森林防火等以传感和数据采集为目标的应用场景，具有小数据包、低功耗、海量连接等特点。这类终端分布范围广、数量多，不仅要求网络具备超千亿连接的支持能力，满足 $10^6/km^2$ 连接数密度指标要求，而且还要保证终端的超低功耗和超低成本。

低时延高可靠应用场景主要面向车联网、工业控制等垂直行业的特殊应用需求，这类应用对时延和可靠性具有极高的指标要求，需要为用户提供毫秒级的端到端时延和接近 100% 的业务可靠性。

连续广域覆盖、热点高容量、低功耗大连接和低时延高可靠 4 个 5G 典型应用场景具有不同的挑战性能指标，在考虑不同技术共存可能性的前提下，需要合理选择关键技术的组合来满足这些需求。

对于连续广域覆盖应用场景，受限于站址和频谱资源，为了满足 100Mbit/s 用户体验速率需求，除了需要尽可能多的低频段资源，还需要大幅提升系统的频谱效率。大规模天线阵列（massive-MIMO）是其中最主要的关键技术之一，新型多址技术可与大规模天线阵列相结合，进一步提升系统的频谱效率和多用户接入能力。在网络架构方面，综合多种无线接入能力以及集中的网络协同与服务质量（Quality of Service，QoS）控制技术，可为用户提供稳定的体验速率保证。

对于热点高容量应用场景，极高的用户体验速率和流量密度是该应用场景面临的主要挑战。超密集组网（Ultra-Dense Network，UDN）能够更有效地复用频率资源，极大地提升单位面积内的频率复用效率；全频谱接入能够充分利用低频和高频的频率资源，实现更高的传输速率；大规模天线阵列、新型多址等技术与前两种技术相结合，可进一步提升现实的频谱效率。

对于低功耗大连接应用场景，海量的设备连接、超低的终端功耗与成本是该应用场景面临的主要挑战。新型多址技术通过多用户信息的叠加传输可成倍提升系统的设备连接能力，还可通过免调度有效降低信令开销和终端功耗；基于滤波的正交频分复用（Filtered-Orthogonal Frequency Division Multiplexing，F-OFDM）和滤波器组多载波（Filter Bank Multi-Carrier，FBMC）等新型多载波技术在灵活使用碎片频谱、支持窄带和小数据包、降低功耗与成本方面具有显著优势。此外，终端直连（Device-to-Device，D2D）通信可避免基站与终端间的长距离传输，可有效降低功耗。

对于低时延高可靠应用场景，应尽可能降低空口传输时延、网络转发时延和重传概

第1章 移动通信发展历程

率,以满足极高的时延和可靠性要求。为此,需要采用更短的帧结构和更优化的信令流程,引入支持免调度的新型多址和D2D等技术以减少信令交互和数据中转,并运用更先进的调制编码和重传机制以提升传输的可靠性。此外,在网络架构方面,控制云通过优化数据传输路径,控制业务数据靠近转发云和接入云边缘,可有效降低网络传输的时延。

5G四大应用场景的关键性能挑战和关键技术见表1-1。

表1-1　5G四大应用场景的关键性能挑战和关键技术

应用场景	关键性能挑战	关键技术
连续广域覆盖	用户体验速率:100Mbit/s	大规模天线阵列 新型多址技术
热点高容量	用户体验速率:1Gbit/s 用户峰值速率:数十 Gbit/s 流量密度:数十 Tbit/s·km^{-2}	超密集组网 全频谱接入 大规模天线阵列 新型多址技术
低功耗大连接	连接密度:10^6/km^2 超低功耗,超低成本	新型多址技术 新型多载波技术 D2D 技术
低时延高可靠	空口时延:1ms 端到端时延:ms 量级 可靠性:接近 100%	新型多址技术 D2D 技术 移动边缘计算(Mobile Edge Computing,MEC)

用户体验速率、连接密度、空口时延、移动性、流量密度和用户峰值速率6个关键性能指标的定义如下。

① **用户体验速率(bit/s)**:真实网络环境下用户可获得的最低传输速率。

② **连接密度(个/km^2)**:单位面积上支持的在线设备总和。

③ **空口时延**:数据包从基站开始发送到被终端正确接收的时间。

④ **移动性(km/h)**:当满足一定性能要求时,收发双方之间的最大相对移动速度。

⑤ **流量密度(Mbit/s·m^{-2})**:单位面积区域内的总流量。

⑥ **用户峰值速率(bit/s)**:单用户可获得的最高传输速率。

除了上述6个以绝对值表示的关键性能指标,5G还有能效指标和频谱效率两个相对指标,5G和4G关键性能指标的对比见表1-2。

表1-2　5G和4G关键性能指标的对比

指标名称	用户体验速率	连接密度	空口时延	移动性	流量密度	用户峰值速率	能效指标	频谱效率
4G 参考值	10Mbit/s	10^5/km^2	10ms	350km/h	0.1Mbit/s·m^{-2}	1Gbit/s	1 倍	1 倍
5G 参考值	0.1~1Gbit/s	10^6/km^2	1ms	500km/h	10Mbit/s·m^{-2}	20Gbit/s	100 倍	3 倍
5G 相比 4G 提升	10~100 倍	10 倍	10 倍	43%	100 倍	20 倍	100 倍	3 倍

ITU定义的三大应用场景和8个关键性能指标的关系如图1-9所示。

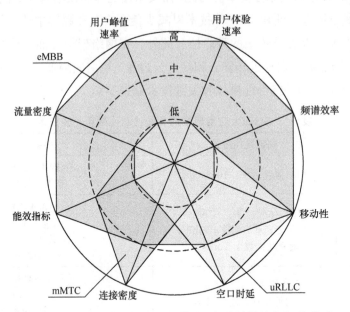

图1-9　ITU定义的三大应用场景和8个关键性能指标的关系

作为5G标准的第一个阶段，Rel-15主要针对eMBB和部分uRLLC的应用场景，满足5G的商用需求，Rel-15主要侧重以下5个功能。

① 在技术方面，Rel-15最侧重的还是eMBB的提升，包括无线接入网最具创新性的massive-MIMO技术，是实现其频谱效率和流量密度目标的基础技术。

② 在频谱方面，Rel-15引入了对Sub-7 GHz和毫米波的支持。

③ 在架构方面，Rel-15支持可扩展和向前兼容。在核心网层面引入了服务化架构（Service-Based Architecture，SBA）和软件定义网络（Software Defined Network，SDN）技术，首次真正实现了移动通信系统软硬件的解耦，为网络提供了更佳的灵活性，同时也能更好地实现一张物理网络满足不同场景用户的需求。

④ Rel-15引入了对基础的uRLLC的支持，且uRLLC技术在Rel-16/Rel-17/Rel-18中不停地演进。

⑤ Rel-15还引入了增强型机器类通信（enhanced Machine-Type Communications，eMTC）/窄带物联网（Narrow Band Internet of Things，NB-IoT）技术支持的mMTC。从严格意义上来说，eMTC、NB-IoT是从4G延续而来的两项物联网技术，Rel-15使这两项技术能够切入5G系统中运行。

Rel-16在Rel-15的基础上，进一步完善了uRLLC和mMTC应用场景的标准规范，贡献了第一个5G完整标准，也是第一个5G演进标准。Rel-16增加的新特征如图1-10所示。

在Rel-15、Rel-16的基础上，Rel-17进一步从网络覆盖、移动性、功耗和可靠性等方面扩展5G能力基础。Rel-17增加的新特征如图1-11所示。

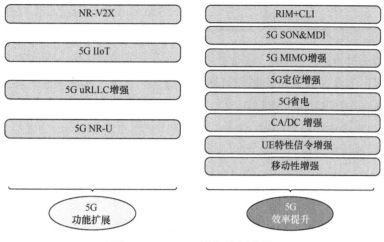

图1-10 Rel-16增加的新特征

图1-11 Rel-17增加的新特征

Rel-17 主要侧重于以下特征。

① **进一步增强的大规模 MIMO**。增强的多波束运行，Rel-17 中引入了统一的传输配置指示（Transmission Configuration Indication，TCI）框架，通过一个信令实现了上下行多个波束的运行，从而降低了时延和信令开销。

增强的多发射和传输接收点（Transmission Reception Point，TRP）部署，小区内多 TRP 是指基站上有不同的天线集群，不只有一个天线的接收点，甚至有不同的基站可以同时支持用户通信的需求，Rel-17 引入了多种机制，可以让多 TRP 部署更有效。

增强的探测参考信号（Sounding Reference Signal，SRS）触发或切换，在 Rel-15/Rel-16 中，SRS 最多只能支持 4 根天线。在 Rel-17 中，SRS 切换可以支持多达 8 根天线，这个特性主要是为了满足用户驻地设备（Customer Premises Equipment，CPE）和其他较大终端的需求。

通过进一步优化对信道状态信息（Channel State Information，CSI）的测量和报告，上行和下行的信令会减少。

② **上行覆盖增强**。针对 Sub-7 GHz 频段、毫米波、非地面网络（Non-Terrestrial Network，NTN）的多样化部署，为上行控制和数据信道设计引入多个增强特性，包括物理上行共享信道（Physical Uplink Shared Channel，PUSCH）增强、物理上行控制信道（Physical Uplink Control Channel，PUCCH）增强、随机接入流程中的 Message 3 增强。

③ **终端能效增强**。可进一步延长终端续航的时间，为处于空闲态/非活跃态模式、连接态模式的终端带来节电增强的特性。例如，通过唤醒接收机方式减少非必要的终端寻呼接收；当手机有呼叫时，为手机提供更多同步信号；对于连接态模式的手机，Rel-17 引入了一个特性，让处于连接态的手机不需要连续接收，这个连接态可能是毫秒级或者是秒级的，可以让手机有更多的时间处于睡眠状态或者更好的节电模式。

④ **频谱扩展**。Rel-15/Rel-16 定义的毫米波频段 FR2-1 能够提供 400MHz 的带宽，Rel-17 定义的 FR2-2 的带宽可以高达 2GHz；把子载波间隔从 120kHz 扩展到 480kHz 或者 960kHz，从而实现更大的带宽；候选的同步信号块（Synchronization Signal Block，SSB）增加实例 Case F（子载波间隔是 480kHz）和实例 Case G（子载波间隔是 960kHz），从而在初始接入时就能够直接增大带宽；将毫米波频段扩展到 71GHz，并且支持 60GHz 免许可频段。

⑤ **降低能力（Reduced Capability，RedCap）终端**。为了高效地支持更低复杂度的物联网终端，例如传感器、可穿戴设备、视频摄像头等，将 Sub-7 GHz 载波宽度从 100MHz 缩窄至 20MHz，同时将终端天线数从 4 根减少到 1 根或者 2 根，支持更低的发射功率和加强的节电模式，支持有限的移动性和切换，在提升能效的同时，也支持 RedCap 终端与其他 NR 终端共存。

⑥ **NTN**。Rel-17 正式引入了面向 NTN 的 5G NR 支持，包含两个不同的项目：一个是面向 CPE 的卫星回传通信和面向手持设备的直接低数据速率服务，即 NR-NTN；另一个是支持 eMTC 和 NB-IoT 运行的卫星通信，即 IoT-NTN。

⑦ **D2D 支持**。基于 Rel-16 C-V2X 的 PC5 设计，Rel-17 带来一系列全新的直连通信增强特性，例如优化资源分配、节点、全新频段，还将直连通信扩展至公共安全、物联网，以及其他需要引入直连通信中继操作的全新用例。

⑧ **NR 定位增强**。进一步提升了 5G 定位能力，以满足厘米级精度等更严苛用例的需求，同时降低定位时延，提高定位效率以扩展容量，实现更优的全球导航卫星系统（Global Navigation Satellite System，GNSS）辅助定位的性能。

Rel-18 作为 5G-Advanced（5G-A）的第一标准版本，在 2023 年 12 月完成物理层协议工作，基本完成标准化工作，在 2024 年 6 月正式被冻结。Rel-18 增加的新特征如图 1-12 所示。

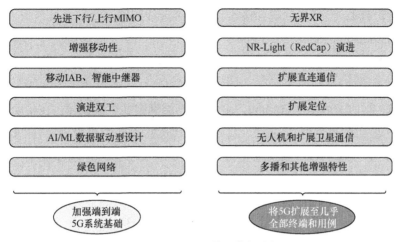

图1-12 Rel-18增加的新特征

Rel-18的十大关键技术如下。

① **多频段服务小区**（Multi-Band Serving Cell，MBSC）。电信运营商普遍拥有多段离散的频谱，MBSC技术将多个离散频段通过一体化全信道设计，包括一体化调度、快速激活与去激活，将全频谱融合成一个虚拟大载波，可提升接近50%的用户体验。

② **灵活频谱接入**（Flexible Spectrum Access，FSA）。针对电信运营商多段上行频谱，原有的技术只能通过半静态的小区重配置、小区切换等方式使用对应的上行频谱，这种方式时延大，会导致网络上行频谱资源利用率低、用户体验差。5G-A灵活频谱接入技术通过配置、激活、传输能力解耦，使典型的智能终端可以同时接入配置更多的上行频谱资源，网络基于各频段的业务量、帧配置和信道等条件动态地配置终端使用的频率，并相应地切换用户射频链路进行传输，以适配各频谱负载、上下行配置和信道，高效使用各频谱资源，进而提升系统容量和用户体验速率。

③ **网络节能**。根据移动通信网络业务在时域/频域/空域/功率域等多个无线资源维度的分布特征，以及网络负荷状态变化的情况，在保证预定指标的前提下，通过性能近于无损的多维智能化节能机制，5G-A标准协议引入了空时频动态关断使能基站深休眠、浅休眠等多种休眠态，最大化基站关断效果，绿色节能效果逼近0比特和0瓦特。

④ **Massive-MIMO**。多天线阵列演进的必然趋势是走向更大规模天线阵列，提升上下行覆盖能力，支持空口更大的容量。在Massive-MIMO下为了提升空分复用的性能，5G-A标准协议引入了24个正交端口的导频等关键技术，使得MIMO传输容量翻倍。

⑤ **多小区相干联合传输**（Multi Cell Coherent Joint Transmission，MC-CJT）。将干扰信号转变为有用信号，多小区进行相干的联合传输，以用户为中心，极大地改善小区边缘用户的体验；5G-A标准协议引入了多小区联合信道测量的码本，使得基站获取终端多小区的联合信道，实现多小区相干联合传输。

⑥ **大上行传输**。上行多站联合接收和上行 8 天线传输,标准协议增强了上行解调参考信号(Demodulation Reference Signal,DM-RS)和 SRS,进而提升上行空分复用的容量;多个终端聚合传输一个业务,可进一步提升小区业务覆盖的速率,从而达成上行千兆的速率。

⑦ **扩展现实(Extended Reality,XR)端到端确定性体验保障**。在移动通信网络中,有限的时频资源、信道的时变特性,以及业务到达的随机性使得确定性 QoS 难以保障。5G-A 标准协议引入基于 QoS 的分层传输,应用获得网络的状态信息,调整信源编码方案,匹配网络能力,避免网络拥塞和丢包造成的用户体验急剧下降,通过跨层业务编排来保障端到端确定性。

⑧ **低功耗高精度定位(Low Power High Accuracy Positioning,LPHAP)**。在车联网和智能工厂等垂直行业中,定位是一种刚需能力。基于载波聚合的超宽带定位技术,通过多个载波带宽聚合的方式可提高定位精度。其基本出发点是通过传输和接收多个载频上的定位信号,利用 PRS/SRS 载波带宽聚合的方式,提高对信号到达时间的测量精度。

⑨ **低成本物联(eRedCap)**。eRedCap 将进一步降低物联终端的成本。一方面,eRedCap 通过降低带宽、天线数、调制方式等降低终端的成本;另一方面,eRedCap 继承了 5G 高可靠、低时延的能力。

⑩ **L1/L2 移动性增强**。由于终端处于移动状态,终端需要进行切换,重新选择服务的小区。传统方式是通过半静态的切换完成的。L1/L2 移动性增强通过网络为终端配置多个候选小区,通过 L1/L2 信令,使得终端在移动时可以在候选小区中进行动态切换,减少小区切换的时延,提升移动性体验。

除了上述 5G-A 十大关键新特性,Rel-18 也完成其他 5G 特性的标准化工作,包括 QoS 增强、IAB 增强、小数据传输(Small Data Transmission,SDT)增强、最小化路测(Minimization Drive Test,MDT)增强、MBS 增强、NTN 增强、覆盖增强、Sidelink 增强等。

Rel-19 首批项目在 2023 年 12 月举办的第 102 次 RAN 全会上正式确定。作为 Rel-18 的进一步演进,Rel-19 在 Massive-MIMO、多小区相干联合传输、网络节能等方面进一步增强。更重要的是,Rel-19 还将开启关键的新方向,包括通信感知一体化、无源物联网(Passive IoT,P-IoT)、多模态 XR 及端—管—云协同、毫米波空口演进、高低频协同、子带全双工、智能空口新范式等关键技术。下面详细介绍这些新方向。

① **通信感知一体化**。通信感知一体化是 5G-A 和 6G 的新发展方向,包含无人机感知、道路感知和水域感知等多个应用场景。5G-A 和 6G 使能通信与感知功能共设备、共频谱、共空口和共站址部署,让通信网络衍生出极具竞争力的感知能力。为此,3GPP RAN Rel-19 将启动通信感知融合的信道建模研究。通信感知信道模型首先聚焦在 0.5～52.6GHz 频段,包括 6 种感知模式,即单基站感知、单 UE 感知、基站—基站感知、基站—UE 感知、UE—基站感知和 UE—UE 感知。同时,3GPP SA 也将启动无线网络架构的研究工作,包

括支持感知的网络架构和功能增强、业务认证和撤销、感知数据信息的收集和传输,以及感知业务的调用等。

② **无源物联网**。无源物联技术可支持终端免电池工作,是未来蜂窝物联网达成千亿绿色连接的使能技术。无源物联网在工业制造、物流、能源、医药、畜牧等行业数字化领域具有良好的应用前景,是构建 5G 全场景物联的关键环节,将为 5G 网络提供千亿新增连接。现有的无线通信设备大多是由电池供电的,需要手动更换或充电。但大量新的市场,需要新的物联网技术来支持没有储能功能的无电池设备,或者具有不需要手动更换或充电的储能功能的设备。无源物联网(Passive IoT,P-IoT)设备可以从基站的无线电波或周围环境中获得能量,产生 1 微瓦到几百微瓦(μW)的功率,满足各行各业自动化和数字化的超大规模物联应用。Rel-19 将研究和标准化 P-IoT 关键技术,包括全新物理层和极简协议栈,使能无源物联。

③ **多模态 XR 及端—管—云协同**。在 5G-A 时代,全场景、多模态、多感官的沉浸式体验将开启人联全新应用的场景。多模态、多感官包括听觉、视觉、触觉等全感官沉浸式体验,将成为构建元宇宙全场景的关键基础设施之一。5G-A 持续演进旨在构建和提升沉浸通信保障的网络能力:一是通过端—管—云协同网络感知业务来提升管道的有效性,同时根据网络能力快速调整业务保障的沉浸体验;二是增强多个模态间的业务相关调度与移动性等,从而提升管道容量,保障移动下的终端体验。

④ **毫米波空口演进**。毫米波频段是 5G-A 时代的重要频段,具有大带宽(单电信运营商可达上 GHz 带宽)、低时延和高定位感知精度等优势。当前,毫米波的主流应用场景包括热点覆盖、固定无线接入(Fixed Wireless Access,FWA)、定位、感知和工业控制等。为充分发挥毫米波的频谱价值,5G-A 毫米波应持续提升覆盖面,迈向广域 eMBB 连续组网。关键技术方向包括:高集成度天线阵列设计实现极高的阵列增益;测量与数传波束解耦实现宽测窄传功能;射频非理想对抗技术提升覆盖能力,降低终端功耗等。Rel-19 毫米波通过更有效的终端与网络协同的波束管理,大幅降低波束管理的开销,降低终端的功耗,充分发挥毫米波大阵列天线的优势。

⑤ **高低频协同**。全球各大电信运营商在 5G-A 时代,将同时拥有毫米波和 Sub-7 GHz 频段。这两个频段具有不同的特点:高频带宽大,但是体验容易受到信道阻塞或者移动性的影响;低频上行覆盖好,但是带宽小。因此,高低频紧密协同能够最大程度地利用多频的优势并最大化用户体验。在典型场景下,用户主要驻留在低频主小区,高频辅小区按需激活。由于高低频信道之间具有一定的信道相关性,基站可通过用户的低频信道推测出高频的最优波束集合,从而降低高频辅小区的激活时延,提升体验速率。Rel-19 高低频协同通过更灵活的高低频低时延波束管理,在保证终端与网络低功耗的同时,提升用户的体验速率。

⑥ **子带全双工**(Sub-Band Full Duplex,SBFD)。5G 帧结构的设计主要通过 TDD

和 FDD 两种双工方式。其中，固定 TDD 配比帧结构会引入空口等待时间，从而增加端到端的时延；且 TDD 的上行时隙比例小，会导致上行容量显著小于下行容量；FDD 帧结构不存在 TDD 空口等待时间，但频谱资源的使用灵活度受限，而且缺少上下行互易性特征，降低了可靠性和容量。基于这些问题，5G-A Rel-19 将标准化子带全双工，使得同一个 OFDM 符号上既有下行又有上行。这样，一方面，高层到达的下行数据可随时传输，并且其混合自动重传请求（Hybrid Automatic Repeat reQuest，HARQ）能够随时反馈，无须等待；另一方面，上行传输的数据也能够随时传输。这大幅降低了业务传输的空口时延和反馈重传时延，可大幅提升上行的感知速率。

⑦ **智能空口新范式**。无线网络和人工智能技术相结合，将为 5G-A 带来更多智能空口新范式，使能无线网络迈入智能时代。从空口技术来看，通过数据驱动设计极简高效的智能空口，定义统一的智能空口框架，可实现数据最大化利用和端到端网络的极致性能。通过设计 AI 模型的自适应、自学习、自更新能力，可实现网络场景化智能寻优的新范式。Rel-19 标准协议使用 AI 模型来进行无线信道的测量、毫米波波束管理、定位等功能。从网络整体来看，通过 AI 的自主分析和参数优化能力，可帮助电信运营商改善网络管理和用户体验，持续提升时延、网络能效、业务可靠性和连续性等关键性能指标。

⑧ **Rel-18 特性持续增强**。Rel-19 持续增强 Rel-18 特性。在网络节能方面，引入按需发送公共信号，把公共信号所占的能耗压缩到最低，挖掘基站在零负载/轻负载下的节能空间；同时，引入超低功耗的唤醒信号和接收机技术，可提升终端设备的续航时间；在用户体验方面，通过引入更多的信道状态信息参考信号（Channel State Information-Reference Signal，CSI-RS）端口支持超高阶的空分并发流数，以提升用户速率，在非理想回传的场景下，通过多小区协作可改善用户小区边缘业务的速率，实现小区间切换增强等。

在 Rel-19 之后，5G-A 将进一步演进到第三阶段 Rel-20。展望 Rel-20，可以预见产业界将进一步夯实 5G-A 网络能力，包括进一步提升无源物联能力和通信感知能力、引入新频谱（如 6GHz），以及不断增强毫米波大带宽的用户体验等。

1.5 6G 初步进展

ITU 无线电通信组（International Telecommunications Union-Radiocommunications Sector，ITU-R）确定了 6G 的愿景、技术需求、技术提案和评估 3 个阶段：第一阶段（2020—2023 年）确定 6G 的愿景和主要的应用场景；第二阶段（2023—2026 年）开展 6G 技术需求和评估原则、方法等定义工作；第三阶段将（2026—2030 年）开展技术提案和评估工作，最终计划在 2030 年以后发布满足 IMT-2030 技术指标的协议。在过去 3 年多的时间，ITU-R 5D 工作组组织了 10 多次会议讨论，洞察未来技术趋势，详细研讨了 6G 的愿景和主要的应用场景，在 2023 年 11 月发布了 ITU-RM.2160-0，提出 6G 的六大场景，包括沉浸通信

（Immersive Communication）、AI 和通信（AI and Communication）、通感一体（Integrated Sensing and Communication）、大连接通信（Massive Communication）、超可靠低时延通信（Hyper Reliable and Low-latency Communication）、泛在连接（Ubiquitous Connectivity）。

面向 IMT-2030，全球各个区域、各个国家开展标准制定前的学术和技术研究工作。全球运营商联盟组织（Next Generation Mobile Networks，NGMN）组织各大电信运营商发表相关的 6G 愿景，阐述 6G 观点：6G 将建立在现有的 5G 生态系统之上，通过创新实现客户价值，简化网络运营。创新和新业务包括通感一体、AI、扩展 AR/VR、增强定位、卫星通信等。从整体上看，在愿景和场景讨论阶段，6G 的六大典型场景和 15 个关键能力指标，是对 5G-A 关键能力的增强与维度扩展。

6G 的商用时间仍然存在较大的不确定性，同时，任何一种新技术的规模应用都需要长时间的孵化。发展 5G-A，可以提前培育 6G 相关的关键技术和产业要素，例如终端、频谱和业务等，为 6G 的落地做好产业孵化的准备和商业模式的探索，5G-A 是 5G 发展到 6G 的必要准备和保障。

1.6 本章小结

本章简要回顾了 2G、3G、4G 和 5G 的发展历程，并对 6G 的发展进行了初步展望。历代移动通信的发展，都以典型的技术特征为代表，同时诞生出新的业务和应用场景。2G 采用 GSM 和窄带 CDMA 技术，主要满足语音业务的需求，后期进一步演进以支持低速率的数据业务。3G 采用宽带 CDMA 技术，主要满足语音业务和中高速率的数据业务，促进了移动互联网的应用。4G 采用 LTE，数据业务占据了绝对主导，促进了移动社交网络的视频化。5G 不再由某项业务能力或者某个典型技术特征所定义，它不仅是更高速率、更大带宽、更强能力的技术，还是一个多业务多技术融合的网络，更是面向业务应用和用户体验的智能网络，最终打造以用户为中心的信息生态系统，实现万物互联、万物智联。

第 2 章

NR 物理层

物理层的设计是整个 5G 系统设计中最核心的部分，ITU 和 3GPP 对 5G 提出了更高且更全面的关键性能指标要求，尤其是峰值速率、频谱效率、用户体验速率、时延、能耗等关键性能指标，这些关键性能指标需要通过物理层的设计来实现。5G NR 在充分借鉴 LTE 设计的基础上，引入了一些全新的特征，例如广播信道的波束赋形、部分带宽（Bandwidth Part，BWP）、自包含子帧/时隙等。

2.1 NR-RAN 架构

下一代无线接入网（Next Generation-Radio Access Network，NG-RAN）的网络架构如图 2-1 所示。一个 NG-RAN 节点，可能是 gNB，或者是 ng-eNB。gNB 提供面向用户设备（User Equipment，UE）的 NR 用户面和控制面协议终结，即 gNB 与 UE 之间是 NR 接口；ng-eNB 提供面向 UE 的 E-UTRA 用户面和控制面协议终结，即 ng-eNB 与 UE 之间是 LTE 接口。

gNB 之间、ng-eNB 之间，以及 gNB 和 ng-eNB 之间都是通过 Xn 接口互相连接的。同时，gNB 和 ng-eNB 通过 NG 接口连接到 5G 核心网（5G Core，5GC），即通过 NG-C 接口连接到接入和移动性管理功能（Access and Mobility Management Function，AMF），通过 NG-U 接口连接到用户面功能（User Plane Function，UPF）。

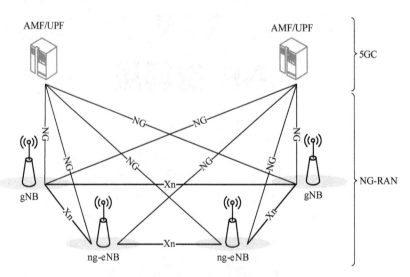

图2-1　下一代无线接入网（NG-RAN）的网络架构

NG-RAN 的网络接口包括连接到 5GC 的 NG 接口以及 NG-RAN 节点之间的 Xn 接口。NG 接口包括 NG-C 接口和 NG-U 接口，Xn 接口包括 Xn-C 接口和 Xn-U 接口。

NG 用户面接口（即 NG-U 接口）是 NG-RAN 节点和 UPF 之间的接口，NG 接口的用户面协议栈如图 2-2 所示。传输网络层以 IP 传输为基础，GTP-U 在 UDP/IP 之上，以便在 NG-RAN 和 UPF 之间传输用户面的协议数据单元（Protocol Data Unit，PDU），NG-U 接口并不保证用户面 PDU 的可靠传输。

NG 控制面接口（即 NG-C 接口）是 NG-RAN 节点和 AMF 之间的接口，NG 接口的控制面协议栈如图 2-3 所示。传输网络层以 IP 传输为基础，为了保证信令的可靠传输，在 IP 层之上增加了流控制传输协议（Stream Control Transmission Protocol，SCTP），NG-C 接口的应用层协议称为 NG 应用层协议（NG Application Protocol，NG-AP）。SCTP 层为应用层信息提供可靠传送，IP 层的点对点传输可用于传送信令 PDU。

NG-C 接口支持的功能包括 NG 接口管理、UE 上行文管理、UE 移动性管理、非接入层（Non-Access Stratum，NAS）信息的传送、寻呼、PDU 会话管理、配置转发，以及告警信息传送。

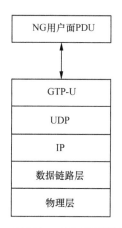 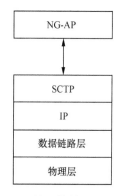

图 2-2 NG 接口的用户面协议栈　　图 2-3 NG 接口的控制面协议栈

Xn 用户面接口（即 Xn-U 接口）是两个 NG-RAN 节点之间的接口，Xn 接口的用户面协议栈如图 2-4 所示。传输网络层以 IP 传输为基础，GTP-U 在 UDP/IP 之上，以便传输用户面 PDU。Xn-U 接口并不能保证用户面 PDU 可靠传输，Xn-U 接口主要支持数据转发和流控制两个功能。

Xn 控制面接口（即 Xn-C 接口）是两个 NG-RAN 节点之间的接口，Xn 接口的控制面协议栈如图 2-5 所示。传输网络层以 SCTP 为基础，SCTP 层在 IP 层之上。Xn-C 接口的应用层协议称为 Xn 应用层协议（Xn Application Protocol，Xn-AP）。SCTP 层为应用层信息提供可靠传送，IP 层的点对点传输可用于传送信令 PDU。

Xn-C 接口支持的功能包括 Xn 接口管理、UE 移动性管理（包括上下文转发和 RAN 寻呼），以及双连接。

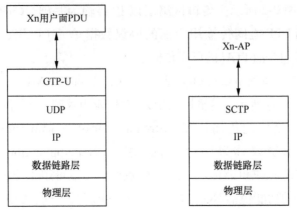

图2-4　Xn接口的用户面协议栈　　图2-5　Xn接口的控制面协议栈

NR 接口的用户面协议栈如图 2-6 所示,该协议栈由 SDAP[1]、PDCP[2]、RLC[3]、MAC 和 PHY[4] 组成。

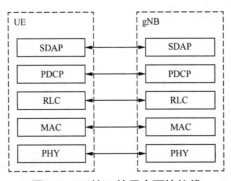

图2-6　NR接口的用户面协议栈

NR 接口的控制面协议栈如图 2-7 所示,该协议栈由 NAS、RRC、PDCP、RLC、MAC 和 PHY 组成。

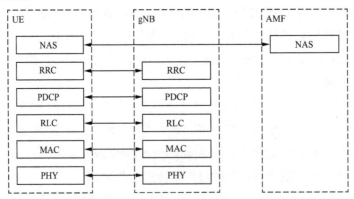

图2-7　NR接口的控制面协议栈

注：1. SDAP（Service Data Adaptation Protocol，服务数据适配协议）。
　　2. PDCP（Packet Data Convergence Protocol，分组数据汇聚协议）。
　　3. RLC（Radio Link Control，无线链路控制协议）。
　　4. PHY（Physical Layer，物理层）。

NR 接口的用户面协议架构（下行）如图 2-8 所示。图 2-8 中的实体可应用于所有情形，例如，基本系统消息的广播不需要 MAC 层调度，也不需要用于软合并的 HARQ。NR 接口的用户面协议架构在上行方向上与图 2-8 类似，但是在传输格式的选择等方面存在差异。

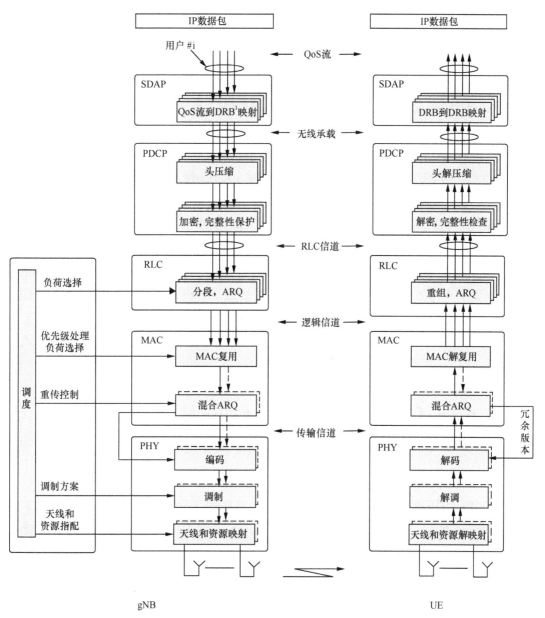

注：1. DRB（Data Radio Bearer，数据无线承载）。

图2-8　NR接口的用户面协议架构（下行）

每层（子层）都以特定的格式向上一层提供服务，PHY 以传输信道的格式向 MAC 子层提供服务；MAC 子层以逻辑信道的格式向 RLC 子层提供服务；RLC 子层以 RLC

信道的格式向 PDCP 子层提供服务；PDCP 子层以无线承载的格式向 SDAP 子层提供服务，无线承载分为用于用户面数据的 DRB 和用于控制面信令的信令无线承载（Signalling Radio Bearer，SRB）两类；SDAP 子层以 QoS 流的格式向 5GC 提供服务。

逻辑信道是 MAC 子层向 RLC 子层提供的服务，表示传输什么类型的信息，可通过逻辑信道标识对传输的内容进行区分，逻辑信道分为控制信道和业务信道。控制信道仅用于传输控制面信息，包括以下 4 个信道。

① 广播控制信道（Broadcast Control Channel，BCCH）属于下行信道，可用于广播系统控制消息。

② 寻呼控制信道（Paging Control Channel，PCCH）属于下行信道，可用于传输寻呼消息、系统消息更新通知，以及持续的公共预警系统（Public Warning System，PWS）广播指示。

③ 公共控制信道（Common Control Channel，CCCH）可用于传输 UE 和网络之间的控制信息。当 UE 与网络之间没有 RRC 连接时，可使用 CCCH。

④ 专用控制信道（Dedicated Control Channel，DCCH）是点对点的双向信道，可用于传输 UE 和网络之间的专用控制信息。当 UE 与网络之间有 RRC 连接时，可使用 DCCH。

业务信道仅用于传输用户面信息，其中专用业务信道（Dedicated Traffic Channel，DTCH）属于点对点信道，可用于传输用户面信息，上行方向和下行方向都有各自的 DTCH。

传输信道是 PHY 向 MAC 子层提供的服务，定义了在空中接口上数据传输的方式和特征。

下行传输信道包括以下 3 个信道。

① 广播信道（Broadcast Channel，BCH）是固定的预先定义的传输格式，需要在小区的整个覆盖区域内进行广播，可以广播单个 BCH 信息，也可以通过波束赋形的方式广播不同的 BCH 实例。

② 下行共享信道（Downlink Shared Channel，DL-SCH）支持 HARQ，可通过调整调制方式、编码速率、发射功率以支持动态链路自适应；可以在整个小区进行广播，也可以使用波束赋形；支持动态和半静态的资源分配；为了 UE 节电，支持 UE 非连续接收（Discontinuous Reception，DRX）。

③ 寻呼信道（Paging Channnle，PCH）为了便于 UE 节电，支持 UE 非连续接收，DRX 周期由网络通知给 UE；需要在小区的整个覆盖区域内进行广播，可以广播单个 PCH 信息，也可以通过波束赋形的方式广播不同的 PCH 实例，映射到可动态用于业务/其他控制信道的物理资源上。

上行传输信道包括以下两个信道。

① 上行共享信道（Uplink Shared Channel，UL-SCH）可使用波束赋形，通过调整

发射功率、潜在地调整调制方式和编码速率以支持动态链路自适应，支持 HARQ，支持动态和半静态的资源分配。

② 随机接入信道（Random Access Channel，RACH）只传输控制信息，有发生冲突的风险。

物理信道是一组对应着特定的时间、载波、扰码、功率、天线端口等资源的集合，即信号在空中接口传输的载体，映射到具体的时频资源上。物理信道是用于传输特定信号的信道，包括以下 6 个信道。

① 物理广播信道（Physical Broadcast Channel，PBCH）可承载 UE 接入网络所需要的一部分系统消息，另外一部分系统消息由 PDSCH 承载。

② 物理下行共享信道（Physical Downlink Shared Channel，PDSCH）是用于单播数据传输的主要物理信道，也是用于传输寻呼消息和一部分系统消息的信道。

③ 物理下行控制信道（Physical Downlink Control Channel，PDCCH）可用于传输下行控制信息，主要包括用于 PDSCH 接收的调度分配、用于 PUSCH 发送的调度授权等信息，以及向一组 UE 通知功率控制、时隙格式指示等信息。

④ 物理上行共享信道（Physical Uplink Shared Channel，PUSCH）是 PDSCH 的上行对应信道。

⑤ 物理上行控制信道（Physical Uplink Control Channel，PUCCH）可用于传输上行控制信息，主要包括调度请求（Scheduling Request，SR）、混合自动重传请求确认（Hybrid Automatic Repeat reQuest-ACKnowledgement，HARQ-ACK）和 CSI。

⑥ 物理随机接入信道（Physical Random Access Channel，PRACH）可用于随机接入。

逻辑信道、传输信道和物理信道在下行方向和上行方向的映射关系分别如图 2-9 和图 2-10 所示。BCCH 的映射关系比较特殊，包含最重要的系统消息的主消息块（Master Information Block，MIB）映射到 BCH 上，再映射到 PBCH 上，而其他的系统消息块（System Information Block，SIB）映射到 DL-SCH 上，再映射到 PDSCH 上。

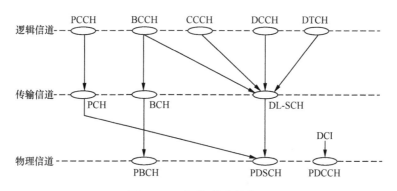

图2-9　下行信道映射关系

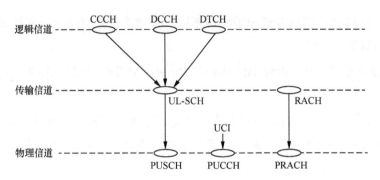

图2-10 上行信道映射关系

2.2 NR 物理层设计要点

5G NR 和 LTE/LTE-A 的基本参数见表 2-1。

表 2-1 5G NR 和 LTE/LTE-A 的基本参数

参数	Rel-15 NR	LTE/LTE-A
频率范围	FR1：410～7125MHz。 FR2：24250～52600MHz	< 6GHz
信道带宽 /MHz	FR1：5、10、15、20、25、30、40、50、60、70、80、90、100。 FR2：50、100、200、400	1.4、3、5、10、15、20
信道栅格	基于 100kHz 的信道栅格。 基于 SCS[1] 的信道栅格	基于 100kHz 的信道栅格
同步栅格	间隔是 1.2MHz、1.44MHz、17.28MHz	与信道栅格相同，即 100kHz
子载波间隔 /kHz	15、30、60、120、240	15（也支持 7.5）
最大子载波数量	3300	1200
无线帧长 /ms	10	10
子帧长度 /ms	1	1
时隙长度 /ms	1、0.5、0.25、0.125	0.5
上下时隙配比转换	0.5、0.625、1.25、2.5、5、10ms 周期性半静态转换，也支持动态转换	5、10ms 周期性半静态转换，支持周期为 10ms 的动态转换
波形（传输方案）	DL[2]：CP-OFDM[4] UL[3]：CP-OFDM、DFT-S-OFDM	DL：CP-OFDM UL：DFT-S-OFDM
信道编码	控制信道：Polar 码、RM 码、重复码、Simplex 码	控制信道：卷积码
	数据信道：LDPC 码	数据信道：Turbo 码
调制方式	下行：QPSK、16QAM、64QAM、256QAM。 上行：CP-OFDM 支持 QPSK、16QAM、64QAM、256QAM；DFT-S-OFDM 支持 π/2-BPSK、QPSK、16QAM、64QAM、256QAM	下行：QPSK、16QAM、64QAM（Rel-12 及以上支持 256QAM）。 上行：QPSK、16QAM、64QAM（Rel-14 及以上支持 256QAM）

续表

参数	Rel-15 NR	LTE/LTE-A
PDSCH/PUSCH 占用的符号数	PDSCH：2～14个OFDM符号。 PUSCH：1～14个OFDM符号	PDSCH：1～13个OFDM符号。 PUSCH：14个OFDM符号
PDCCH	复用方式：TDM/FDM 长度和位置：1～3个OFDM符号，在时隙内的位置可灵活配置	复用方式：FDM 长度和位置：子帧内前面的1～3个（或2～4个）OFDM符号
PUCCH	复用方式：TDM/FDM 长格式PUCCH：4～14个OFDM符号。 短格式PUCCH：1～2个OFDM符号	复用方式：FDM 14个OFDM符号
SS/PBCH	PSS[5]：3个 SSS[6]：336个 周期：初始接入20ms。 连接和空闲态周期：5/10/20/40/80/160ms	PSS：3个 SSS：168个 周期：10ms
PRACH	长PRACH：长度为839的ZC序列，SCS=1.25kHz或5kHz。 短PRACH：长度为139的ZC序列，SCS=15、20、60或120kHz	长度为839或139的ZC序列，SCS=1.25kHz
参考信号	DL：DM-RS、PT-RS[7]、CSI-RS。 UL：DM-RS、PT-RS、SRS	DL：CRS[8]、DM-RS、CSI-RS。 UL：DM-RS、SRS

注：1. SCS（Sub-Carrier Spacing，子载波间隔）。
2. DL（Downlink，下行）。
3. UL（Uplink，上行）。
4. CP-OFDM（Cyclic Prefix-OFDM，带有循环前缀的OFDM）。
5. PSS（Primary Synchronization Signal，主同步信号）。
6. SSS（Secondary Synchronization Signal，辅同步信号）。
7. PT-RS（Phase-Tracking Reference Signal，相位跟踪参考信号）。
8. CRS（Cell-Specific Reference Signal，小区特定参考信号）。

5G NR物理层的设计要点如下。

1. NR支持的频率范围从中低频到超高频

3GPP定义了两大频率范围（Frequency Range，FR），分别是FR1和FR2：FR1的频率范围是410～7125MHz，主要用于实现连续广覆盖、高速移动性场景下的用户体验和海量设备连接；FR2的频率范围是24250～52600MHz，Rel-17规定的频率范围进一步扩展到24250～71000MHz，即通常所说的毫米波频段，主要用于满足城市热点、郊区热点与室内场景等极高的用户体验速率和峰值容量需求。

2. NR支持更大且更灵活的信道带宽

为了满足高容量的需求和重耕原有的2G/3G/4G频谱，NR支持更大且更灵活的信道带宽，FR1支持的信道带宽是5～100MHz，FR2支持的信道带宽是50～400MHz，Rel-17进一步扩展到支持2GHz的信道带宽。NR保护带占据信道带宽的比例是可变的,且信道两侧的保护带大小可以不一致,这样的设计给 NR 的部署带来了很大的灵活性,即可以根据相邻信道的干扰条件灵活设置保护带,同时提高了 NR 频谱利用率,FR1 和 FR2 的频谱利用率最高可以分别达到 98% 和 95%,比 LTE 的 90% 有了显著的提高。

3. NR 定义的两类信道栅格

NR 定义了两类信道栅格:一类是基于 100kHz 的信道栅格;另一类是基于 SCS 的信道栅格,例如 15kHz、30kHz 等。基于 100kHz 的信道栅格可以确保与 LTE 共存,因为 LTE 的信道栅格也是 100kHz,主要集中在 2.4GHz 以下的频段。基于 SCS 的信道栅格可以确保在载波聚合时,聚合的载波之间不需要预留保护带,从而提高频谱利用率。

4. NR 的同步栅格

NR 单独定义了同步栅格,因此同步信号(含 PBCH 及 DM-RS)可以不必配置在载波的中心,而是根据干扰情况,灵活配置在载波的其他位置。随着载波频率的增加,同步栅格的间隔分别是 1.2MHz、1.44MHz 和 17.28MHz,相比于 NR 的信道栅格,NR 的同步栅格的间隔更大,这样设计的原因是 NR 的信道带宽很大,较大的同步栅格可以显著减少 UE 初始接入时的搜索时间,从而降低了 UE 功耗和搜索的复杂度。NR 分别定义信道栅格和同步栅格也使信令过于复杂。

5. 灵活的子载波间隔设计

FR1 支持的子载波间隔是 15kHz、30kHz、60kHz,FR2 支持的子载波间隔是 60kHz、120kHz、240kHz(240kHz 仅应用于同步信道)。NR 支持更灵活的子载波间隔的原因有两个。

① NR 支持的信道带宽差异极大(5～400MHz),为了使快速傅里叶变换(Fast Fourier Transform,FFT)尺寸比较合理,小的信道带宽倾向于使用较小的子载波间隔,大的信道带宽倾向于使用较大的子载波间隔。

② NR 支持的频率范围极大,低频段的多普勒频移和相位噪声较小,使用较小的子载波间隔对性能影响不大,而高频段的多普勒频移和相位噪声较大,必须使用较大的子载波间隔。NR 子载波间隔的灵活性还体现在同一个载波上的同步信号和数据信道可以使用不同的子载波间隔,同一个终端可以根据移动速度、业务和覆盖场景使用不同的子载波间隔。

6. 灵活的帧结构设计

NR 的 1 个无线帧的固定长度为 10ms,1 个子帧的固定长度为 1ms,这与 LTE 相同,从而可以更好地支持 LTE 和 NR 共存,有利于 LTE 和 NR 共同部署模式下帧与子帧结构保持一致,简化小区搜索和频率测量。NR 的时隙长度为 1ms、0.5ms、0.125ms、0.0625ms(与子载波间隔有关)。NR 中的时隙类型更多,引入了自包含时隙(即在 1 个时隙内完成

PDSCH/PUSCH 的调度、传输和 HARQ-ACK 信息的反馈）；NR 的时隙配置更灵活，针对不同的终端动态调整下行分配和上行分配，可以实现逐时隙的符号级变化。这样的设计使 NR 支持更多的应用场景和业务类型，例如 uRLLC 业务。

7. 自适应的 BWP

BWP 是 NR 提出的新概念，BWP 是信道带宽的一个子集，可以理解为终端的工作带宽。终端可以在初始接入阶段、连接态、空闲态使用不同的 BWP，也可以根据不同的业务类型使用不同的 BWP。NR 引入 BWP 主要有以下 3 个目的。

① 让所有的 NR 终端都支持大带宽是不合理的，NR 引入 BWP 后，可为接收机带宽（例如 20MHz）小于整个载波带宽（例如 100MHz）的终端提供支持。

② 不同带宽大小的 BWP 之间的转换和自适应可以降低终端的耗电量。

③ 载波中可以预留频段，用于支持尚未定义的传输格式。

8. NR 的波形（传输方案）

对于下行，NR 采用 CP-OFDM，其优点是可以使用不连续的频域资源，资源分配灵活，频率分集增益大；其缺点是峰值平均功率比（Peak to Average Power Ratio，PAPR）较高。

对于上行，NR 支持 CP-OFDM 和 DFT-S-OFDM 两种波形。DFT-S-OFDM 的优点是 PAPR 低，接近单载波，可以发射更高的功率，因此，增加了覆盖距离；其缺点是对频域资源有约束，只能使用连续的频域资源。基站可以根据 UE 所处的无线环境，指示 UE 选择 CP-OFDM 或 DFT-S-OFDM 波形，实现系统性能和覆盖距离的平衡。

NR 的上下行都使用 CP-OFDM，当上下行间相互干扰时，为采用更先进的接收机进行干扰消除提供了可能。

9. NR 的数据信道（PDSCH/PUSCH）

在时域上，NR 既能够以时隙为单位进行资源分配，也能够以符号为单位进行资源分配，其分配的数据信道长度可以为 2～12 个 OFDM 符号（对于下行）或 1～14 个 OFDM 符号（对于上行），而且不同时隙的时域资源分配可以动态转换，因此，非常有利于使用动态 TDD 或为上行控制信令预留资源，同时有利于实现 uRLLC 业务。

在频域上，NR 支持以下两种类型的频域资源分配。基于位图的频域资源分配可以使用频率选择性传输，提高传输效率；基于资源指示值（Resource Indication Value，RIV）的连续频率分配降低了相关信令所需要的开销。

NR 的 PDSCH 信道支持的调制方式是 QPSK、16QAM、64QAM 和 256QAM；PUSCH 信道支持的调制方式是 QPSK、16QAM、64QAM 和 256QAM（基于非码本的 PUSCH 传输）或 $\pi/2$-BPSK、QPSK、16QAM、64QAM 和 256QAM（基于码本的 PUSCH 传输）。为了满足高、中、低的码率传输，NR 分别定义了 3 个 MCS 表（对于下行）和 5 个 MCS 表（对于上行）。

NR 的数据信道使用低密度奇偶校验（Low Density Parity Check，LDPC）码。LDPC 码支持从中到高的编码速率以支撑较大的负荷，适用于高速率业务场景，同时，LDPC 码也支持以较低的码率提供较好的性能，适用于对可靠性要求高的场景。

因为 NR 传输块（Transport Block，TB）的尺寸可能非常大，把传输块分割成多个码块后，码块可以组成码块组（Code Block Group，CBG）。NR 中引入基于码块组的反馈方案，HARQ ACK/NACK 可以针对码块组反馈，即如果某个码块组的传输出现错误，只需要重传出错的码块组，提高了传输效率。

为了方便新技术的引入和扩展，且不产生后向兼容性问题，NR 为 PDSCH 引入了资源预留机制，这部分资源不能作为 PDSCH 资源使用，而是有特殊的用途，例如为 LTE 的 CRS、控制信道资源、零功率 CSI-RS（Zero-Power CSI-RS，ZP CSI-RS），以及为未来用途使用预留资源。在 PUSCH 上不需要专门定义预留资源，因为基站在上行授权时，只要不调度这些特殊的资源即可。

10. NR 的控制信道（PDCCH/PUCCH）

NR 的下行控制区域只有 PDCCH，PDCCH 所在的时频域资源被称为控制资源集合（Control-Resource Set，CORESET），搜索空间则规定了 UE 在 CORESET 上的行为。CORESET 在频域上只占信道带宽的一部分；在时域上占用 1～3 个 OFDM 符号，CORESET 既可以在时隙内的前 1～3 个 OFDM 符号（与 LTE 类似）上传输，也可以在时隙内的其他 OFDM 符号上传输，因此不必等到下一个时隙开始即可快速调度数据信道，非常适合 uRLLC 业务。

NR 的 PUCCH 支持长格式 PUCCH（4～14 个 OFDM 符号）和短格式 PUCCH（1～2 个 OFDM 符号）两种类型。短格式 PUCCH 可以在 1 个时隙的最后 1 个或 2 个 OFDM 符号上，对同一个时隙的 PDSCH 的 HARQ-ACK、CSI 进行反馈，从而达到降低时延的目的，因此其适合 uRLLC 业务。PUCCH 共有 5 种格式，支持从 1～2 比特的低负荷上行控制信息（Uplink Control Information，UCI，例如 HARQ-ACK 反馈）到大负荷的 UCI（例如 CSI 反馈）。

11. SS/PBCH 块

NR 的同步信号和 PBCH 在一起联合传输，被称为 SS/PBCH 块或 SSB。根据子载波间隔的不同，SSB 共有 5 种 Case（实例），每个频带对应 1 个或 2 个 Case，UE 能够根据搜索到的频率，快速实现下行同步。

SSB 的周期是可变的，SSB 的周期可以配置为 5ms、10ms、20ms、40ms、80ms 和 160ms，在每个周期内，多个 SSB 只在某个半帧（5ms）上传输，SSB 的最大数量为 4 个、8 个或 64 个（与载波频率有关）。可以根据基站类型和业务类型，灵活设置 SSB 周期，宏基站覆盖范围大，接入的用户数较多，因此可以设置较短的 SSB 周期以便 UE 快速同步和接入；而微基站由于覆盖范围小，接入的用户数较少，可以设置较长的 SSB 周期以节约系统开销和基站功耗。除此之外，还可以根据业务需求设置 SSB 周期，如果某个小区承载低接入时延要求的 uRLLC 业务，则可以设置较短的 SSB 周期；如果某个小区承载高接入时延要求的 mMTC 业务，则可以设置较长的 SSB 周期。

NR 的 PSS 有 3 种不同的序列，SSS 有 368 种不同的序列，小区的物理小区标识（Physical Cell Identifier，PCI）共 1008 个，相比于 LTE 的 504 个 PCI，增加了 1 倍，使 NR 的 PCI 发生冲突的概率降低，与 NR 的小区覆盖范围较小、PCI 需要较大的复用距离相适应。

12. NR 的参考信号

NR 没有 CRS，SSB 中的 PBCH 的 DM-RS 承担了类似 CRS 的作用，即用于小区搜索和小区测量，但是 PBCH 的 DM-RS 有两个显著特点。

① 可以灵活设置周期（即 SSB 的周期）。

② 在频域上只占用信道带宽的一部分。由于没有持续的全带宽的 CRS 发射，非常有利于节约基站的功耗。

PDSCH/PUSCH 的解调使用伴随 DM-RS，即 DM-RS 只出现在分配给 PDSCH/PUSCH 的资源上。对于 DM-RS 配置类型 1 和 DM-RS 配置类型 2，分别支持最多 8 个和 12 个 DM-RS；对于 SU-MIMO，每个 UE 最多支持 8 个正交的 DM-RS（对于下行）或最多支持 4 个正交的 DM-RS（对于上行）。NR 支持单符号 DM-RS 和双符号 DM-RS，双符号 DM-RS 比单符号 DM-RS 可以复用更多的 UE，但是也带来 DM-RS 开销较大的问题。除此之外，还可以在时域上为高速移动的 UE 配置附加的 DM-RS，从而使接收机进行更精确的信道估计，改善接收性能。

PT-RS 是 NR 新引入的参考信号，可以看作 DM-RS 的扩展，PT-RS 的主要作用是跟踪相位噪声的变化，相位噪声来源于射频器件在各种噪声（随机性白噪声、闪烁噪声）等作用下引起系统输出信号相位的随机变化，频率越高，相位噪声越高。因此，PT-RS 主要应用在高频段，例如毫米波频段。PT-RS 具有时域密度较高，但是频域密度较低的特点，且 PT-RS 必须与 DM-RS 一起使用。

与 LTE 相比，5G NR 的 CSI-RS 在时频域密度等方面具有更大的灵活性，CSI-RS 天线端口数最高可以配置 32 个。CSI-RS 除了用于下行信道质量测量和干扰测量，还承担了层 1 的参考信号接收功率（Layer 1 Reference Signal Received Power，L1-RSRP）计算（波束管理）、移动性管理功能，以及跟踪参考信号（Tracking Reference Signal，TRS）时频跟踪功能。TRS 可以看作特殊的 CSI-RS，引入 TRS 的主要目的是弥补晶体振荡器不稳定导致的时间和频率抖动问题，TRS 的负荷较低，仅有 1 个天线端口，每个 TRS 周期内仅有 2 个时隙有 TRS。

SRS 可用于基站获得上行信道的状态信息。与 LTE 类似，SRS 的带宽也采用树状结构，支持跳频传输和非跳频传输。NR 的 SRS 支持在连续的 1、2 或 4 个 OFDM 符号上发送，有利于实现时隙内跳频和 UE 发射天线的切换。

13. NR 的 PRACH

PRACH 支持长序列格式（PRACH 的 SCS 与数据信道的 SCS 无关，PRACH 的 SCS 固定为 1.25kHz 或 5kHz）和短序列格式（PRACH 的 SCS 与数据信道的 SCS 相同），短序列格式的 PRACH 与数据信道的 OFDM 符号的边界对齐，这样设计的好处是允许 PRACH 和数据信道使用相同的接收机，从而降低系统设计的复杂度。

14. NR 的波束管理

当 NR 部署在高频段时，基站必须使用 massive-MIMO 天线以增强覆盖，但是 massive-MIMO 天线会导致天线辐射图是非常窄的波束，单个波束难以覆盖整个小区，需要通过波束扫描的方式覆盖整个小区，即在某一个时刻，基站发射窄的波束覆盖某个特定方向，基站在下一个时刻小幅改变波束指向，覆盖另一个特定方向，直至扫描整个小区。NR 的波束赋形是 NR 必需的关键功能，因为 NR 所有的控制信道和数据信道，以及同步信号和参考信号都是以窄的波束发射的，所以涉及波束扫描、波束测量、波束报告、波束指示和波束恢复等过程。可以说，NR 的信道和信号设计和物理层过程是以波束管理为核心。波束赋形可以带来增加覆盖距离、减少干扰、提高系统容量等优点，但是也带来信令过于复杂的缺点。

2.3 NR 帧结构

对于 NR，时域的基本时间单元是 $T_c=1/(\Delta f_{max} \times N_f)$，其中，最大的子载波间隔 $\Delta f_{max}=480 \times 10^3$Hz，FFT 的长度是 $N_f=4096$，故 $T_c=1/(480000 \times 4096) \approx 0.509$(ns)，对应的最大采样率为 $1/T_c$，即 1964.64MHz。LTE 系统的基本时间单元是 $T_s=1/(\Delta f_{ref} \times N_{f,ref})$，其中，最大的子载波间隔 $\Delta f_{ref}=15 \times 10^3$Hz，FFT 的长度是 $N_{f,ref}=2048$，故 $T_s=1/(15000 \times 2048) \approx 32.552$(ns)，对应的最大采样率为 $1/T_s$，即 30.72MHz。T_s 与 T_c 之间满足固定的比值关系，即常量 $k=\dfrac{T_s}{T_c} \approx 64$，这种设计有利于 NR 和 LTE 的共存，可将 NR 和 LTE 部署在同一个载波上。

2.3.1 参数集（Numerology）

NR 的参数集可以简单理解为子载波间隔，参数集基于指数可扩展的子载波间隔 $\Delta f=2^\mu \times 15$kHz，其中对于 PSS、SSS 和 PBCH（以下简称同步信道），$\mu \in \{0, 1, 3, 4\}$；对于其他信道（以下简称数据信道），$\mu \in \{0, 1, 2, 3\}$。所有的子载波间隔都支持正常 CP，只有 $\mu=2$（SCS=60kHz）支持扩展 CP。扩展 CP 的开销相对较大，在大多数场景下与其带来的优势相比，性价比较低，LTE 中很少应用扩展 CP，预计在 NR 中应用的可能性也不高，但是作为一个特性，在 3GPP TS 38.211 协议中还是定义了扩展 CP，由于 FR1 和 FR2 都

支持 $\mu=2$，所以只有 $\mu=2$ 支持扩展 CP。

虽然不同参数集的子载波间隔不同，但是每个物理资源块（Physical Resource Block，PRB）包含的子载波数都是固定的，即由 12 个连续的子载波组成，这意味着不同参数集的 PRB 占用的带宽随着子载波间隔的不同而扩展。根据 3GPP 协议，单个载波支持的最大公共资源块（Common Resource Block，CRB）数是 275 个（基站或 UE 实际传输的最大 PRB 数是 273 个），即支持的最大子载波数是 275×12=3300 个子载波，15kHz、30kHz、60kHz、120kHz 支持的最大信道带宽分别是 50MHz、100MHz、200MHz 和 400MHz，NR 支持的参数集见表 2-2。

表2-2 NR支持的参数集

μ	$\Delta f=2^\mu\times15$/kHz	循环前缀	支持的信道		FR1		FR2	
			数据信道	同步信道	是否支持	适用的信道带宽/MHz	是否支持	适用的信道带宽/MHz
0	15	正常	是	是	是	5～50	否	
1	30	正常	是	是	是	5～100	否	
2	60	正常、扩展	是	否	是	10～100	是	50～200
3	120	正常	是	是	否		是	50～400
4	240	正常	否	是	否		否	

对于 FR1,（数据信道，同步信道）的组合包括（15kHz, 15kHz）(30kHz, 15kHz)(60kHz, 15kHz)(15kHz, 30kHz)(30kHz, 30kHz)(60kHz, 30kHz)。对于 FR2,（数据信道，同步信道）的组合包括（60kHz, 120kHz)(120kHz, 120kHz)(60kHz, 240kHz)(120kHz, 240kHz)。

2.3.2 帧、时隙和 OFDM 符号

NR 的无线帧和子帧的长度都是固定的，1 个无线帧的固定长度为 10ms，1 个子帧的固定长度为 1ms，这与 LTE 相同，从而可以更好地支持 LTE 和 NR 的共存，有利于 LTE 和 NR 共同部署模式下帧与子帧在结构上保持一致，从而简化小区搜索和频率测量。

NR 无线帧的长度是 $T_f=(\Delta f_{max}\times N_f/100)\times T_c=10$（ms），每个无线帧包含 10 个长度为 $T_{sf}=(\Delta f_{max}\times N_f/1000)\times T_c=1$（ms）的子帧，每个子帧中包括 $N_{symb}^{subframe,\mu}=N_{symb}^{slot}N_{slot}^{subframe,\mu}$ 个连续的 OFDM 符号，每个帧分成 2 个长度是 5ms 的半帧，每个半帧包含 5 个子帧，子帧 0～4 组成半帧 0，子帧 5～9 组成半帧 1。每个无线帧都有一个系统帧号（System Frame Number，SFN），SFN 周期等于 1024，即 SFN 经过 1024 个帧（10.24s）重复 1 次。

每个载波上都有一组上行无线帧和一组下行无线帧，UE 传输的上行帧号 i 在 UE 对应的下行帧号 i 之前的 $T_{TA}=(N_{TA}+N_{TA,offset})\times T_c$ 处开始，上行-下行定时关系如图 2-11 所示。

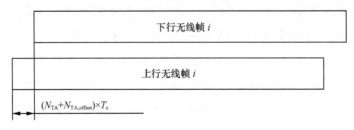

图2-11　上行-下行定时关系

$N_{TA,offset}$ 的值与频段有关，N_{TA} 由 MAC CE 通知给 UE。$N_{TA,offset}$ 的取值见表 2-3。

表2-3　$N_{TA,offset}$ 的取值

用于上行传输的 FR	$N_{TA,offset}$
没有 LTE-NR 共存的 FR1 FDD 频段或没有 LTE-NR 共存的 FR1 TDD 频段	25600
LTE-NR 共存的 FR1 FDD 频段	0
LTE-NR 共存的 FR1 TDD 频段	39936/25600
FR2	13792

注：1. UE 根据 n-TimingAdvanceOffset 识别 $N_{TA,offset}$，如果 UE 没有接收到 n-TimingAdvanceOffset，则 FR1 的缺省值是 25600。
　　2. SUL 载波的 $N_{TA,offset}$ 的值由非 SUL 载波来决定。

对于子载波间隔配置 μ，子帧中的时隙按照升序编号为 $n_s^\mu \in \{0,1,\cdots,N_{slot}^{subframe,\mu}-1\}$，无线帧中的子帧也是按照升序编号为 $n_{s,f}^\mu \in \{0,1,\cdots,N_{slot}^{frame,\mu}-1\}$。每个时隙中包含 N_{symb}^{slot} 个连续的 OFDM 符号，其中 N_{symb}^{slot} 取决于表 2-4 和表 2-5 确定的循环前缀。每个子帧中时隙 n_s^μ 的开始与同一子帧中的 OFDM 符号 $n_s^\mu N_{symb}^{slot}$ 的开始在时间上保持一致。

在 Rel-15 中，NR 的下行传输方案使用 CP-OFDM，上行传输方案使用 CP-OFDM 或 DFT-S-OFDM。与 LTE 的做法一样，为了对抗多径时延扩展带来的子载波正交性破坏的问题，通常在每个 OFDM 符号之前增加 CP，以消除多径时延带来的符号间干扰和子载波间干扰。

表2-4　正常CP，每个时隙的OFDM数、每帧的时隙数和每子帧的时隙数

μ	SCS/kHz	N_{symb}^{slot}/个	$N_{slot}^{frame,\mu}$/个	$N_{slot}^{subframe,\mu}$/个
0	15	14	10	1
1	30	14	20	2
2	60	14	40	4

续表

μ	SCS/kHz	$N_{\text{symb}}^{\text{slot}}$/个	$N_{\text{slot}}^{\text{frame},\mu}$/个	$N_{\text{slot}}^{\text{subframe},\mu}$/个
3	120	14	80	8
4	240	14	160	16

表2-5 扩展CP，每个时隙的OFDM数、每帧的时隙数和每子帧的时隙数

μ	SCS/kHz	$N_{\text{symb}}^{\text{slot}}$/个	$N_{\text{slot}}^{\text{frame},\mu}$/个	$N_{\text{slot}}^{\text{subframe},\mu}$/个
2	60	12	40	4

根据表2-4和表2-5可知，在不同子载波间隔配置下，每个时隙中的符号数是相同的，即都是14个OFDM符号（对于扩展CP，是12个OFDM符号），但是每个无线帧和每个子帧中的时隙数不同，随着子载波间隔的增加，每个无线帧/子帧中所包含的时隙数也会成倍增加。这是因为子载波间隔 Δf 和OFDM符号长度 Δt 的关系为 $\Delta t = 1/\Delta f$，因此，频域上的子载波间隔增加，时域上的OFDM符号长度会相应缩短，NR的无线帧结构如图2-12所示。需要注意的是，短的时隙长度有利于低时延传输。

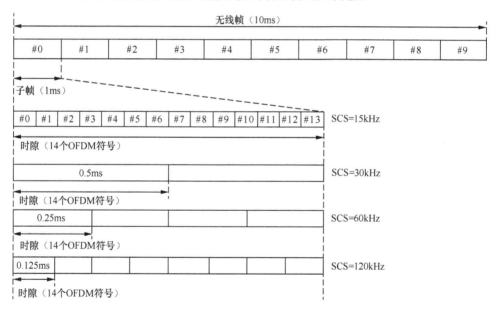

图2-12 NR的无线帧结构

NR的OFDM符号（含CP）的长度是 $\left(N_{\text{u}}^{\mu} + N_{\text{CP},l}^{\mu}\right) \times T_{\text{c}}$，其中 N_{u}^{μ} 和 $N_{\text{CP},l}^{\mu}$ 的取值见公式（2-1）。

$$N_{\text{CP},l}^{\mu} = \begin{cases} N_{\text{u}}^{\mu} = 2048k \times 2^{-\mu} \\ 512k \times 2^{-\mu} & \text{扩展CP} \\ 144k \times 2^{-\mu} + 16k & \text{正常CP}, l = 0 \text{ 或 } l = 7 \times 2^{\mu} \\ 144k \times 2^{-\mu} & \text{正常CP}, l \neq 0 \text{ 或 } l \neq 7 \times 2^{\mu} \end{cases} \quad (2\text{-}1)$$

根据公式（2-1）可以计算出正常 CP，不同子载波间隔配置下的符号长度和 CP 长度见表 2-6，如图 2-13 所示；扩展 CP 的符号长度和 CP 长度见表 2-7，如图 2-14 所示。图 2-13 和图 2-14 中的数值单位是 $k \cdot T_c$，即 32.552ns。

表2-6　正常CP，不同子载波间隔配置下的符号长度和CP长度

μ	SCS/kHz	符号长度/μs	N_{symb}^{slot}/个	CP 长度（$l=0$ 或 $l=7 \times 2^\mu$）/μs	CP 长度（其他符号）/μs	时隙长度/ms
0	15	66.67	14	5.21	4.69	1
1	30	33.33	14	2.86	2.34	0.5
2	60	16.67	14	1.69	1.17	0.25
3	120	8.33	14	1.11	0.57	0.125
4	240	4.17	14	0.81	0.29	0.0625

表2-7　扩展CP的符号长度和CP长度

μ	SCS/kHz	符号长度/μs	N_{symb}^{slot}/个	CP 长度/μs	时隙长度/ms
2	60	16.67	12	4.17	0.25

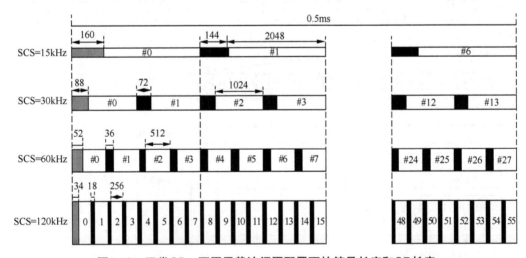

图2-13　正常CP，不同子载波间隔配置下的符号长度和CP长度

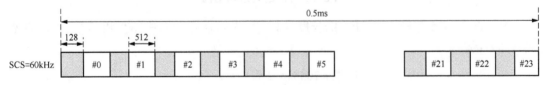

图2-14　扩展CP的符号长度和CP长度

正常 CP 每 0.5ms 的第 1 个 OFDM 符号的 CP 长度比其他 OFDM 符号中的 CP 长度略长，是为了简化 0.5ms 长度中所包含的基本时间单元数目 T_c 不能被 7 整除。需要注意的是，

当 SCS=15kHz 时，NR 的帧、子帧、时隙数和 OFDM 符号数与 LTE 的完全相同，因此便于实现 NR 和 LTE 的共存。

与 LTE 相比，NR 的时隙在设计上具有两个显著特点：第一是多样性，NR 中的时隙类型更多，引入了自包含时隙；第二是灵活性，LTE 的下行分配和上行分配只能实现子帧级变化（特殊子帧除外），而 NR 的下行分配和上行分配可针对不同的 UE 进行动态调整，以实现符号级变化。这样的设计可以支持更动态的业务需求来提高网络利用率，同时支持更多的应用场景和业务类型，进而为用户提供更好的体验。

NR 每个时隙中的 OFDM 符号可以分为下行符号（标记为"D"）、灵活符号（标记为"F"）或上行符号（标记为"U"）：下行符号仅用于下行传输；上行符号仅用于上行传输；灵活符号可用于上行传输、下行传输、保护间隔（Guard Period，GP）或作为预留资源。

对于不具备全双工能力的 UE，即半双工 FDD(Half-duplex FDD，H-FDD) 的 UE，被宣布为下行的符号仅能用于下行传输，在下行传输时间内没有上行传输；同理，被宣布为上行的符号仅能用于上行传输，在上行传输时间内没有下行传输。UE 不假定灵活符号的传输方向，UE 监听下行控制信令，可根据动态调度信令获取的信息来确定灵活符号是用于下行传输还是上行传输。

对于不具备全双工能力的 UE，在下行接收的最后一个符号结束后，需要在 $N_{\text{Rx-Tx}}T_\text{c}$ 后发送上行信号，$N_{\text{Rx-Tx}}$ 取值为 25600(FR1) 和 13792(FR2)，即 UE 的接收—发送转换时间不小于 13μs(FR1) 和 7μs(FR2)；对于不具备全双工能力的 UE，UE 上行发送的最后一个符号结束后，不再期望下行接收早于 $N_{\text{Tx-Rx}}T_\text{c}$，即 UE 的发送—接收转换时间不小于 13μs(FR1) 和 7μs(FR2)。

NR 的时隙类型可以分为 4 类，主要时隙类型如图 2-15 所示，每类时隙类型的特点如下。

① Type 1：全下行时隙（DL-only slot），Type 1 仅用于下行传输。

② Type 2：全上行时隙（UL-only slot），Type 2 仅用于上行传输。

③ Type 3：全灵活时隙（Flexible-only slot），Type 3 具有前向兼容性，可以为未知业务预留资源。同时，Type 3 的下行资源和上行资源可以自适应调整，适用于动态 TDD 场景。

④ Type 4：混合时隙（Mixed slot），Type 4 又细分为 Type 4-1～Type 4-5。Type 4-1 和 Type 4-2 具有前向兼容性，可以为未知业务预留资源，且 Type 4-1 和 Type 4-2 具有灵活的数据发送开始和结束位置，适用于非授权频段、动态 TDD 等场景；Type 4-3 适用于下行自包含子帧/时隙；Type 4-4 适用于上行自包含子帧/时隙；Type 4-5 是 Mini-slot，长度为 7 个 OFDM 符号。

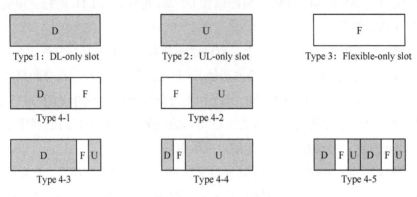

图2-15 主要时隙类型

与 LTE 相比，NR 引入了自包含子帧/时隙，即同一个子帧/时隙内包含 DL、UL 和 GP。自包含子帧/时隙的设计目标有两个。第一，更快的下行 HARQ-ACK 反馈和上行数据调度，以降低空口时延，用于满足超低时延的业务需求，尤其是在广度和深度覆盖且具有超低时延的场景，因为广度和深度覆盖场景使用低频段比较合理，但是低频段的时隙较长，不利于降低空口时延，而自包含子帧/时隙可以较好地解决低频段时隙较长的问题。对于 Mini-slot（Type 4-5），1 个时隙内有两个下行—上行转换周期，可以进一步降低空口时延，能够满足 5G 毫秒级的数据时延要求。第二，更短的 SRS 发送周期，可以跟踪信道快速变化，提升 MIMO 性能。

自包含子帧/时隙有两种结构，即下行主导（DL-dominant）时隙和上行主导（UL-dominant）时隙，即图2-15中的 Type 4-3 和 Type 4-4。对于下行主导时隙，DL 用于数据传输，UL 用于上行控制信令，例如用于对同一时隙下行数据的 HARQ 反馈，UL 也可以用于发送 SRS 或调度请求（Scheduling Request, SR）；对于上行主导时隙，UL 用于数据传输，DL 用于下行控制信令，例如用于对同一时隙上行数据的调度。

2.4 NR-NTN 物理层设计要点

为了尽可能地减少对规范的影响，NR-NTN 在物理层的设计上尽量与 NR 的物理层保持一致，包括以下 6 个方面。

① **物理信道和信号**：NR-NTN 使用与 NR 完全相同的物理信道和信号。

② **下行同步过程**：NR-NTN 与 NR 完全相同，NR-NTN UE 依次搜索 SSB，读取 MIB、SIB1 和其他系统消息。

③ **上行同步过程**：NR-NTN 在 NR 的基础上进行增强。NR-NTN UE 需要具有 GNSS 能力，NR-NTN 引入了上行时间同步参考点，UE 需要补偿 UE 到参考点之间的时延。

④ **随机接入过程**：NR-NTN 与 NR 相同。NR-NTN 也支持四步随机接入过程或者两

步随机接入过程，PRACH 信道格式相同。但是 NR-NTN 对定时关系进行了增强，以适应 NTN 超长的传播时延。

⑤ **移动性管理过程**：NR-NTN 在 NR 的基础上进行增强。NR-NTN 引入了基于位置的事件（D1 事件和 D2 事件）和基于时间的事件（T1 条件事件），新增了无 RACH 切换和 PCI 不变小区，除此之外，网络需要把小区的参考点位置通知给 UE。

⑥ **NR–NTN 新增加的特征**：NR-NTN UE 需要上报 UE 位置，NR-NTN 需要验证 UE 位置。

2.5 本章小结

本章首先介绍了 NG-RAN 架构，NG-RAN 节点可以是 gNB，也可以是 ng-eNB，gNB 与 UE 之间是 NR 接口，ng-eNB 与 UE 之间是 LTE 接口。接着重点分析了逻辑信道、传输信道和物理信道。其次，本章阐述了 NR 物理层设计要点，包括更大的频率范围、更大且更灵活的信道带宽、多种信道栅格、同步栅格、灵活的子载波间隔、灵活的帧结构、自适应部分带宽，以及改进数据信道、控制信道、参考信号、PRACH 和波束管理。最后，本章对 NR 帧结构和 NR-NTN 物理层的设计要点进行分析，NR 支持的子载波间隔可以是 15kHz、30kHz、60kHz、120kHz 和 240kHz，NR 的无线帧长度（10ms）和子帧长度（1ms）与 LTE 相同，有利于 LTE 和 NR 在共同部署模式下，帧与子帧在结构上保持一致，与 LTE 相比，NR 的时隙在设计上具有多样性和灵活性两个特点，可以支持更多动态的业务需求来提高网络利用率，同时支持更多的应用场景和业务类型，为用户提供更好的体验。为了适应 NR-NTN 的超长传播时延和高移动性，NR-NTN 在定时关系和移动性管理方面进行了增强。

第 3 章

NTN 技术概述

当前的 4G、5G 地面移动通信网络，可以有效地满足陆地移动通信的大部分需求。由于部署环境、成本等多方面因素的限制，地面网络较难为偏远地区、隔离地区、海洋及高空空域提供广泛连续的网络覆盖。以卫星为代表的天基通信网络具有天然的覆盖范围优势，能够有效弥补地面网络的不足。在过去几十年间，由于卫星通信网络和地面移动通信网络分别独立发展，在通信制式和设备等方面出现阻碍。当前，构成空天地一体化的网络，实现优势互补，已经成为 5G 网络演进乃至未来 6G 网络发展的愿景目标和研究方向之一。各国政府部门、业界公司和标准化组织等先后提出技术路线并付诸实践，其中 3GPP 的推进具有相当的前瞻性和适用性，并有望率先实现无线接入网层面的天地一体化网络。

3GPP 在 Rel-17 中将卫星通信网作为地面 5G 蜂窝移动通信网的重要补充，简称为 NTN，NTN 与 5G NR 网络相融合，充分发挥各自的技术优势，可以实现全球无缝覆盖和星地融合的端到端业务贯通，有效覆盖地面、天空和海洋，实现空天地一体化通信。

3.1 NTN 技术应用场景、进展和关键技术

3.1.1 NTN 的应用场景

NTN 技术的主要目标是借助 5G 系统的技术框架，针对卫星通信和低空通信的特点，进行 5G 系统适应性改造，实现 5G 通信系统对空、天、地、海多场景的统一服务。

5G 的三大应用场景是 eMBB、uRLLC 和 mMTC，虽然 NTN 组网的传播时延对于某些要求超低时延的应用场景可能存在不足，但是凭借其可靠性和大覆盖区域，NTN 在 eMBB 和 mMTC 两大应用场景上有着广泛的应用和地面网络无法替代的重要性。3GPP 对 NTN 在 5G 的应用场景和用例进行了总结，介绍了 10 种功能需求及其对应的应用场景示例。NTN 接入网络的 5G 用例见表 3-1。

表3-1　NTN接入网络的5G用例

5G 服务	5G 用例	5G 应用场景描述	NTN 服务
eMBB	多连接	在 5G 服务不足地区（家中或小型办公室，大型活动临时设施）的用户通过多种网络技术连接到 5G 网络，速率可达 50Mbit/s 以上。时延敏感流量可以在短时延链路上转发，而时延不敏感流量可以在长时延链路上转发	连接到 5G 服务不足地区的小区或中继节点，作为用户吞吐量有限的地面无线或有线接入的补充
	固定用户连接	偏远村庄或工业场所（采矿、海上平台）的用户可以接入 5G 服务	为核心网络与无服务地区建立宽带连接

续表

5G 服务	5G 用例	5G 应用场景描述	NTN 服务
eMBB	移动用户连接	船上或飞机上的乘客可以接入 5G 服务	为核心网络和移动平台（例如飞机或船只）上的用户建立宽带连接
	网络弹性	一些关键的网络链路需要高可用性，可以通过多个网络连接并行聚合来实现，防止完全的网络连接中断	备份连接
	中继	电信运营商可能希望在一个孤立的地区部署或恢复 5G 服务，为没有连接到 5G 本地接入网的"孤岛"地区提供服务	建立公共数据网络与一个移动网络锚点或两个移动网络锚点之间的宽带连接
	边缘网络交付	媒体和娱乐内容（例如直播、广播/组播流、组通信、移动边缘计算的虚拟网络功能更新）以组播方式传输到网络边缘的无线接入网设备，并存储在本地缓存中或进一步分发给用户设备	广播信道，支持组播传输到 5G 网络边缘
	定向广播	① 电视或多媒体服务传送到家庭场所或移动平台。 ② 公共安全部门希望能够在灾难事件发生时立即向公众发出警报，并在地面网络出现故障时为公众提供救灾指导。 ③ 汽车行业希望为客户提供即时硬件/软件空中服务，例如地图信息、实时交通、天气和早期预警广播、停车位可用性等。 ④ 媒体和娱乐业可以在车辆上提供娱乐服务	向家庭或移动平台上的接入点或用户设备提供广播/组播服务
	广域公共安全	紧急救援人员（例如警察、消防员和医务人员）可以在任何地方的户外条件下交换消息、语音和视频，并在任何机动情况下实现服务连续性	访问用户设备（手持设备或车载设备）
mMTC	广域物联网服务	基于一组传感器（物联网设备）的远程通信应用，这些传感器分散在广阔的区域，向中央服务器报告信息或由中央服务器控制，可以应用在以下领域。 ① 汽车和道路运输：高密度编队、高清地图更新、交通流量优化、车辆软件更新、汽车诊断报告、用户基础保险信息、安全状态报告等。 ② 能源：对石油/天然气基础设施的关键监控。 ③ 交通：车队管理、资产跟踪、数字标牌、远程道路警报。 ④ 农业：牲畜管理、耕作	物联网设备与星载平台之间的连接，需要实现星载平台和地面基站之间服务的连续性
	本地物联网服务	一组收集本地信息的传感器，彼此连接并向一个中心点报告，中心点还可以命令一组执行器执行局部操作	在移动核心网与为小区内物联网设备服务的基站之间建立连接

对于 5G 与卫星网络融合，上述场景可归纳为以下 4 类。

① **无地面网络部署区域场景**。在海洋、山区、沙漠等区域，由于基站架设困难，几乎不存在地面网络，因此，卫星可以作为地面网络的补充和延伸。在远洋运输中，为了实现集装箱的全过程监控，可以在每个集装箱上安装具备卫星接入、网络重选择功能的用户终端。在地震、洪水等突发事件导致地面网络临时中断或整体损毁的情况下，卫星

与 5G 网络融合可以为用户提供卫星接入服务。

② **地面网络连接密度低区域场景**。在人烟稀少、地面基站数量有限的区域，卫星与 5G 网络的融合可以为缺乏地面基础设施的用户提供通信网络的接入服务。卫星网络通过对地面基站网络进行"补盲"，可以为处于偏远地区的用户提供连续的 5G 接入服务。

③ **地面网络连接速率低区域场景**。在偏远村庄、偏远居民点、生态区、小岛等区域，地面网络连接速率低，不能达到用户对通信服务的要求。5G 与卫星网络的融合可为上述应用场景的用户提供服务，并且增强用户的服务质量。

④ **无本地电信运营商地面网络区域场景**。在无本地电信运营商地面网络的场景下，需要保证提供电信运营商之间的国内漫游、运营商之间的国际漫游和国际通信业务，5G 与卫星网络的融合可以满足相关要求，增强用户的服务质量。

NTN 具有覆盖范围大的优势，因此能够大幅加强 5G 服务的可靠性，可以为物联网设备或飞机、轮船、高铁等交通工具上的用户提供连续性服务，也能够确保在任何区域都有可以利用的 5G 信号，尤其是铁路、海事、航空等领域。当发生地震、洪水等重大自然灾害，地面通信系统失灵后，NTN 可以提供应急通信。NTN 还可以为网络边缘节点，甚至用户终端提供高效率的多播/广播数据推送服务，以增强 5G 网络的可伸缩性。

5G+ 物联网卫星融合通信系统可以广泛应用于航空、航海、物流、渔业、农业、电力、煤炭、应急等涉及国计民生的领域。一方面，5G+ 物联网卫星融合通信系统可以为公众用户在应急场景下提供短消息通道服务（例如报警）；另一方面，可以为政府、企业用户提供全域场景下的各类物联网监测和预警服务，星地融合系统应用领域如图 3-1 所示。

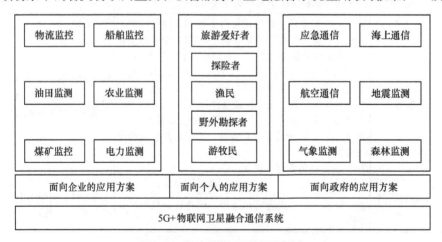

图3-1 星地融合系统应用领域

海事船舶监控是 5G+ 物联网卫星融合的典型应用。通过回传卫星数据，可以提供船舶定位、跟踪、遇险呼叫、数据报告、实时动态查询及历史轨迹追踪等的多种应用和人员保护方案。

① 船舶数据采集，主要采集船舶位置、船舶运行轨迹、速度、航向等基础数据。

② 提供船舶偏航报警、区域、超时报警等功能，以及船舶航行诊断、航行报告。

③ 进行航运效率分析，并提供航运数据建模。

④ 为港口测算距离、设计航线、监控航程等全方位航次管理与设计提供通信基础。

⑤ 为船舶、港口、码头等提供气候、潮汐等海事信息查询功能，并提供高效率的协同工作平台。

5G+物联网卫星融合可为公众用户提供泛在接入通信的能力，为野外旅游爱好者、探险者、渔民、野外勘探人员、游牧民等人员提供灾情预警、接收求救信息等功能。

① 将气象、火警、地震等灾情信息实时广播至灾害区域人员的移动终端。

② 可接收求救信号，锁定遇险人员的经纬度位置，并与遇险人员进行双向通信。

③ 指导遇险人员自救，并将救援安排、救援进度同步至遇险人员。

④ 将现场灾情及救援进展实时传递至指挥中心。

3.1.2 NTN 的系统挑战

基于 NTN 的应用场景，由于空中或太空载体的高度和移动速度，以及由此造成的高传播时延和多普勒偏移等，将对 NTN 的设计和应用带来新的问题和挑战。相应地，NTN 组网需要对 5G 协议进行有针对性的修改或增强，以适应上述差异和变化。NTN 面临以下 6 个方面的系统挑战。

① **高传输时延**。高度在 35786km 的地球静止轨道（Geostationary Earth Orbit，GEO）卫星单向传输时延可达 270.73ms（针对透明转发卫星），非 GEO 卫星单向传输时延至少为 12.89ms［600km，低地球轨道（Low Earth Orbit，LEO）卫星］，而高度在 10000km 的中地球轨道（Medium Earth Orbit，MEO）卫星单向传输时延可达 95.2ms，高空平台电信系统（High-Altitude Platform Station，HAPS）单向传输时延至少为 1.526ms，仍远高于地面蜂窝网络的 0.033ms。高传输时延将极大地影响基站与终端间交互的时效性，特别是接入和切换等需要多次信令交互的过程，以及 HARQ 的过程等，有可能导致系统的计时器已经超时重启但是信令还未送达，进而对用户体验产生负面影响。

② **更大的小区半径**。地面蜂窝网络小区覆盖范围为几百到几千米不等，超远覆盖也不到 100km，与地面蜂窝网络小区相比，NTN 的小区一般具有更大的覆盖范围，卫星小区直径可达 1000km 级别，因此小区中心与小区边缘的时延差异会更加明显。小区半径增大也会对系统同步造成一定影响，因此有必要引入增强的同步机制来保证用户间的同步，从而避免干扰。

③ **多普勒变化率和定时变化率**。对于低轨卫星系统，卫星将围绕地球做高速环形运动，这会导致显著的多普勒变化和定时变化。地面 5G 系统应用在高铁场景时，多普勒频偏仅需要考虑 kHz 级别的频偏，低轨卫星系统则必须处理 kHz 到 MHz 级别的多普勒偏移。地面通信基本可以忽略时间变化率。低轨卫星通信的定时变化率达到数十 μs/s 量级，对

于高频段的 5G 系统是一个巨大的挑战。时频同步技术必须进行较大的技术增强才能支持 NTN 通信。

④ **移动性管理**。NTN 的小区重选和切换、波束选择和恢复等移动性管理过程需要考虑可能的小区移动。一方面，在移动性管理决策中，需要考虑小区的移动状态信息（速度、方向、预计位置），以避免不必要的切换或重选等；另一方面，可进一步利用小区的移动状态信息，进行预先的小区或波束切换，减少信令交互开销。

⑤ **峰均比问题**。由于卫星载荷器件的限制，卫星通信的峰均比一直是被重点关注的问题。传统的卫星通信采用单载波技术，而在 NTN 系统中，OFDM 技术是一项基本的技术。在实践中，峰均比问题可以通过相应的技术手段规避，例如，通过相控阵天线技术，多个波束共享一个功率放大器（Power Amplifier，PA），这会消除多载波技术和单载波技术的差异；进一步考虑削峰技术，通过对信号峰值进行限幅可降低峰均比。经过广泛的技术讨论，3GPP 仍然采用了 5G 的波形体制，峰均比问题仅作为实现问题留给设备商进行技术优化。

⑥ **资源问题**。卫星星载设备不同于地面网络设备，在功率、质量、尺寸方面存在严格的限制，导致其运算及存储能力均有一定的局限性。因此，星间路由及存储能力等的设计面临极简且能满足严苛需求的挑战。可通过增加系统容量（例如多波束技术和高通量有效载荷）、有效的资源管理（例如高效的算法和编码技术）、优化地面基础设施等改善星上资源的有限性。现存频谱资源逐渐无法满足日益增高的网络服务需求，低轨卫星网络需要向更高频段开发利用，合理分配频谱。可采用频谱分配技术、调制解调技术等技术，合理利用频谱资源。

3.1.3 NTN 的标准进展

3GPP 最早在 Rel-15 的基础上提出了支持 NTN 的 5G NR 的研究报告立项，对 NTN 的应用场景和信道模型进行研究。Rel-16 在 Rel-15 的基础上研究了 NR 支持 NTN 的解决方案，包括网络架构、物理层设计和高层设计，明确了要优先支持卫星接入场景。在 Rel-17 上，3GPP 将 NTN 纳入技术规范，重点关注基于透明转发架构系统，并分为 IoT-NTN 和 NR-NTN 两大方向：IoT-NTN 侧重支持低速窄带物联网业务；NR-NTN 则主要面向手机直连业务及甚小口径卫星终端（Very Small Aperture Terminal，VSAT）业务的宽带通信。

Rel-18 的研究重点仍在透明转发模式上，进一步完善 NR-NTN 通信的能力。在频谱方面，针对 10GHz 以上的、卫星通信的常用 Ka 频段（27～40GHz），研究 ITU 定义的 FR2-NTN（n510、n511、n512）频段的支持；在覆盖增强方面，针对卫星系统传播距离远、低轨系统对地运动速度快等特点，研究终端侧在 PUCCH 引入重复传输和 DM-RS 联合信道估计机制，以提高信号的质量以及信道估计的准确度；在网络验证终端位置方面，研究了通过 AMF 进行终端位置验证的方案，实现对终端位置信息的使用需求。通过网络验证终端位置，保障星地融合化网络提供适用于该终端所处国家或地区监管要求的卫星网络服务。在移动性和业务连续性方面，进一步增强 NTN 系统的移动性和业务连续性，以降低低轨卫星系统下终端频繁切换对终端业务的影响；并设计和完善 TN-NTN 的移动性方案，提高服务连续性。IoT-NTN 则主要研究了移动性增强方案，沿用了 Rel-17 NR-NTN 中相关的移动性方案；在业务体验上，研究对 HARQ 反馈的禁用，提升物联网终端的传输速率。

3GPP 已经批准 Rel-19 的工作项目（Work Item，WI），NR-NTN 的研究增加了对星上再生载荷的支持，并主要对以下 5 个方面进行标准化工作。

① **基站上星**。支持 3GPP TR 38.821 定义的基站上星的再生传输模式网络架构，进一步定义基站与基站之间包含星间链路的移动性管理方案。

② **上行链路容量增强**。通过正交覆盖码及射频能力的增强，提升 PUSCH 能力，提高上行链路数据传输速率和所支持用户的容量，满足用户数和上行数据业务不断增长的需求。

③ **下行覆盖增强**。研究卫星跳波束的管理方案，进行下行链路级和系统级增强，对卫星波束进行动态和灵活的配置，实现在卫星总功率受限的情况下，提高其有效覆盖能力。

④ **广播服务的服务区域通知能力**。将广播业务和 NTN 结合，定义相关的 SIB，在卫星覆盖范围更大的情况下指示预期服务区域，并定义核心网和基站之间的必要信令，满足对特定服务区的广播业务需求。

⑤ **NTN+RedCap**。对在 FR1-NTN 频段上支持 RedCap 或 eRedCap 的 NTN 终端，定义 NTN 的射频和无线资源管理要求，满足不同场景下物联网设备的能力需求。

3GPP Rel-19 在 IoT-NTN 方面，一是增加存储转发模式的研究，在卫星没有馈电链路的情况下，先存储终端的数据，在馈电链路恢复后再进行转发，完成相应的 IoT 业务；二是增强上行能力，提升上行数据速率。

3.1.4 NTN 的关键技术

与地面 5G 网络不同，NTN 与地面通信的差异主要体现在低时延、高移动和广覆盖等方面，需要增强无线链路的性能。NR-NTN 在无线协议侧需要对时频同步、随机接入技术、HARQ、移动性管理技术、寻呼和空闲态管理等关键技术进行研究。

（1）时频同步

在基于 OFDM 的通信系统中，无线资源被划分为多个相互正交的资源单元（Resource Element，RE），需要在正确的时频位置上的接收端才能有效接收和发送数据。为了找到正确的时频位置，用户终端需要进行上下行时频同步，且在接入网络之后还需要持续根据自身测量及网络下发的配置数据保持同步状态，从而使终端能够正确使用时频资源，确保端网间能够正常传输数据。

在卫星通信中，卫星相对于地面的用户终端具有较远的距离和较高的运动速率，因此带来了远超地面通信系统的传输时延和频偏，这为时频同步带来了困难。特别是低轨卫星通信系统，卫星在空间轨道上相对地面的高速运动，导致多普勒效应对无线链路信号的影响远高于地面通信系统。以工作于600km轨道高度、载波频率2GHz的低轨通信卫星为例，在不考虑器件原因引入额外变量的假设下，系统中星地多普勒频偏达 −48 ~ 48kHz，链路的时延变化率约为38μs/s，对于工作在更高频段（例如Ka等）的系统，多普勒频偏甚至高达MHz级别，远高于地面通信网络在高铁场景下的数kHz处理能力，对NTN下的终端、网络的时频偏补偿处理能力提出了新挑战。

为了与基站建立连接，用户终端首先需要通过检测基站下发的下行同步信号来进行下行时频同步。根据下行同步信号的时频位置，用户终端可以进一步接收基站下发的系统消息。

对于下行同步来说，用户终端需要在可能的时频位置上搜索参考信号，当时频偏范围过大时，需要搜索的位置过多，会导致用户终端的计算复杂度过大。对于上行同步来说，时频偏远超传统随机接入前导序列能容忍的范围，无法完成上行同步。

从网络设备的角度出发，在透明转发场景中，由地面的NTN基站对获取的星历信息进行处理，可得到卫星在轨的空间位置及运动状态，将卫星对地覆盖波束中心点的位置作为参考点，计算小区级的频偏，并基于计算得到的频偏对信号进行预补偿处理。在进行预补偿计算的同时，基站将卫星星历信息、波束中心点位置信息向波束覆盖下的终端进行广播。

从终端设备的视角出发，为了补偿服务链路，用户终端能够通过GNSS定位自己的位置，并接收卫星传播的星历信息。卫星系统的定时补偿采用相对补偿，即终端仅补偿小区内相对于上行时间同步参考点的差异时延部分，基站侧（网关站）维护公共时延。公共时延包含馈电链路的时延和用户链路的公共时延，用户的相对时延是用户根据自己的位置和上行时间同步参考点推算出的传播时延。

（2）随机接入技术

随机接入的核心目标在于帮助终端设备实现上行时间的同步，并且在UE由RRC空闲态转变为RRC连接状态，即建立初始的无线连接时，能够通过随机接入流程获得用户识别信息，即小区无线网络临时标识（Cell Radio Network Temporary Identifier，C-RNTI）。

和地面移动通信相比，卫星通信因为传输路径更长，具有更大的时延，此外，卫星的快速运动也会带来很大的多普勒频偏，因此需要解决随机接入过程中的上行频率和时间估计问题。随机接入过程中的另一个问题是接入时延问题，为了加快随机接入流程，特别是针对卫星传输的较大时延，需要优化随机接入流程。

对于卫星通信，一般假设终端具备定位能力，也能获取星历信息，因此可以获得相对准确的频率和定时估计信息。在此基础上，PRACH信号抵抗的时延偏差不再是对抗整个小区的半径，而是定位误差和星历偏差。从 PRACH 信号设计的角度来看，需要考虑实际条件下残留的时延和频率偏差大小，通过设置合适的子载波间隔和信号长度，可以抵抗多普勒偏移残差和信号传输时延偏差，前导码的重复次数可以缓解卫星信道低信噪比的压力。

（3）HARQ

用户的终端设备通过 GNSS 技术来确定其位置信息，并接收卫星广播的卫星星历表。利用这些卫星星历表，可以预测卫星的具体位置和移动速度，进而估算信号从用户到卫星的传播时延和频率偏移。每次传输完数据后，发送设备需要暂停发送，并等待接收方的确认，因此，HARQ 是一个非常耗时的机制。

在卫星通信中，因卫星星座的环回时延（Round Trip Time，RTT）远远大于传统地面通信 RTT，其 ACK/NACK 反馈可能会在传统 HARQ 的最大计时器之后才能接收到，或所需的 HARQ 进程数远远多于标准支持的 HARQ 进程数。在 NTN 中，卫星到地面的时延过长，例如高度在 35786km 的 GEO 卫星单向传输时延可达 270.73ms，高度在 600km 的 LEO 卫星单向传输时延至少为 12.89ms，这给传统地面通信网络中的 HARQ 技术带来了挑战。3GPP 对 HARQ 的增强性研究主要包括以下两个方面。

① **增加 HARQ 进程数**：将下行控制信息（Downlink Control Information，DCI）增加到 5bit，HARQ 进程数量可拓展到 32 个，补偿 HARQ 环回时延过大造成的等待，该方案主要用于时延相对较小的低轨卫星通信。

② **采用禁用 HARQ 反馈**：为避免 HARQ 过程中的停止和等待，此方案针对环回时延超百毫秒的高轨卫星通信场景，通过 RRC 信令半静态地向终端发送网络决策。

对于上行链路上的动态授权，网络可为 UE 的每个 HARQ 过程配置上行 HARQ 状态，确定是允许重传或非重传模式。

（4）移动性管理技术

相比于传统的地面移动通信网络，基于低轨卫星的 NTN 具有较高的传输时延、更大的小区半径、单颗卫星覆盖地面用户的耗时较短等特点，需要用户和卫星间进行频繁切换以保证通信的连续性，为 NTN 的移动性管理带来了一系列挑战，包括大量用户并发切换导致的切换成功率低、传输中断时间长和信令开销大等。

NTN 除了周期并发切换问题，其移动性管理面临的另一大挑战是切换时机的选择。在传统的地面移动通信系统中，由于基站发射端位置相对较低，小区内的移动终端容易受到地面环境变化带来的影响，信号传输大多不依赖视线线路（Line of Sight，LOS），因此当终端处于小区边缘时，终端的信号强度测量结果（例如 RSRP 与 RSRQ）会出现急剧下降的现象，即具有明显的远近效应现象，可作为小区切换的判决条件。然而，NTN 系统终端收到来自卫星的信号几乎是垂直到达地面，导致小区中心的信号强度和小区边缘的信号强度差异较小，并不具备明显的远近效应现象，因此信号强度的测量结果难以作为 NTN 切换的主要判决条件。针对 NTN 存在的这个问题，3GPP 研究了基于时间的条件切换和基于位置信息的条件切换，并进一步进行优化，以降低频繁切换对终端业务所带来的影响。

基于时间的条件切换原理如下：3GPP Rel-17 中新增的 SIB19 广播当前卫星的星历和停止服务时间，由终端计算并判断在当前服务卫星剩余服务时间内是否需要执行切换。

基于位置信息的条件切换原理如下：终端通过 GNSS 信息和 SIB19 广播的卫星星历信息计算终端与小区参考位置（通常选择小区中心点）的距离来判断是否需要执行切换。

（5）寻呼和空闲态管理

在地面移动通信网络中，影响寻呼成功率的主要因素是终端的移动特性，但在低轨卫星通信系统中，速度较低的地面终端相对于卫星的运动影响较小，影响寻呼的主要因素变成卫星的运动、终端的跟踪区和多波束拓扑模型。每当有新的呼叫产生时，系统将发起对终端的寻呼，以确定终端的准确位置。如何尽快确定终端的准确位置而又不产生较大的位置寻呼开销是位置寻呼主要研究的内容。在位置管理方面，卫星网络由于波束的不断移动，终端和波束小区的对应关系一直在变化，网络确定寻呼小区比较困难；同时，终端的位置上报对跟踪区（Tracking Area，TA）的确定也是非常重要的，网络能够根据获得的终端具体位置确定合适的寻呼区域。

3.2 NR-NTN 系统架构

NTN 的网络架构、终端/基站特性、具体的协议功能等方面都与传统的地面蜂窝网络有着或多或少的差异。在 3GPP Rel-17 的标准化过程中，针对网络架构讨论了透明转发和再生转发模式两种架构，最终同意先支持透明转发模式。

3.2.1 NR-NTN 组成与架构

NR-NTN 系统架构分为透明转发（又称弯管转发）和再生转发两大应用场景。

在透明转发应用场景中，卫星扮演的角色是射频中继，服务链路和馈电链路均采用 5G 的 NR-Uu 接口，而 NTN 网关只是透传 NR-Uu 接口信号，不同的透传卫星可以连接相同的地面基站（gNB）。透明转发架构可以利用已有的卫星，技术上实现起来较为容易，成本较低，但卫星和基站之间的路径长、时延大，且不支持星间协作，因此需要部署大量网关站。基于透明转发的 NTN 如图 3-2 所示。

在再生转发应用场景中，卫星扮演的角色则是星载基站（gNB-DU 或 gNB），服务链路采用 NR-Uu 接口，不同于透明转发模式，馈电链路采用私有的卫星无线空口（Satellite Radio Interface，SRI），NTN 网关则是传输网络层节点，不同星载 gNB 可以连接相同的地面 5GC。再生转发架构必须发射新的卫星，其技术复杂、成本高。优点是手机和卫星基站之间的时延低，且由于有星间链路，可以少部署网关站。基于再生转发的NTN如图3-3所示。

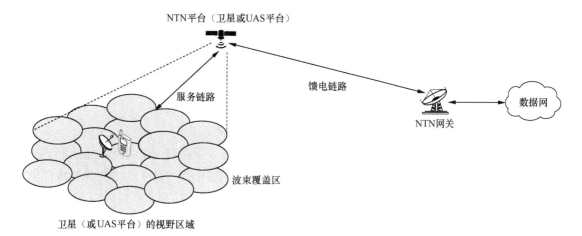

图3-2　基于透明转发的NTN

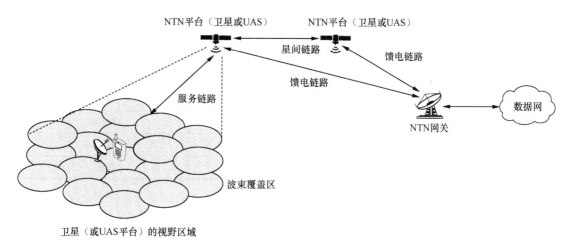

图3-3　基于再生转发的NTN

NTN由以下6个部分组成。

① **NTN 网关**。NTN 网关也被称为信关站，是 NTN 与公共数据网络之间的参考点，NTN 网关的作用是把 NTN 连接到公共数据网上。

② **NTN 终端**。NTN 终端是 NTN 平台（卫星或 UAS 平台）在目标覆盖区域内服务的用户，包括手持终端等小型终端和 VSAT，其中，手持终端等小型终端通常直接接入窄带或宽带卫星网络，频段通常在 6GHz 以下，下行速率为 1～2Mbit/s（窄带）；VSAT 通常搭载于移动平台（例如船舶、列车、飞机等），作为其内部小型终端的中继，由宽带卫星接入网络提供服务，频段通常在 6GHz 以上，下行速率可超过 50Mbit/s。

③ **馈电链路**。NTN 网关与 NTN 平台之间的通信链路。

④ **NTN平台**。NTN平台搭载部分基站单元（例如RRU[1]）或全部基站功能单元。当搭载部分基站单元时，其仅具备射频滤波、频率转换和放大功能，称为透明转发模式。当搭载全部基站单元时，额外具备调制/编码、解调/解码、交换/路由等功能，称为再生转发模式。

⑤ **星间链路**（Inter-Satellite Link，ISL）。用于再生转发模式下NTN平台基站之间进行信息交互的情况，星间链路是以星座方式组网时的可选链路，ISL之间的传输媒介是无线电波或光波。

⑥ **服务链路**。NTN终端与NTN平台之间的通信链路。

NTN终端包括手持或IoT终端等小型终端和VSAT，手持或IoT终端通常运行在S波段（2～4GHz），VSAT通常运行在Ka波段（27～40GHz）。NTN终端的典型特征见表3-2。

表3-2　NTN终端的典型特征

参数	VSAT（固定或安装在移动平台上）	手持或IoT终端
发射功率	2W（33dBm）	200mW（23dBm）
天线类型	60cm等效孔径（圆形极化）	全向天线（线形极化）
天线增益	发射：43.2dBi 接收：39.7dBi	发射和接收：0dBi
噪声系数	1.2dB	9dB
EIRP[1]	45.75dBW	−7dBW
G/T	18.5dB/K	−33.6dB/K
极化方式	圆形	线形

注：1. EIRP（Equivalent Isotropic Radiated Power，等效全向辐射功率）。

NTN平台包括卫星以及无人机系统（Unmanned Aircraft System，UAS）平台。根据轨道高度的不同，卫星又分为LEO卫星、MEO卫星、GEO卫星和高椭圆轨道（High Elliptical Orbit，HEO）卫星。UAS平台中的HAPS位于平流层中，包括飞机、气球、飞艇等，相对于地球固定在某个特定位置上。NTN平台具有覆盖半径大、时延低、容量大等特点。NTN平台类型见表3-3。

表3-3　NTN平台类型

平台	高度方位	轨道	典型波束直径
LEO卫星	300～1500km	环绕地球的圆形	100～1000km
MEO卫星	7000～25000km		100～1000km

注：1. RRU（Remote Radio Unit，射频拉远单元）。

续表

平台	高度方位	轨道	典型波束直径
GEO 卫星	35786km	相对地球保持静止，对于地面上的某个点，具有固定的高度和方向角	200～3500km
UAS 平台（包括 HAPS）	8～50km（HAPS 是 20km）		5～200km
HEO 卫星	400～50000km	环绕地球的椭圆形	200～3500km

对于表 3-3 中的 NTN 平台，GEO 卫星提供洲际或区域通信服务；LEO 卫星和 MEO 卫星以星座组网的方式在北半球和南半球提供通信服务，在某些条件下，也可以为包括极地在内的全球区域提供通信服务；UAS 平台提供本地通信服务；HEO 卫星通常为高纬度地区提供通信服务。

卫星在视野范围内的特定区域会产生多个波束，波束覆盖区是典型的椭圆形，可以产生固定波束或可调整波束，因此会在地面上产生移动或固定的波束覆盖区，小区参考点通常定义在波束的中心，网络需要把小区参考点的坐标通知给 UE，以便 UE 进行基于位置的测量、切换和小区重选等移动性管理。根据波束是否移动，卫星的波束可分为以下 3 种类型。

① **地面固定（Earth-Fixed）波束**。在所有时间内，同一个地理区域由固定的波束持续覆盖，例如 GEO 卫星产生的波束。

② **准地面固定（Quasi-Earth-Fixed）波束**。在某个有限的周期内，某个地理区域由一个波束覆盖，在其他周期内，该区域由其他波束覆盖，例如非 GEO 卫星产生的可调整波束。

③ **地面移动（Earth-Moving）波束**。波束的覆盖区域沿着地面滑动，例如非 GEO 卫星产生的固定的或不可调整的波束。

准地面固定波束和地面移动波束示意如图 3-4 所示。

各类卫星的特点如下。

① **LEO 卫星**。由于 LEO 卫星离地球近，具有路径损耗小、传输时延低的优点。随着发射成本的逐年降低，多个 LEO 卫星可组成星座从而实现真正的全球覆盖，频率复用更有效。因此，LEO 系统被认为是最有应用

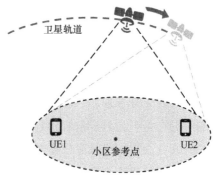

（a）NTN 准地面固定（Quasi Earth Fixed）波束

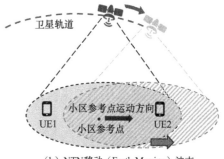

（b）NTN 移动（Earth Moving）波束

图 3-4 准地面固定波束和地面移动波束示意

前景的卫星互联网技术。

②MEO卫星。MEO卫星的传输时延大于低轨道卫星的传输时延，但其覆盖范围更大。当轨道高度为10000km时，每颗MEO卫星可以覆盖地球表面的23.5%，因而只需少量卫星就可以实现全球覆盖。

③GEO卫星。GEO卫星运动的角速度和地球自转速度相同，因此从地球上看，这些卫星是相对静止的。从理论上分析，用3颗地球静止轨道卫星即可实现全球覆盖。但GEO卫星有一个不可避免的缺点，就是其轨道离地球太远，链路损耗严重，信号传播时延远大于LEO卫星和MEO卫星。

LEO卫星是最有应用前景的卫星互联网技术，是一种能够向地面及空中终端提供接入等通信服务的新型网络，主要包括以下6个优点。

①**网络可靠性高且灵活**。低轨卫星网络中卫星数量相对较多，组网方式相对灵活，单颗卫星发生故障后易进行网络切换，且不受自然灾害的影响，在大部分时间内，低轨卫星网络可以提供稳定且可靠的通信服务。

②**时延低**。低轨卫星通信链路均为视距通信，传输时延和路径损耗相对较小且稳定，能够支持视频通话、网络直播、在线游戏等对实时性要求较高的应用场景。

③**容量大**。LEO卫星数量相对较多且通常采用Ka频段（27～40GHz）/V频段（40～75GHz）或更高频段，可实现超过500Mbit/s大容量通信，且支持海量终端接入。

④**地面网络依赖性弱**。低轨卫星网络可通过星间链路提供全球通信服务，而不需要全球部署地面信关站，摆脱了对地面基础设施的依赖。

⑤**多种技术协同发展**。多种相关技术协同应用，例如点波束、多址接入、频率复用等技术，可缓解低轨卫星网络中存在的频率资源紧张等问题。

⑥**可实现全球覆盖**。多颗卫星协同组网可实现全球无缝覆盖，不受地域限制，能够将网络扩展到远洋、沙漠等信息盲区。

尽管LEO卫星网络具有很多优势，但其也存在以下6个不足。

①**网络拓扑动态变化**。低轨卫星为周期性运转，具有高动态性，易导致网络拓扑结构的变化，同时网络路由也随之不断变化。此外，低轨卫星网络的高动态性易引起星间通信链路的中断，致使业务数据传输中断，无法保障终端用户的服务质量。

②**流量分布不均匀**。终端用户分布不均匀导致卫星网络的流量具有不均匀性。例如，人口密集的城市区域，需要传输的流量较大；人口稀疏的偏远地区，需要传输的流量较小；而海洋和沙漠地区几乎不产生流量。当某区域对卫星的任务请求量较大时，某些流量增加将会引起服务阻塞。

③**卫星切换频繁**。当卫星远离时，终端用户需要与当前卫星断开连接，切换到另一颗靠近的卫星进行通信。若不能及时进行切换操作，则无法满足一些对实时性要求比较高的业务需求。

④ **多径传输效应**。在低轨卫星网络中，卫星与地面之间，以及卫星与卫星之间通常存在多条通信路径，需要根据自身的需求（例如服务质量需求）进行选择，以保障网络传输的质量。

⑤ **通信链路稳定性差**。在低轨卫星网络中，低轨卫星的星地和星间链路通常是频繁切换的，因此链路本身是不稳定的，需要利用合适的移动性管理技术才能保证通信服务的稳定性。

⑥ **多普勒频移明显**。低轨卫星动态性强，通信信号在传送过程中的多普勒频移较大，需要对频偏进行估计并补偿才能实现通信信号的可靠接收。

3.2.2 基于 NTN 的 NG-RAN 架构

1. 透明转发的 NG-RAN 架构

透明转发的 NG-RAN 总体架构如图 3-5 所示。卫星对无线信号进行频率转换和放大，对应模拟射频直放站，服务链路的 SRI 接口是 NR-Uu 接口，也就是卫星不终止 NR-Uu。NTN 网关支持面向 NR-Uu 接口的所有必要功能。不同的透传卫星可能连接到地面同一个 gNB 上。

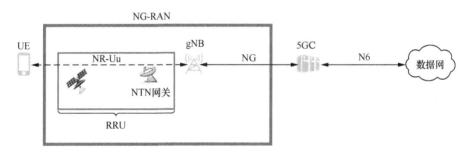

图3-5　透明转发的NG-RAN总体架构

透明转发的 NG-RAN 架构的 QoS 流如图 3-6 所示。5GC 为每个 UE 建立一个或者多个 PDU 会话，一个 PDU 会话可能包含多个 QoS 流和多个 DRB，但是只有一个 GTP-U 隧道。gNB 可将单个 QoS 流映射到多个 DRB 上，一个 DRB 可以传输一个或多个 QoS 流。QoS 流是 5GC 到终端 QoS 控制的最细粒度。每一个 QoS 流用一个 QoS 流地址（QoS Flow Identity，QFI）来标识。在一个 PDU 会话内，每个 QoS 流都是唯一的。核心网会通知 gNB 每个 QoS 流对应的 5G QoS 标识（5G QoS Identifier，5QI），用于指定此 QoS 流的 QoS 属性。

透明转发的 NG-RAN 架构的用户面协议栈如图 3-7 所示。UE 和 gNB 之间的 NR-Uu 接口的协议栈由 SDAP、PDCP、RLC、MAC 和 PHY 组成，gNB 和 UPF 之间的 NG-U 接口的协议栈由 GTP-U、UDP、IP、L2 和 L1 组成。与地面 5G 蜂窝移动通信网络类似，用户数据经过卫星和 NTN 网关在 UE 和 5GC 的 UPF 之间传输，卫星对无线信号进行频率转换和放大。

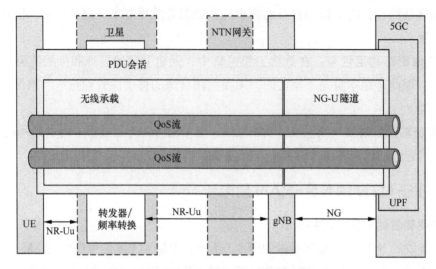

图3-6 透明转发的NG-RAN架构的QoS流

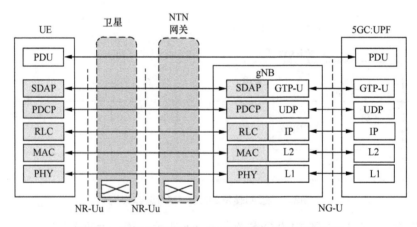

图3-7 透明转发的NG-RAN架构的用户面协议栈

透明转发的NG-RAN架构的控制面协议栈如图3-8所示。UE和gNB之间的NR-Uu接口的协议栈由RRC、PDCP、RLC、MAC和PHY组成，RRC信令终止于gNB；gNB和AMF之间的NG-C接口的协议栈由NGAP、SCTP、IP、L2和L1组成。与地面5G蜂窝移动通信网络类似，NAS层信令经过卫星和NTN网关在UE和5GC的AMF之间传输，卫星只对无线信号进行频率转换和放大。

透明转发的NG-RAN架构对NG-RAN的设计主要有以下3个方面的影响。

① 不需要修改NG-RAN结构，即可支持透明转发的NTN。

② NR-Uu接口的定时器需要扩展以应对馈电链路和服务链路的超高时延。

③ 控制面（Control Plane，CP）和用户面（User Plane，UP）都在地面终止。对于控

制面，不会引发任何问题，但是定时器需要扩展以适应 NR-Uu 接口的超高时延，这作为实现层面问题应由设备厂商解决。对于用户面，不影响用户面协议本身，但是用户面数据包的环回时延大会带来问题，因此 gNB 具有更大的缓存以存储 UP 数据包。

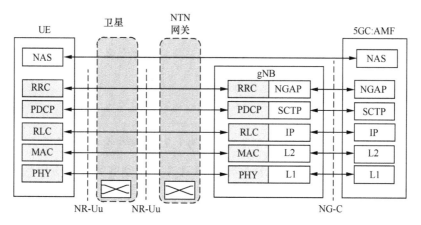

图3-8 透明转发的NG-RAN架构的控制面协议栈

2. 再生转发的 NG-RAN 架构（卫星具有 gNB 功能）

再生转发的 NG-RAN 架构分为两类：一类是卫星具有 gNB 的全部功能；另一类是卫星只具有 gNB-DU 的功能，gNB-CU 在地面。

对于卫星具有全部 gNB 功能的 NG-RAN 架构，又可以分为无 ISL 和有 ISL 两类，再生转发的 NG-RAN 总体架构（卫星具有 gNB 功能，无 ISL）如图 3-9 所示，再生转发的 NG-RAN 总体架构（卫星具有 gNB 功能，有 ISL）如图 3-10 所示。在这种架构中，卫星具有全部基站功能，包括频率转换、信号放大，以及解调/解码、交换和/或路由、编码/调制等过程。UE 和卫星之间的服务链路是 NR-Uu 接口。NTN 网关和卫星之间的馈电链路是 SRI，SRI 为 NG 接口提供传输通道。卫星负荷也可以在卫星之间提供的 ISL 上传输，ISL 为 Xn 接口提供传输通道，通过卫星上 gNB 服务的 UE 可以通过 ISL 接入 5GC。NTN 网关是传输网络层的节点，支持所有必要的传输协议。如果卫星承载不止一个 gNB，那么同一个 SRI 将传输所有对应的 NG 接口实例。

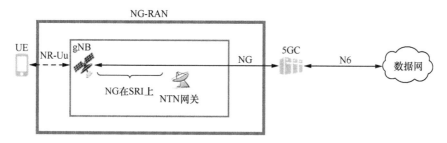

图3-9 再生转发的NG-RAN总体架构（卫星具有gNB功能，无ISL）

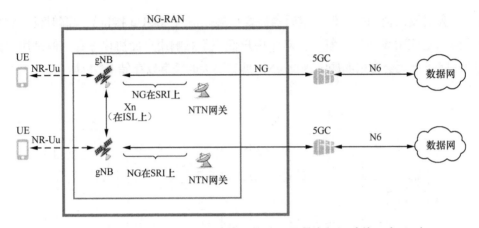

图3-10 再生转发的NG-RAN总体架构（卫星具有gNB功能，有ISL）

再生转发的 NG-RAN 架构（卫星具有 gNB 功能）的 QoS 流如图 3-11 所示。

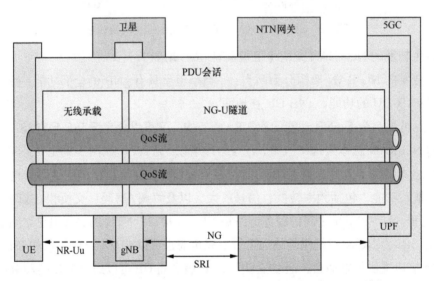

图3-11 再生转发的NG-RAN架构（卫星具有gNB功能）的QoS流

再生转发的 NG-RAN 架构（卫星具有 gNB 功能）的用户面协议栈如图 3-12 所示。SRI 接口的协议栈可用于传输卫星和 NTN 网关之间的用户面数据，SRI 可以是 3GPP 协议，也可以是非 3GPP 协议。用户 PDU 经过 NTN 网关在 5GC 和卫星上的 gNB 之间的 GTP-U 隧道中传输。

再生转发的 NG-RAN 架构（卫星具有 gNB 功能）的控制面协议栈如图 3-13 所示。NGAP 经过 NTN 网关在 5GC 的 AMF 和卫星上的 gNB 之间的 SCTP 上传输。NAS 层信令经过 NTN 网关在 5GC 的 AMF 和卫星上的 gNB 之间的 NGAP 上传输。

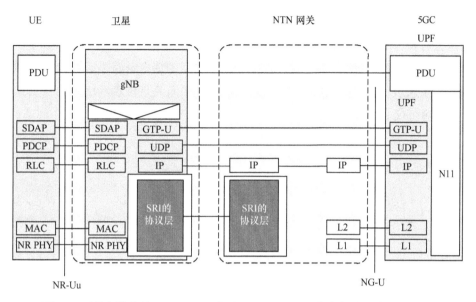

图3-12 再生转发的NG-RAN架构（卫星具有gNB功能）的用户面协议栈

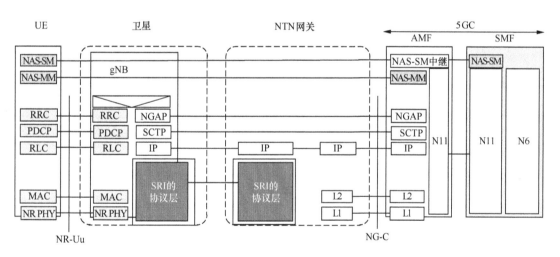

图3-13 再生转发的NG-RAN架构（卫星具有gNB功能）的控制面协议栈

再生转发的NG-RAN架构（卫星具有gNB功能）对NG-RAN的设计主要有以下3个方面的影响。

① 需要扩展NGAP定时器以应对馈电链路的超高时延。

② NGAP可能比地面5G网络经历更高的时延，因此对控制面和用户面都会产生不利的影响，这作为实现层面问题应由设备厂商解决。

③ 对于具有ISL的LEO场景，时延应包括SRI的时延，以及1个或多个ISL的时延。

3. 再生转发的NG-RAN架构（卫星具有gNB-DU功能）

再生转发的NG-RAN总体架构（卫星具有gNB-DU功能）如图3-14所示。在这种架构中，卫星只具有 gNB-DU 功能，不同卫星上的 gNB-DU 可以连接到同一个 gNB-CU 上。如果卫星上有多个 gNB-DU，则同一个 SRI 将传输所有对应的 F1 接口用例。UE 和卫星之间的服务链路是 NR-Uu 接口。NTN 网关和卫星之间的馈电链路是 SRI 接口，SRI 为 F1 协议提供传输通道，F1 协议由 3GPP 协议定义。NTN 网关是传输网络层的节点，支持所有必要的传输协议。

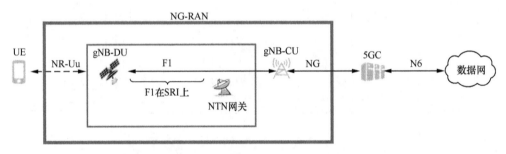

图3-14　再生转发的NG-RAN总体架构（卫星具有gNB-DU功能）

再生转发的 NG-RAN 架构（卫星具有 gNB-DU 功能）的 QoS 流如图 3-15 所示。

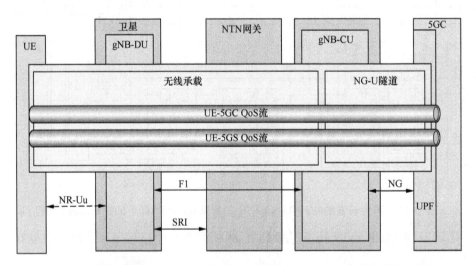

图3-15　再生转发的NG-RAN架构（卫星具有gNB-DU功能）的QoS流

再生转发的 NG-RAN 架构（卫星具有 gNB-DU 功能）的用户面协议栈如图 3-16 所示。SRI 的协议层可用于传输卫星和 NTN 网关之间的用户面数据，SRI 可以是 3GPP 协议，也可以是非 3GPP 协议。用户 PDU 在 5GC 的 UPF 和 gNB-CU 之间的 GTP-U 隧道上传输。用户 PDU 经过 NTN 网关在 gNB-CU 和卫星上的 gNB-DU 之间的 GTP-U 隧道中传输。

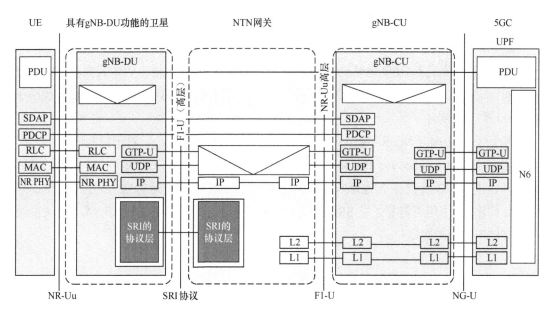

图3-16 再生转发的NG-RAN架构（卫星具有gNB-DU功能）的用户面协议栈

再生转发的 NG-RAN 架构（卫星具有 gNB-DU 功能）的控制面协议栈如图 3-17 所示。NGAP PDU 在 5GC 的 AMF 和 gNB-CU 之间的 SCTP 上传输。RRC PDU 经过 NTN 网关在 gNB-CU 和卫星上的 gNB-DU 之间的 F1-C 协议栈的 PDCP 上传输；F1-C PDU 在 SCTP、IP 上传输。IP 数据包在 gNB-DU 和 NTN 网关之间的 SRI 协议栈上传输，IP 数据包也在 gNB-CU 和 NTN 网关之间的 L1/L2 上传输。NAS 层信令在 5GC 和 gNB-CU 之间的 NGAP 上传输，NAS 层信令也经过 NTN 网关在 gNB-CU 和卫星上的 gNB-DU 之间的 RRC 协议上传输。

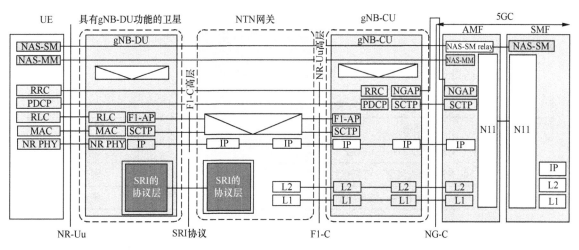

图3-17 再生转发的NG-RAN架构（卫星具有gNB-DU功能）的控制面协议栈

再生转发的 NG-RAN 架构（卫星具有 gNB-DU 功能）对 NG-RAN 的设计主要有以

下 3 个方面的影响。

① RRC 层和其他 L3 协议的处理都终止于地面的 gNB-CU，需要满足严格的定时限制。

② LEO 系统或者 GEO 系统选择该架构，可能影响 F1 的实施，例如需要对定时器进行扩展。由于 LEO 系统的时延远低于 GEO 系统，该架构对 LEO 系统的影响要远远小于对 GEO 系统的影响。

③ 所有面向地面 NG-RAN 节点的控制面接口都在地面上终止。对于控制面，除了 F1 应用层协议（F1 Application Protocol，F1-AP）需要扩展定时器以适应 SRI 非常高的环回时延外，该架构不会产生其他影响。对于用户面，NTN 不影响运行在 Xn 上的用例，经过 SRI 传输的 F1 用例需要适应 SRI 非常高的环回时延，因此需要 gNB-CU 具有更大的缓存以存储用户面的数据包。

3.3 NTN 部署场景

本节定义了 NTN 部署场景和相关系统参数，并分析了 NTN 的信道特征。

3.3.1 NTN 的参考场景

NTN 为 UE 提供的接入服务，包括以下 6 个场景。

① 环绕轨道和地球同步轨道。

② 最高的环回时延限制场景。

③ 最高的多普勒限制场景。

④ 透明转发和再生转发。

⑤ 有 ISL 的场景和没有 ISL 的场景。

⑥ 卫星（或 UAS 平台）是固定波束或可调整波束，因此在地面上会产生移动或固定的波束覆盖区。

6 个参考场景见表 3-4，6 个参考场景的详细参数见表 3-5。

表3-4　6个参考场景

场景	透明转发	再生转发
基于 GEO 的 NTN 接入网络	场景 A	场景 B
基于 LEO 的 NTN 接入网络：可调整的波束	场景 C1	场景 D1
基于 LEO 的 NTN 接入网络：波束随卫星移动	场景 C2	场景 D2

表3-5　6个参考场景的详细参数

序号	参数名称	参数定义	
1	场景	基于 GEO 的 NTN 接入网络（场景 A 和 B）	基于 LEO 的 NTN 接入网络（场景 C 和 D）

续表

序号	参数名称	参数定义	
2	环绕类型	相对地球保持静止,地面上的点与卫星之间具有固定的高度和方向角	环绕地球的圆形
3	高度	35786km	600km 和 1200km
4	服务链路的频率	小于 6GHz(例如 2GHz)。 大于 6GHz(例如下行是 20GHz,上行是 30GHz)	
5	服务链路的最大信道带宽	小于 6GHz 的频段:30MHz 带宽。 大于 6GHz 的频段:1GHz 带宽	
6	负荷	场景 A:透传(仅包括无线频率转换和放大功能)。 场景 B:再生(包括 gNB 的全部或部分功能)	场景 C:透传(仅包括无线频率转换和放大功能)。 场景 D:再生(包括 gNB 的全部或部分功能)
7	ISL	无	场景 C:无。 场景 D:有/无(两种情况都是可能的)
8	地面固定波束	是	场景 C1:是(可调整的波束)。 场景 C2:否(波束随着卫星移动)。 场景 D1:是(可调整的波束)。 场景 D2:否(波束随着卫星移动)
9	边到边的最大波束覆盖区尺寸	3500km	1000km
10	对于网关和 UE,最小的仰角	服务链路:10°。 馈电链路:10°	服务链路:10°。 馈电链路:10°
11	当仰角最小时,卫星和 UE 之间的最大距离	40581km	1932km(600km 高度)。 3131km(1200km 高度)
12	仅考虑传播时延的最大环回时延	场景 A:541.46ms(服务链路和馈电链路之和)。 场景 B:270.73ms(仅服务链路)	场景 C:(透明转发,服务链路和馈电链路之和)25.77ms(600km),41.77ms(1200km)。 场景 D:(再生转发,仅服务链路)12.89ms(600km),20.89ms(1200km)
13	小区内的最大差分时延	10.3ms	600km 高度的 LEO 是 3.12ms。 1200km 高度的 LEO 是 3.18ms
14	当 UE 在地面上是静止时,最大多普勒频移	$f \times 0.93 \times 10^{-6}$Hz	$f \times 24 \times 10^{-6}$Hz(600km)。 $f \times 21 \times 10^{-6}$Hz(1200km)
15	当 UE 在地面上是静止时,最大多普频移变化率	$f \times 0.45 \times 10^{-10}$Hz/s	$f \times 0.27 \times 10^{-6}$Hz/s(600km)。 $f \times 0.13 \times 10^{-6}$Hz/s(1200km)
16	地面上 UE 的移动速度	1200km/h(例如飞机)	500km/h(例如高铁)。 1200km/h(例如飞机)
17	UE 天线类型	全向天线(线性极化),假定 0dBi。 定向天线(最大是 60cm 等效口径,圆形极化)	
18	UE 发射功率	全向天线:UE 功率等级 3,最高是 200mW。 定向天线:最大是 20W	

续表

序号	参数名称	参数定义
19	UE 噪声系数	全向天线：7dB。 定向天线：1.2dB
20	服务链路	3GPP 定义的无线接口
21	馈电链路	3GPP 或非 3GPP 定义的无线接口

3.3.2 NTN 的信道特征

NTN 的信道特征包括传播时延、差分时延和多普勒频移。

传播时延分为单向时延和环回时延。对于透明转发，单向时延定义为从 NTN 网关经过 NTN 平台（卫星或 UAS 平台）到 UE 的时延；对于再生转发，单向时延定义为从 NTN 平台到 UE 的时延。对于透明转发，环回时延定义为从 NTN 网关经过 NTN 平台到 UE，再从 UE 经过 NTN 平台到 NTN 网关的时延；对于透明转发，环回时延定义为从 NTN 平台到 UE，再从 UE 到 NTN 平台的时延。实际的传播时延依赖于 NTN 平台的高度、NTN 网关和终端的各自位置，当 NTN 网关或 UE 位于波束覆盖边缘的位置时，与 NTN 平台之间的仰角最小，NTN 网关或 UE 与卫星 NTN 平台的距离最大，因此传播时延最大。

差分时延指的是在波束覆盖区内，在特定位置选择的两个点之间的传播时延的差值。卫星距离地面最近的点（仰角是 90°）和覆盖边缘点（仰角最小）之间的差分时延最大。小的波束直径对应小的差分时延，为了减少差分时延，3GPP 协议规定：对于 GEO 卫星，波束直径最大是 1500km；对于 LEO 卫星，波束直径最大是 500km。不同高度卫星的传播时延和差分时延见表 3-6。

表3-6 不同高度卫星的传播时延和差分时延

参数		GEO 卫星 （高度 35786km）	LEO 卫星 （高度 600km）	LEO 卫星 （高度 1200km）
地面网关与卫星之间的最小仰角		10°	10°	10°
UE 与卫星之间的最小仰角		10°	10°	10°
透明转发	单向时延 /ms	270.73	12.89	20.89
	双向时延 /ms	541.46	25.77	41.77
再生转发	单向时延 /ms	135.37	6.44	10.45
	双向时延 /ms	270.73	12.89	20.89
单向差分时延的最大值 /ms		10.30	3.12	3.18

对于 UAS 平台，UAS 的高度在 8～50km，其中 HAPS 的高度在 20～50km。在 5° 仰角的位置点，NTN 网关与 UAS 的距离是 229km，单向时延大约是 1.526ms，双向时延大约是 3.053ms，单向差分时延的最大值是 0.697ms。

第 3 章 NTN 技术概述

多普勒频移指的是接收机运动、发射机运动或者两者同时运动导致的无线信号频率的偏移。多普勒变化率是多普勒频移随着时间的变化率。多普勒频移/多普勒变化率会对接收信号的质量造成一定的影响，如果多普勒频移/多普勒变化率过大，就会导致接收机无法正确解调接收信号，造成通话中断或者无法进行数据通信。多普勒频移的大小依赖卫星的运动速度、用户的运动速度和载波频率。通常情况下，载波频率相同时，卫星或者用户的运动速度越大，多普勒频移则越大；卫星或者用户的运动速度相同时，载波频率越大，多普勒频移也越大。

对于 GEO 卫星，相对于地球不是完全静止的，而是围绕着某个点运动，该运动也会引起多普勒频移，但是多普勒频移不会超过 100Hz，相对于无线通信的频率（从几吉赫兹到几十吉赫兹），可以忽略不计。对于 GEO 卫星，主要是因为用户的移动导致的多普勒频移，例如，高速火车的最快速度可以达到 500km/h；当载波频率是 2GHz 时，其最大多普勒频移可以达到 707Hz；当载波频率是 20GHz 时，其最大多普勒频移可以达到 7070Hz；当载波频率是 30GHz 时，其最大多普勒频移可以达到 10612Hz。飞机的速度可以达到 1200km/h；当载波频率是 2GHz 时，其最大多普勒频移可以达到 1697Hz；当载波频率是 20GHz 时，其最大多普勒频移可以达到 16978Hz；当载波频率是 30GHz 时，其最大多普勒频移可以达到 25467Hz。

对于 LEO 卫星，卫星和用户都在进行运动，导致多普勒频移的计算非常复杂，多普勒频移是两者综合运动的结果。不同高度卫星的多普勒频移见表 3-7。

表3-7 不同高度卫星的多普勒频移

频率/GHz	最大多普勒频移/kHz	相对多普勒频移	多普勒频移变化率	场景
2	±48	0.0024%	−544Hz/s	
20	±480	0.0024%	−5.44kHz/s	600km 高度的 LEO
30	±720	0.0024%	−8.16kHz/s	
2	±40	0.002%	−180Hz/s	
20	±400	0.002%	−1.8kHz/s	1500km 高度的 LEO
30	±600	0.002%	−2.7kHz/s	

从表 3-7 中可以发现，对于 600km 高度的 LEO 卫星：当载波频率是 2GHz 时，最大多普勒频移可以达到 48kHz；当载波频率是 20GHz 时，最大多普勒频移可以达到 480kHz；当载波频率是 30GHz 时，最大多普勒频移可以达到 720kHz。对于 1500km 高度的 LEO 卫星：当载波频率是 2GHz 时，最大多普勒频移可以达到 40kHz；当载波频率是 20GHz 时，最大多普勒频移可以达到 400kHz；当载波频率是 30GHz 时，最大多普勒频移可以达到 600kHz。

UAS 会沿着它的名义位置移动几千米，最大切向速率是 15m/s，导致最大的多普勒频移为 100（载波频率是 2GHz）～ 1500Hz（载波频率是 30GHz）。在 S 波段（2 ～ 4GHz），汽车以100km/h速度运动时产生的最大多普勒频移在185Hz左右。

3.4 NTN对NR规范的潜在影响

3GPP在NR-NTN领域的工作始于2017年，其中Rel-15研究了NTN面临的约束，以及对NR规范的潜在影响。本节首先分析NTN面临的约束，然后分析了NTN对NR规范的潜在影响，重点研究NTN对随机接入和解调参考信号的设计带来的影响。

3.4.1 NTN面临的约束

NTN承载平台具有较大的高度和移动性，因此，NTN和地面蜂窝网络在传输时延、多普勒频移等方面存在显著差异。为了满足NTN场景的应用需求，需要修改5G NR协议。NTN主要面临以下9个方面的约束。

1. 传播信道

NTN传播信道与地面蜂窝网络的主要差异在于不同的多径时延和多普勒频移模型，对于频率低于6GHz的窄带信号，假定UE和卫星之间的通信在室外和直视的条件下进行，可以忽略时间色散。对于HAPS，UE有可能在室内，因此需要考虑非视线线路（Non Line of Sight，NLOS）场景。

2. 频率规划和信道带宽

在S波段（2～4GHz）和Ka波段（27～40GHz），为卫星系统分配的频率分别是2×15MHz（上行和下行）和2×2500MHz（上行和下行），卫星系统大多使用圆形极化。支持在不同的小区进行频率复用和灵活的频率分配，以最大化每个小区的信道带宽。为了有效使用频率，应尽可能降低卫星系统的小区间干扰。

3. 有限功率的链路预算

卫星通信存在较高的传播时延，链路预算极其有限，特别是上行链路。基于卫星和HAPS通信系统的设计主要驱动力包括以下两个方面：第一，对于给定的发射功率（上行功率来自UE，下行功率来自卫星和HAPS），使吞吐量达到最大化；第二，在深度衰落的条件下，使服务的可利用率达到最大化，例如Ka波段的深度衰落在20～30dB时，仍然具有99.95%可利用率。

4. 小区模型

相比于地面蜂窝网络，卫星和HAPS的典型特征是半径更大的小区，对于非静止轨道（Non-GeoStationary Orbit，NGSO）卫星系统或HAPS，可能没有固定地面参考点的移动小区。当小区半径很大且仰角很小时，将导致小区中心的UE和小区边缘的UE之间有较高的差分传播时延，差分传播时延的比值随着卫星或HAPS高度的减小而增加。相比于静止轨道（GeoStationary Orbit，GSO）卫星系统，HAPS小区中心传播时延与小区边缘的传播时延的比值更大。当网络不知道 UE 的位置时，上述特征将影响基于竞争的接入信道设计。除此之外，小区半径的增大对系统的定时和同步也会带来一定影响，需要引入增强的同步机制来保证用户间的同步，从而避免干扰。

5. 传播时延

相比于地面蜂窝网络，卫星系统的特征是具有非常高的传播时延。对于 GEO，UE 和基站之间的单向时延最高达 270.73ms；对于 LEO 卫星，UE 和基站之间的单向时延大于 12.89ms；对于 HAPS，单向时延低于 1.6ms，与地面蜂窝网络系统具有可比性。传播时延大会影响所有的信令，尤其是对随机接入和数据传输带来极大的挑战。

6. 发射设备的移动性

地面蜂窝网络的发送设备（gNB 或 RRU）通常是固定的，但是在 NTN 中，发送设备安装在卫星或者 HAPS 上。对于 GEO 系统，发送设备相对于 UE 是准静止的，仅有小的多普勒效应。对于 HAPS，发送设备沿着一个理想的中心点环绕或跨越，因此有较大的多普勒效应。对于 NGSO 系统，卫星相对地面移动，比 GEO 系统产生的多普勒频移效应要大。

多普勒频移效应依赖于卫星/HAPS 与 UE 的相对速度、使用频率，多普勒频移效应包括最大多普勒频移和多普勒频移变化率。多普勒频移效应连续不断地改变载波频率、相位和间隔，可能产生较大的载波间干扰。需要注意的是，尽管多普勒频移和多普勒频移变化率的数值较大，但如果知道卫星/HAPS 运动模型（例如卫星的星历）和 UE 位置，可以预补偿/后补偿大部分的多普勒频移和多普勒频移变化率。

7. 基于 TN 接入和基于 NTN 接入之间的连续性

无论 UE 何时离开或进入地面蜂窝网络的覆盖区域，都可能发生地面网络（Terrestrial Network，TN）到 NTN 或 NTN 到 TN 的切换，以确保服务的连续性。对于每个方向，触发切换的机制是不同的。例如，只要有足够的 TN 信号强度就尽快离开 NTN，但实际中只有 TN 信号强度很低时才能离开 NTN。切换过程应该考虑服务、接入技术的特征和测量报告，包括以下 6 个方面。

① 支持透明转发和再生转发。
② 切换准备和切换失败/无线链路失败（Radio Link Failure，RLF）处理。
③ 时间同步。
④ 测量目标协作，包括间隙（Gap）分配和对齐。
⑤ 支持无损切换。
⑥ NTN 内部的移动性，以及 NTN 和 TN 之间的移动性。

8. 适应网络拓扑的无线资源管理

为了支持变化的业务需求，同时考虑 UE 的移动性需求，需要使接入控制功能的响应时间尽可能短。对于地面蜂窝系统，接入控制功能位于靠近 UE 的 gNB，可以通过 Xn 接口或经过中央实体实现 gNB 之间的协作。对于卫星系统，接入控制功能通常位于卫星上或位于地面 NTN 网关，导致接入控制的响应时间不是最优的，因此，预配置、半持续调度和/或免授权接入方案可能是有利的。

9. 终端的移动性

NTN 需要支持高速移动的 UE，例如飞机的最大速度是 1200km/h，对 NR 的设计带来了很大的挑战。

3.4.2 NTN 对 5G NR 规范的潜在影响

NR 协议为了支持 NTN，在研究阶段需要采取技术措施来支持无线信号经过卫星或 HAPS 传输。NTN 对 5G NR 规范的潜在影响有以下 9 个方面。

1. 传播信道

传播信道主要影响物理层设计。

对于基于卫星的系统，信号主要是直射的 LOS 信号，服从具有强主信号分量的莱斯分布，当发生临时的信号遮挡（例如在树下或桥下）时，也有可能是慢衰落。基于 HAPS 的系统，信号包含显著的多径分量，服从莱斯模型，与地面蜂窝网络系统类似，由于信号分量的再组合是频繁的快衰落，最大相干时间在 100ms 左右。

为了改善网络的性能，有可能改变 UE 和 gNB 的接收机同步配置，包括以下两个方面。

① 物理参考信号：包括下行的 PSS、SSS 和 DM-RS，上行的 DM-RS 和 SRS。除此之外，与随机接入信道有关的随机序列在设计时需要考虑多普勒频移和多径信道模型。

② CP 补偿时延扩展和抖动/相位：可能需要更大的子载波间隔，以适应大的多普勒频移。

2. 频率规划和信道带宽

频率规划和信道带宽主要影响物理层设计。

可能需要重新考虑信道编号以支持目标频谱（S 波段和 Ka 波段），当上行频率和下行频率是不同的频段时，需要重新对信道进行编号。对于 Ka 波段的 NTN 部署场景，6GHz 以上频段的 5G 无线接口应该重新配置以支持 FDD 接入方案，在某些情况下，也有可能更改 MAC 层和网络层信令。

为了支持 800MHz 的信道带宽，有两种可选的方案：一种方案是将单个信道带宽扩展到最大 800MHz；另一种方案是选择载波聚合的方法提供等效的吞吐量，如果考虑频率复用的限制，载波聚合能够使频率分配具有更大的灵活性。

3. 有限功率的链路预算

有限功率的链路预算对物理层和 MAC 层的设计均有影响。

为了最大化吞吐量，在卫星或 UE 上的功率放大器的工作点应该尽可能地与饱和点靠近，可以单独考虑或组合考虑以下 3 个技术。

① 扩展的多载波调制编码方案（Modulation and Coding Scheme，MCS），尤其是在上行方向，低的 PAPR 在对抗信号失真方面更健壮。

② 通过预失真等信号处理技术来减轻 PAPR 和非线性失真。

③ 如有必要，在 UE 和卫星（或 HAPS）上使用具有最小输出补偿的高功率放大器。

为了在慢衰落和深度衰落条件下，使服务的可用率达到最大化，可能需要扩展 MCS 表，以便在非常低的 SNR 条件下收发数据，以满足严苛通信或低功率场景的可靠性需求。

为了最大化频谱效率和适应有限功率的终端，MAC 层应该能够以最灵活的方式分配 PRB，可能考虑缩减 PRB 的子载波数，如果与 NB-IoT 类似，可采用单 tone 传输模式，即在 1 个 OFDM、1 个子载波或几个子载波上传输信号。

4. 小区模型

小区模型主要影响物理层设计。

当不知道 UE 的位置时，在初始随机接入过程中，非常大的小区半径会导致非常大的差分时延，因此，可能需要扩展时间窗口以提高性能。在会话过程中，如果知道 UE 的位置，则可以通过网络补偿差分时延。对于广播服务，有可能需要特殊的信令以适应非常大且移动的小区。

5. 传播时延

传播时延对物理层、MAC 层和 RLC 层的设计均有影响。

语音和视频会议等用户业务对于时延和抖动是非常敏感的。在地面蜂窝网络中，HARQ 也可能导致抖动，例如在 LTE FDD 模式，HARQ 的最大值是 8ms。在上行方向，通过 TTI 绑定可以减轻抖动，TTI 绑定允许同样的符号，可以在最多 4 个连续的子帧上重传，因此缩短了抖动的时间。

对于卫星系统，传播时延非常高，HARQ 方案会导致不可接受的抖动，减少抖动的方案包括上行时隙聚合、增加符号重传的数量和减少时隙持续时间等。

长的传播时延除了影响物理层设计，还会对资源分配的重传方案和响应时间带来影响。为了减轻对时延敏感类业务的影响，应使 UE 和网络之间交互的信令数量最小。对于随机接入过程，采取数据和接入信令联合发送的方式可以满足时延的需求，例如免授权接入、两步随机接入过程等。对于数据传输过程，可以实施灵活或者扩展的接收窗尺寸，根据频率、事件实施灵活的确认策略，ARQ/HARQ 交叉协作，可以免去确认方案或自适应时延 HARQ-ACK。

在地面蜂窝网络中，作为自适应调制编码（Adaptive Modulation and Coding，AMC）技术的一部分，gNB 根据 UE 报告的信道质量指示（Channel Quality Indicator，CQI），选择最合适的 MCS。在卫星系统中，传播时延导致 AMC 环路具有非常长的响应时间，因此需要余量来补偿可能过期的 CQI，导致低的频谱效率。为了提高效率，可使用具有信令扩展的 AMC 过程。

6. 发射设备（gNB 或 RRU）的移动性

发射设备的移动性主要影响物理层设计。

地面 5G 蜂窝移动通信网络的无线接口基于 OFDM 设计，子载波间隔可以配置为 15kHz、30kHz、60kHz、120kHz 或 240kHz。子载波间隔越大，多普勒频移与子载波间隔的比值就越小，就越能容忍大的多普勒频移。因此，大的子载波间隔适用于高铁、飞机等场景，以提升系统对频偏的健壮性。

在卫星（或 HAPS）系统中，对于 Ka 波段和大的信道带宽（例如 800MHz），需要更大的子载波间隔以减轻多普勒频移对性能的影响。

7. 基于 TN 接入和基于 NTN 接入之间的连续性

基于 TN 接入和基于 NTN 接入之间的连续性，主要影响物理层、MAC 层的资源分配和 RRC 层的移动性管理。

为了支持 NTN 之间或 TN-NTN 的连续性，建议在 TN 和 NTN 之间采用硬切换方案或双连接/多连接方案。

TN 和 NTN 之间传播时延的差异将导致显著的抖动或可能的数据饥饿。主要包括以下 3 个方面。

① 对于时延敏感类应用，如果不经常发生 TN 和 NTN 切换，可以考虑采用临时的 QoS 恶化。

② 对于具有高可靠性需求的数据服务，可能需要采用缓存或重传方案。

③ 在开始切换之前补偿时延。

为了支持 TN 和 NTN 之间的切换，可能扩展 PDCP 重传方案，包括数据重复率、PDCP 层的复制处理。除此之外，也可能扩展 RRC 层、RLC 层和 MAC 层的切换信令。

8. 适应网络拓扑的无线资源管理

适应网络拓扑的无线资源管理对 NAS 层、RRC 层、RLC 层、MAC 层和物理层，以及 NR-RAN 架构的设计都会产生影响。

移动性管理应该充分考虑 NTN 特别大的小区尺寸，NTN 的小区可能穿越国家边界，大的小区尺寸对小区的鉴别方法、跟踪区和位置区的设计、漫游和账单处理，以及基于位置的服务都会产生很大的影响。除此之外，NGSO 和 HAPS 系统的小区是移动的，移动的 UE 和静止的 UE 都会发生频繁切换。

对于地面蜂窝网络，控制无线资源分配的接入控制器在 gNB 上实施，接入控制器可以控制 gNB 和 UE 之间的接口或作为中继节点的相邻 gNB 和 UE 之间的接口。对于 NTN，接入控制器的功能可以在 HAPS 上、NTN 网关或在卫星上实施。对于 Ka 波段部署场景，NTN 终端作为中继节点的一部分，可能具有 gNB 功能。

9. 终端的移动性

终端的移动性主要影响物理层设计。

对于以 1200km/h 的速度移动的终端，应该减少功率控制环路的响应时间，可以考虑采取以下 4 个措施。

① 重新设计物理帧和子帧结构。
② 可以考虑减少传输时隙的持续时间，以减少功率控制环路的响应时间。
③ 考虑增大子载波间隔以支持高速移动的 UE。
④ 重新设计物理信号。

3.4.3 NTN 对 5G NR 随机接入的影响分析

由于 NTN 的传播时延和差分时延非常高，必须考虑时延对随机接入信号和随机接入过程的影响，这个影响主要体现在 PRACH 前导格式、随机接入响应窗口和上行定时提前机制 3 个方面。

对于给定的波束覆盖区，传播时延可以分为两个部分：一部分是所有 UE 都要经历的公共传播时延；另一部分是单个 UE 经历的相对传播时延，即差分时延。由于公共传播时延是已知的，如果采取措施补偿公共传播时延，那么 PRACH 前导格式的设计、随机接入响应窗口和上行定时提前量将仅依赖于差分时延。

1. 对 PRACH 前导格式的影响分析

传播时延对 PRACH 前导格式的影响可以分为两种情况。

① **UE 侧采用定时和频率预补偿技术**。如果 UE 知道卫星和 UE 自身的精确位置，则 UE 可以计算出 UE 和卫星之间的传播时延，在这种情况下，可以使用现有的 Rel-15 定义的 PRACH 前导格式和接入序列，但是由于路径损耗非常大，需要采取多次传输和更大的子载波间隔以增加上行覆盖的距离。

② **UE 侧不采用定时和频率预补偿技术**。PRACH 前导格式共有 4 种，当采用 PRACH 前导格式 1 时，CP 的长度最大，达到 0.684ms。当差分时延小于 0.684ms 时，可以使用现有 Rel-15 定义的 PRACH 前导格式和接入序列；当差分时延大于 0.684ms 时，则需要重新设计 PRACH 前导格式或接入序列。可选方案包括：具有更大子载波间隔、多次传输的单个 ZC（Zadoff-Chu）序列；具有不同根序列的多个 ZC 序列；需要额外处理的 Gold 序列 /m 序列作为接入序列；与扰码序列结合使用的单个 ZC 序列。

2. 对随机接入响应窗口的影响分析

当 UE 发出随机接入前导码后，UE 在随机接入响应窗口（由参数 ra-ResponseWindow 定义）等待接收 gNB 发出的随机接入响应（Random Access Response，RAR）。在 3GPP Rel-15 中，当 RAR 在授权的频谱上发送时，ra-ResponseWindow 的值不高于 10ms；当 RAR 在非授权的频谱上发送时，ra-ResponseWindow 的值不高于 40ms。在 3GPP Rel-16 中，ra-ResponseWindow 可以设置为 160 个时隙：对于 15kHz 的子载波间隔，ra-ResponseWindow 的值是 160ms；对于 240kHz 的子载波间隔，ra-ResponseWindow 的值是 10ms。对于地面蜂窝网络，10ms 的窗口就足够了，因为 UE 在发出随机接入前导码后，几毫秒内就可以接收到 RAR。但是对于 NTN，10ms 的窗口不能覆盖传播时延，因此需要更改 ra-ResponseWindow 的值或随机接入响应机制，可选的解决方案有 3 个。

① **方案 1：利用卫星和 UE 的精确位置信息**。UE 能够评估精确的环回时延作为补偿，UE 发出随机接入前导码后，只需要在环回时延后再开始接收 RAR 即可。在这种情况下，不需要扩展 ra-ResponseWindow。

② **方案 2：仅补偿差分时延**。由于公共传播时延是已知的，UE 可以在公共传播时延后再开始接收 RAR，但是 ra-ResponseWindow 需要大于最大差分时延的 2 倍。对于 LEO 卫星，最大差分时延是 3.18ms，最大差分时延的 2 倍是 6.36ms，没有超过 10ms，因此不需要扩展 ra-ResponseWindow。对于 GEO 卫星，最大差分时延是 10.30ms，最大差分时延的 2 倍是 20.60ms，超过了 10ms，因此需要扩展 ra-ResponseWindow 或采用方案 3。

③ **方案 3：减少 GEO 卫星的波束覆盖范围**。由于 GEO 卫星的覆盖范围很大，在 GEO 卫星覆盖区内只设置一套参数会使单向差分时延达到 10.30ms，如果每个波束覆盖区的直径减少到 200～1000km，每个波束覆盖区内的最大差分时延会显著小于 10.30ms，可以针对每个波束覆盖区，各自设置一套参数。

GEO 卫星差分距离（时延）计算示意如图 3-18 所示，其中 GEO 卫星距地面的高度 h=35786km。

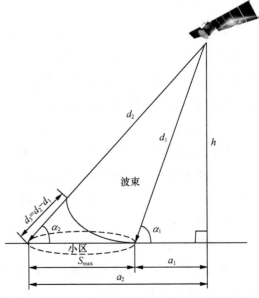

图3-18 GEO卫星差分距离（时延）计算示意

GEO 卫星不同仰角的差分距离（时延）计算结果见表 3-8。

表3-8 GEO卫星不同仰角的差分距离（时延）计算结果

α_2	小区直径 S_{max}=200km		小区直径 S_{max}=1000km	
	d_3/km	差分时延 /ms	d_3/km	差分时延 /ms
10°	197	0.66	985	3.28
20°	188	0.63	939	3.13
30°	173	0.58	864	2.88
40°	153	0.51	763	2.54
50°	128	0.43	637	2.12
60°	100	0.33	491	1.64
70°	68	0.23	331	1.10
80°	34	0.11	161	0.54

我们从表 3-8 中可以发现，当 GEO 卫星的覆盖区直径是 200km 和 1000km 时，其最大的差分时延分别是 0.66ms 和 3.28ms，最大差分时延的 2 倍分别是 1.32ms 和 6.56ms，均没有超过 10ms，因此可以不扩展 ra-ResponseWindow。

3. 对上行定时提前机制的影响分析

上行定时提前机制可以确保在同一个小区内，所有 UE 发射的信号可以被 gNB 同步接收，在初始接入过程中，RAR 消息提供了定时提前（Timing Advance，TA）命令以调整上行传输定时。定时提前量 N_{TA} 的计算见公式（3-1）。

$$N_{TA} = TA \times 16 \times \frac{64}{2^\mu} \quad (3\text{-}1)$$

其中，μ=0, 1, 2, 3, 4, 5，对应的子载波间隔是 15kHz、30kHz、60kHz、120kHz 和 240kHz；TA 是 0～3846 中的整数。

最大链路距离 d_{max}（当 TA=3846 时）的计算见公式（3-2）。

$$d_{max} = \frac{1}{2} \times N_{TA} \times T_c \times c \quad (3\text{-}2)$$

其中，T_c=0.509ns。根据公式（3-2），可以计算出不同子载波的最大链路距离，不同子载波的最大链路距离见表 3-9。

表3-9　不同子载波的最大链路距离

子载波间隔 /kHz	15	30	60	120	240	480
最大链路距离 /km	300	150	75	37.5	18.75	9.38

从表 3-9 中可以发现，当子载波间隔是 15kHz 时，最大链路距离是 300km，远远低于 LEO 卫星和 GEO 卫星的高度，现有的 Rel-15 的上行定时提前机制不适用于卫星平台。对于 HAPS 场景，当子载波间隔较小时，可以使用 Rel-15 的上行定时提前机制；当子载波间隔较大时，不能使用现有的 Rel-15 的上行定时提前机制。

可选的解决方案是定时提前量仅补偿差分时延，类似于对随机接入窗口的分析。但是对于 GEO 卫星，当波束覆盖区直径较大时，上行定时提前量不能完全补偿差分时延，可采用的方案是在 RAR 中携带 1bit 或 2bit 的帧号信息，由于 1 个无线帧长是 10ms，1bit 和 2bit 的帧号信息分别对应 10ms 和 40ms 的时间，因此可以充分补偿差分时延。

3.4.4　NTN 对 5G NR 解调参考信号的影响分析

5G NR 的解调参考信号分为下行解调参考信号和上行解调参考信号。下行解调参考信号的主要作用是信道状态信息的测量、数据解调、波束训练和时频参数跟踪等功能，上行解调参考信号的主要作用是上行信道状态测量和数据解调等功能。下行的 PDSCH、PDCCH 和 PBCH，以及上行的 PUSCH 和 PUCCH 等都有伴随的解调参考信号，本节重点讨论与 PDSCH 和 PUSCH 伴随的解调参考信号。

为了降低解调和译码时延，在每个时隙内，解调参考信号首次出现的位置应当尽可能地靠近调度的起始点，对于 PDSCH 信道，前置的解调参考信号紧接 PDCCH 区域之后，由于 PDCCH 区域占用 2 个或 3 个 OFDM 符号，因此解调参考信号的第一个符号从第 3 个或第 4 个 OFDM 符号开始。前置解调参考信号的作用是让接收端快速估计信道状态并进行相干解调，有助于 5G NR 低时延业务的应用。

对于低速移动场景，在 1 个时隙内，仅需配置前置的解调参考信号，既能够满足信道估计和相干解调的需求，又不会导致过大的开销，因此可以达到解调性能和开销的平衡。由于 5G NR 支持的最高移动速度可以达到 500km/h，仅仅依靠前置解调参考信号是不够的，因此对于中高速运动场景，1 个时隙内还需要更多的解调参考信号，以满足信道估计的需求，这些额外增加的解调参考信号被称为附加的解调参考信号。每一组附加的解调参考信号都是前置解调参考信号的重复。附加的解调参考信号配置数量如下。

① 如果前置解调参考信号是单符号，当 PDSCH 的持续时间是 3～7 个、8～9 个、10～11 个、12～14 个 OFDM 符号时，1 个时隙内最多可以配置 0 个、1 个、2 个、3 个附加的解调参考信号。

② 如果前置解调参考信号是双符号，当 PDSCH 信道的持续时间为 4～9 个、10～14 个 OFDM 符号时，1 个时隙内最多可以配置 0 个、1 个附加的解调参考信号。

1 个时隙内，解调参考信号在时域上的位置如图 3-19 所示。附加的解调参考信号数量与终端的运动速度有关，终端的运动速度越快，需要配置越多的额外解调参考信号，控制信令会通知终端具体配置多少个附加的解调参考信号。

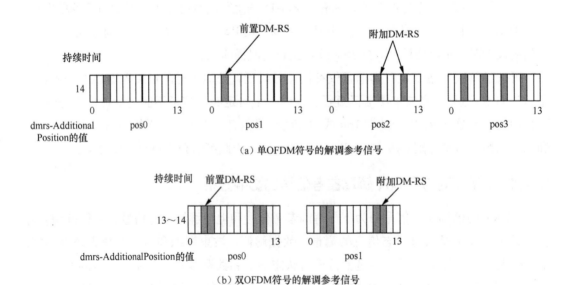

图3-19　1个时隙内，解调参考信号在时域上的位置

第3章 NTN技术概述

多普勒频移、多普勒频移变化率与解调参考信号的设计密切相关。当子载波间隔是 15kHz、30kHz、60kHz、120kHz 和 240kHz 时，1 个时隙的持续时间分别是 1ms、0.5ms、0.25ms、0.125ms 和 0.0625ms。根据试验场地的多普勒频移测试结果，对于 NTN，1 个时隙内潜在的最大多普勒频移见表 3-10。根据表 3-10，可以发现 1 个时隙内，当下行/上行的载波频率是 2GHz 时，潜在的最大多普勒频移是 0.544Hz；当下行的载波频率是 20GHz、上行的载波频率是 30GHz 时，潜在的最大多普勒频移分别是 5.44Hz 和 8.16Hz。

表3-10 对于NTN，1个时隙内潜在的最大多普勒频移

卫星高度是 600km 的 LEO 的载波频率	最大多普勒频移变化率 / (Hz/s)	1 个时隙的持续时间 /ms	1 个时隙内潜在的最大多普勒频移 /Hz
2GHz（下行/上行）	−544	1	0.544
		0.5	0.272
		0.25	0.136
		0.125	0.068
		0.0625	0.034
20GHz（下行）	−5440	1	5.44
		0.5	2.72
		0.25	1.36
		0.125	0.68
		0.0625	0.34
30GHz（上行）	−8160	1	8.16
		0.5	4.08
		0.25	2.04
		0.125	1.02
		0.0625	0.51

根据 5G NR 的规范，在 UE 侧，1ms 周期内的频率误差应该是 $\pm 0.1 \times 10^{-6}$。当载波频率是 2GHz 时，$\pm 0.1 \times 10^{-6}$ 的频率误差是 ±200Hz；当载波频率是 20GHz 时，$\pm 0.1 \times 10^{-6}$ 的频率误差是 ±2kHz；当载波频率是 30GHz 时，$\pm 0.1 \times 10^{-6}$ 的频率误差是 ±3kHz。可以发现，与 UE 侧的频率误差需求相比，最大的多普勒频移可以忽略不计。当 1 个时隙内配置多个解调参考信号时，最大的多普勒频移也可以忽略不计。上述结论同样适合于 gNB 侧的配置。

与 gNB 和 UE 侧的最小频率误差需求相比，NTN 的最大多普勒变化可以忽略不计，对解调参考信号的时域位置没有特别的影响，因此对于 NTN 场景，不需要更改 5G NR 规范。

3.5 Rel-18 和面向 6G 的 NTN 技术演进

3.5.1 3GPP Rel-18 NTN 主要关键技术

1. 覆盖增强

3GPP Rel-18 的目标是考虑 NR 覆盖增强方案在 NTN 系统中的适用性，识别 NTN 系统中覆盖方面的潜在问题并进行有针对性的方案设计，设计时应考虑 NTN 的特征，包括较高的传播时延和卫星的快速运动。

3GPP Rel-18 NTN 覆盖增强的相关工作仅包含 NTN 特定特征，对于覆盖增强通用技术则可以直接应用。对于应用场景，至少需要考虑商业智能手机的语音和低速率数据服务。关于天线增益，应使用更合理的假设（例如 –3dBi），而不是目前 NTN 链接预算分析假定的 0dBi。

对于 NTN 覆盖增强，主要考虑下列 3 个技术研究方向。

① 在 3GPP Rel-17 覆盖增强项目标准化的重复增强之外的 NTN 特定的重复增强技术。

② NTN 特定的分集增强和/或极化增强技术。

③ 在链路预算有限的情况下，提高低速率编解码的性能，减少新空口承载语音（Voice over New Radio，VoNR）在接入网的协议开销。

2. 10GHz 以上频谱的支持

对于高频段，卫星通信有巨大的应用需求。因此，3GPP Rel-18 要研究和确定 NTN 示例频带，包括相邻信道共存的场景和规则分析，有以下 5 点具体的要求。

① 根据 ITU 分配，以卫星 Ka 频段（27～40GHz）和终端类型（例如 VSAT）为参考，结合 ITU-R 和地区法规，定义一个适合开发通用的 3GPP 最低性能要求的示例频带。

② 研究 FR2 FDD 操作的影响，根据需求确定适当的示例频带。3GPP 为 FDD NTN 系统引入的示例频带不得影响现有的 3GPP TDD 规范中 TN 所使用的与 NTN 邻近的频谱。

③ 相关的共存场景和分析需要在 RAN4 中考虑，如果适用于其他地方，要保证 3GPP 引入的频谱不影响现有的规范，即 NTN 使用的频谱不对邻近的 TN 频谱造成干扰。

④ 以 FR1 中的设计作为 10GHz 以上共存分析的基础和参考。

⑤ 定义 10GHz 以上的 NTN 频带不应改变当前 FR1/FR2 的定义，也不会自动适用于未来 TN 在该频谱上定义的频带。

对于确定的示例频带，需要尽快明确定义卫星接入点接收/发射要求和不同的 VSAT UE 等级。从现有 FR1 和 FR2 集合中确定的物理层参数，可以包括但不限于以下一组参数。

① 时间关系相关增强（例如 K_{offset}）。

② 不同的 UL/DL 信号/通道的间隔。

③ 10GHz 以上的 PRACH 配置索引。

3. 网络验证 UE 位置

在 3GPP Rel-17 NTN 版本中，3GPP 系统与架构小组 SA2 和 SA3 提出了对 UE 位置信息的使用监管需求，包括以下两个方面的内容。

① 在卫星小区跨国/跨地区覆盖的场景下，基站应为 UE 选择该 UE 当前位置所处国家/地区对应的核心网网元；且 UE 连接态在一个小区内发生了跨国/跨地区移动的情况时，基站应能识别并触发跨 AMF/跨公共陆地移动通信网络（Public Land Mobile Network，PLMN）的切换。

② 基站向核心网上报的用户位置信息中包含的全球小区识别码（Cell Global Identifier，CGI）应和 NR 地面网络中的小区大小的粒度相当。

为了满足上述需求，3GPP Rel-17 设计了空口的 UE 位置上报机制，但上报的 UE 位置是否准确有效，目前没有明确的网络验证方法。因此，3GPP Rel-18 要进一步讨论网络验证 UE 位置的法规要求及精度要求，并基于该需求，设计对应的网络验证 UE 上报位置的具体方法。

4. 移动性和业务连续性增强

在 3GPP Rel-17 NTN 版本中，对 NTN LEO 系统内的移动性方案进行了设计，包括空闲态的小区选择和重选、连接态的基于 UE 位置和基于时间的条件切换。NTN-TN 之间的移动性在 3GPP Rel-17 中没有得到充分讨论，也没有进行完善的方案设计。

3GPP Rel-18 以 3GPP Rel-17 的移动性方案设计为基础，设计和完善 NTN-TN 之间的移动性方案，同时考虑 NTN 系统内的移动性管理方案的优化和增强，以缩短切换带来的业务中断。由于 TN 和 NTN 的覆盖互补性，在这两种网络中的平滑切换能够有效提升业务服务的连续性。

移动性管理的增强方面有多种优化机制可以考虑，具体如下。

① **基于 UE 位置上报进行切换的决策和实施**。3GPP Rel-17 已经设计了空口的 UE 位置上报，3GPP Rel-18 会进一步讨论 UE 上报位置的精度和如何验证的问题。基于此，如果基站侧能够获得相对精准的 UE 位置信息（例如精确的 GNSS 位置或者百米精度的 UE 位置），基站可以直接基于 UE 的位置和自身覆盖情况来确定和执行星内切换及星间切换。

② **基于 DAPS 的切换**。基于双激活协议栈（Dual Active Protocol Stack，DAPS）的切换在 3GPP 移动性增强项目中已经进行了相关的标准化。通过 UE 的双协议栈，可以先和目标小区建立连接，因此可以进一步降低切换时延。该技术可被重用在 NTN 系统中，适用于 NTN 小区间的切换，以及 TN 和 NTN 间的切换。

③ **基于 DC 的切换**。通过引入双连接（Dual Connectivity，DC），在提升用户吞吐量的同时，可以进一步缩减频繁切换造成的业务时延。DC 有多种场景，例如 GEO+LEO、LEO+LEO 和 TN+NTN 等。但目前 NTN 系统中对某些场景支持的增益并不明显（例如

LEO+LEO），对网络覆盖提出了新的要求，增加了系统的复杂度，同时也无法改善频繁切换的问题。在 GEO+LEO 场景下，DC 的引入在理论上可以有一些增益，例如信令通过 GEO、数据通过 LEO 来传递；但 DC 对 UE 能力尤其是天线同时收发能力，以及功耗提出了新的挑战。

3.5.2　面向 6G 的 NTN 技术演进

卫星通信在覆盖、可靠性及灵活性方面的优势能够弥补地面移动通信的不足，卫星通信与地面 5G 的融合能够为用户提供更可靠的一致性服务体验，降低电信运营商网络部署的成本，连通空、天、地、海多维空间，形成一体化的泛在网络格局。

从需求和技术方面来看，NTN 未来的演进可以着眼于以下 6 个方面。

（1）网络架构和组网方式增强

基于部署和业务的需求可实现接入网功能的弹性部署，支持全再生模式、部分再生模式、透明模式等形式的接入网架构。将地面基站的部分或全部功能逐步迁移到星上是发展趋势，能够有效降低信令和业务的处理时延，提升用户的体验，并综合利用星地的空口和硬件资源。通过星间链路，可以更好地进行覆盖的延伸，从而提供更灵活的网络部署选择。

对于核心网，需要考虑卫星网络和地面网络的深度融合，包括更灵活的天地融合架构的设计，GEO、NGSO、TN 等不同层次网络间更好地互联互通，以及协同工作，真正实现空、天、地一体化。引入网络功能虚拟化（Network Functions Virtualization，NFV）和软件定义网络（Software Defined Network，SDN）技术，可实现卫星平台的虚拟化和智能化，实现网络功能的按需部署，并实现高轨、低轨、地面网络的统一的移动性管理和资源管理框架。在卫星网络中提供用户面数据处理功能和边缘计算业务，可实现业务不落地，降低通信时延并保障业务安全性。考虑到卫星载荷的有限性，以及软件定义卫星技术的发展成熟情况，需要对上星网元和平台的功能进行轻量化裁剪，并结合卫星通信高时延、高误码率和易丢包的特点进行定制化增强。

（2）星地统一的频率资源分配

频率资源仍是影响星地融合的主要因素，随着低轨星座的大范围部署，频率冲突问题将愈发严重，探索星地频率规划及频率共享新技术是星地融合需要解决的首要问题。未来的网络将不再区分卫星频段和地面频段，可基于需求实现频率的统一分配和动态共享，并且研究星地频率干扰协同和干扰规避技术，大幅提高频率资源的利用效率。

（3）统一的空口设计和移动性管理

针对卫星通信和地面通信，空口的差异性需要考虑时延、同步和移动性等因素。面向 6G，从第一个版本就需要考虑采用统一的波形设计和统一的空口技术，以实现极简的接入和智能接入，并真正实现零时延接入和零时延切换。无论何时何地，终端可以动态选择地面网络或者卫星网络，按照业务 QoS 需求智能接入网络，实现最优的用户体验。

（4）卫星波束管理和大规模天线技术的应用

大规模 MIMO 技术是 5G 的一大特色，在卫星通信中也可以进一步增强，充分考虑星载平台的特点，设计合理的波束成形机制和多流传输技术。星载相控阵技术是未来的主要卫星天线实现方式，多星多波束的协同传输技术将成为可能，可有效提升系统的容量。

（5）终端的一体化设计

现有地面终端和卫星终端的差异较大，在 6G 系统中，由于采用统一的空口设计，终端芯片将实现一体化设计。更重要的是，随着天线技术的发展，适合多频段的终端天线和射频技术将更成熟。因此，终端的一体化设计是空、天、地一体化的重要环节，用户将能自由地在不同的网络中切换和漫游，享受空、天、地、海的无缝覆盖和连续的业务服务。

（6）更丰富的业务提供能力

卫星通信系统最大的优势是广覆盖技术，卫星物联网是一个重要的发展方向，后续空、天、地一体化网络将提供个人移动、宽带接入、物联网服务等更丰富的业务服务。将大幅提升基于卫星的垂直行业的服务能力，例如，通过 RedCap 等技术，能够使用更小的带宽实现 IoT 类的业务，并提供 IoT 业务海量的接入和服务；支持多播广播业务（Multicast Broadcast Service，MBS）等新广播业务特性也是一个重要方面，卫星网络的广覆盖能力，对支持广播类的业务有着天然的优势，尤其是应急类的广播业务。

3.6 本章小结

NTN 作为 5G 蜂窝移动通信网络的重要补充，具有覆盖范围大的优势，能够大幅提升 5G 服务的可靠性，可以为物联网设备或飞机、轮船、高铁等交通工具上的用户提供连续性服务，也能够确保在任何区域都有可以利用的 5G 信号，尤其是铁路、海事、航空等领域；当发生地震、洪水等重大自然灾害，地面通信系统失灵时，NTN 可以提供应急通信。本章首先从 NTN 应用场景、系统挑战、标准进展和关键技术等方面分析了 NTN 的部署背景；然后分析了 NR-NTN 系统架构、部署场景并给出了 NTN 对 NR 规范的潜在影响；最后，展望了 Rel-18 和面向 6G 的 NTN 技术演进。

第 4 章

NR-NTN 频谱和信道安排

频谱是无线通信最重要的资源，频谱有两个重要的特征，即频率的高低和可用带宽的大小。频率的高低与覆盖距离密切相关，频率越低，覆盖距离越远。为了实现良好的覆盖并节约建网成本，通常优先使用低频段。而可用带宽的大小与容量密切相关，基站或UE最大的发射带宽通常约为中心频率的5%，因此，频率越高，可用带宽就越大。因此，为了满足流量增长需求，又倾向于使用高频段。

LTE的PSS/SSS和PBCH在载波的中心，UE搜索到PSS/SSS信号后可以确定载波的中心频率和PCI，通过读取PBCH的信息，可以获得信道带宽。因此，LTE的频率配置只需要设置载波的中心频率和信道带宽即可，载波的中心频率可通过信道栅格来定义，LTE的信道栅格固定为100kHz。

相比于LTE，NR的小区搜索则更为复杂。UE首先搜索PSS/SSS信号，确定SSB的中心频率和PCI；然后读取PBCH的信息，获得SSB的子载波频率偏移（即k_{SSB}）和调度PDSCH（承载SIB1）的PDCCH配置信息（即pdcch-ConfigSIB1），确定用于Type0-PDCCH公共搜索空间的CORESET 0的频率位置和带宽；最后读取SIB1，获得Point A（通过高层参数offsetToPointA传递）的位置和信道带宽。因此，NR的频率配置涉及同步栅格、信道栅格、Point A和信道带宽等参数。

3GPP为NTN定义了两大频率范围，分别是FR1-NTN和FR2-NTN，NTN频率范围（FR）的定义见表4-1。

表4-1 NTN频率范围（FR）的定义

FR	对应的频率范围
FR1-NTN	410～7125MHz
FR2-NTN	17300～30000MHz

本章接下来详细分析工作频段、信道带宽和信道安排等。

4.1 工作频段

在地面网络中，UE通过NR接口与gNB进行通信。在NTN中，UE与gNB之间的信号需要经过卫星转发，因此引入了卫星接入节点（Satellite Access Node，SAN）概念。SAN向具有NTN能力的UE提供NR用户平面和控制平面协议终结，并通过NG接口连接到5GC，SAN包括NTN平台上的透明载荷、卫星网关和gNB功能。

卫星在FR1-NTN和FR2-NTN的工作频段见表4-2和表4-3。需要注意的是，卫星在FR1-NTN和FR2-NTN的工作频段的编号分别从n256和n512开始，按照降序进行编号。对于FR2-NTN，n511和n510应用在美国。

表4-2 卫星在FR1-NTN的工作频段

卫星工作频段	上行工作频段（SAN 接收/UE 发射） $F_{UL\_low} \sim F_{UL\_high}$	下行工作频段（SAN 发射/UE 接收） $F_{DL\_low} \sim F_{DL\_high}$	双工模式
n256	1980～2010MHz	2170～2200MHz	FDD
n255	1626.5～1660.5MHz	1525～1559MHz	FDD
n254	1610～1626.5MHz	2483.5～2500MHz	FDD

表4-3 卫星在FR2-NTN的工作频段

卫星工作频段	上行工作频段（SAN 接收/UE 发射） $F_{UL\_low} \sim F_{UL\_high}$	下行工作频段（SAN 发射/UE 接收） $F_{DL\_low} \sim F_{DL\_high}$	双工模式
n512	27500～30000MHz	17300～20200MHz	FDD
n511	28350～30000MHz	17300～20200MHz	FDD
n510	27500～28350MHz	17300～20200MHz	FDD

4.2 信道带宽

与 LTE 相同，NR 也有信道带宽、保护带和传输带宽配置等概念，其定义与 LTE 类似，但是 NR 在下行方向没有直流成分子载波，这一点与 LTE 有明显区别。NR 信道带宽、传输带宽配置、保护带的定义如图 4-1 所示。

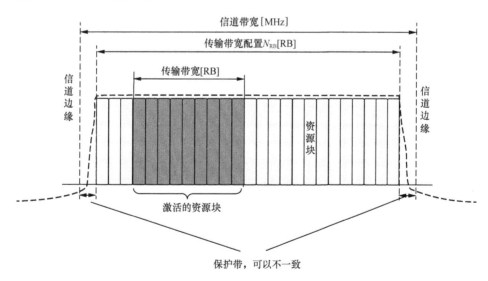

图4-1 NR信道带宽、传输带宽配置、保护带的定义

信道带宽是 NR 支持的单个射频（Radio Frequency, RF）载波带宽，与 LTE 不同的是，NR 可以在同一个载波上支持不同的 UE 信道带宽，用于向连接到基站的 UE 发送或接收

信号。可以在 NR 信道带宽的范围内灵活放置 UE 信道带宽，NR 能够在载波资源块的任何位置发送或接收一个或多个 UE 的 BWP，BWP 小于或者等于 RF 载波的资源块数。

与 LTE 相比，NR 的保护带有以下 3 个显著特点。

一是保护带占信道带宽的比例不是固定不变的。 LTE 的保护带占信道带宽的固定比例是 10%（1.4MHz 除外），而 NR 只规定了最小保护带，两侧的最小保护带之和占信道带宽的比例是 4%～21%（FR1-NTN）、5%～7%（FR2-NTN）。

二是信道两侧的保护带大小可以不一致。 这样的设计给 NR 的部署带来很大的灵活性，即可以根据相邻信道的干扰条件设置不同的保护带。如果 NR 与相邻信道的干扰较大，则设置较大的保护带，以减少干扰；如果 NR 与相邻信道的干扰较小，则设置较小的保护带，以提高频谱利用率。NR 的频谱利用率最高可以达到 96%（FR1-NTN）和 95%（FR2-NTN），比 LTE 的频谱利用率（90%）有了显著提高。

三是在信道带宽确定的情况下，LTE 使用的 PRB 数固定不变。 例如，LTE 的信道带宽是 20MHz，则 PRB 数必须是 100 个 RB，这是因为控制信道在所有的 PRB 上分布。而 NR 在信道带宽确定的情况下，使用的 PRB 数是可以变化的。例如，当 NR 的信道带宽是 30MHz、SCS 是 30kHz 时，只要使用的 PRB 数不超过 78 个即可，这是因为 NR 所有的信道和信号只占信道带宽的一部分且在频域位置上可以灵活配置，因此可以在满足最小保护带的条件下，只使用一部分 PRB 即可。这样的设计为 NR 规避频率干扰提供了可行选项。

3GPP 定义了每个信道带宽和子载波间隔（Sub-Carrier Spacing，SCS）对应的最小保护带、传输带宽配置 N_{RB}，根据公式（4-1）可以计算出 PRB 利用率（频谱利用率）。

$$PRB 利用率 = N_{RB} \times 12 \times SCS / 信道带宽 \quad (4-1)$$

FR1-NTN 和 FR2-NTN 的最小保护带、N_{RB} 和频谱利用率见表 4-4 和表 4-5。

表4-4　FR1-NTN的最小保护带、N_{RB}和频谱利用率

信道带宽 /MHz	SCS=15kHz			SCS=30kHz			SCS=60kHz		
	每侧的最小保护带 /kHz	N_{RB}	频谱利用率	每侧的最小保护带 /kHz	N_{RB}	频谱利用率	每侧的最小保护带 /kHz	N_{RB}	频谱利用率
5	242.5	25	90%	505	11	79%	N.A	N.A	N.A
10	312.5	52	94%	665	24	86%	1010	11	79%
15	382.5	79	95%	645	38	91%	990	18	86%
20	452.5	106	95%	805	51	92%	1330	24	86%
30	592.5	160	96%	945	78	94%	1290	38	91%

表 4-5 FR2-NTN 的最小保护带、N_{RB} 和频谱利用率

信道带宽/MHz	SCS=60kHz			SCS=120kHz		
	每侧的最小保护带 /kHz	N_{RB}	频谱利用率	每侧的最小保护带 /kHz	N_{RB}	频谱利用率
50	1210	66	95%	1900	32	92%
100	2450	132	95%	2420	66	95%
200	4930	264	95%	4900	132	95%
400	N.A	N.A	N.A	9860	264	95%

从表 4-4 和表 4-5 中还可以发现，去掉两侧的最小保护带后，NR 实际可用的子载波数比根据 N_{RB} 计算的子载波数（即 $12×N_{RB}$）多出 1 个子载波，例如，当信道带宽为 30MHz、SCS 为 30kHz 时，根据 N_{RB} 计算的子载波数是 $12×N_{RB}=12×78=936$ 个，而去掉最小保护带后计算出的子载波数是（30×1000–945×2）/30=937 个。多出 1 个子载波的原因是 NR 某些频带的开始频率或终止频率有时与信道栅格并不一致，因此需要增加 1 个子载波以确保两侧的保护带大于或等于最小保护带的要求。

SAN PRB 利用率的定义如图 4-2 所示，即任何信道带宽中配置的 PRB 数应确保两侧的保护带都要大于或者等于最小保护带的要求。

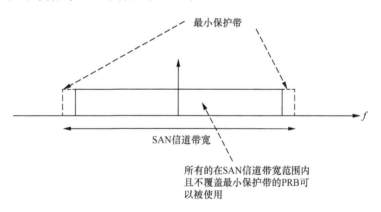

图4-2 SAN PRB利用率的定义

在多个参数集（Numerology）复用同一个 OFDM 符号的情况下，载波每侧的最小保护带是在配置的 SAN 信道带宽处应用的保护带，可用于紧邻保护带发送/接收的参数集。发送多个参数集时定义的保护带如图 4-3 所示。例如，当 FR1-NTN 的 SAN 信道带宽是 30MHz 时，参数集 X 的 SCS=30kHz，参数集 Y 的 SCS=60kHz，则参数集 X 左侧的最小保护带是 30MHz 带宽、SCS=30kHz 对应的最小保护带是 945kHz；参数集 Y 右侧的最小保护带是 30MHz 带宽、SCS=60kHz 对应的最小保护带是 1290kHz。需要注意的是，最小保护带的取值与整个 SAN 信道带宽有关，而与参数集 X 或 Y 所在的带宽无关。

图4-3 发送多个参数集时定义的保护带

除此之外，3GPP 协议还针对每个工作频段的信道带宽和 SCS 分别进行了定义，见表 4-6 和表 4-7。需要注意的是，对于 FR1-NTN，SAN 部署 30MHz 信道带宽之前，3GPP 协议需要对射频部分和解调提出新的需求，目前（在本书出版之际），3GPP 还没有发布相应的标准。

表4-6 每个工作频段的信道带宽和SCS（FR1-NTN）

SAN 工作频段	SCS/kHz	SAN 信道带宽				
		5MHz	10MHz	15MHz	20MHz	30MHz
n256	15	是	是	是	是	
	30		是	是	是	
	60		是	是	是	
n255	15	是	是	是	是	
	30		是	是	是	
	60		是	是	是	
n254	15	是	是	是		
	30		是	是		
	60		是	是		

表4-7 每个工作频段的信道带宽和SCS（FR2-NTN）

SAN 工作频段	SCS/kHz	SAN 信道带宽			
		50MHz	100MHz	200MHz	400MHz
n512	60	是	是	是	
	120	是	是	是	是
n511	60	是	是	是	
	120	是	是	是	是
n510	60	是	是	是	
	120	是	是	是	是

4.3 信道安排

4.3.1 信道间隔

载波之间的间隔依赖部署场景、可用频率的大小、SAN 信道带宽，两个相邻 NR 载波之间的标称信道间隔定义如下。

① 对于具有 100kHz 信道栅格的 FR1-NTN 工作频段。

标称信道间隔 =（$BW_{Channel(1)}+BW_{Channel(2)}$）/2。

② 对于具有 60kHz 信道栅格的 NR 工作频段。

如果 ΔF_{Raster}=60kHz：

标称信道间隔 =（$BW_{Channel(1)}+BW_{Channel(2)}$）/2+{−20kHz, 0kHz, 20kHz}。

如果 ΔF_{Raster}=120kHz：

标称信道间隔 =（$BW_{Channel(1)}+BW_{Channel(2)}$）/2+{−40kHz, 0kHz, 40kHz}。

4.3.2 信道栅格

全局频率栅格定义为一组 RF 参考频率（RF Reference Frequency），即 F_{REF}。RF 参考频率可用在信令中以识别 RF 信道和 SSB 的频率位置。全局频率栅格定义的频率范围是 0～100GHz，粒度是 ΔF_{Global}。RF 参考频率由 NR 绝对无线频率信道号（NR Absolute Radio Frequency Channel Number，NR-ARFCN）来定义，NR-ARFCN 的范围是 [0，3279165]，NR-ARFCN 和 F_{REF} 的关系见公式（4-2）。

$$F_{REF} = F_{REF\text{-}Offs} + \Delta F_{Global}(N_{REF} - N_{REF\text{-}Offs}) \quad (4\text{-}2)$$

在公式（4-2）中，F_{REF} 的单位是 MHz；N_{REF} 是频点号，也就是 NR-ARFCN；$F_{REF\text{-}Offs}$ 是频率起点，单位是 MHz；$N_{REF\text{-}Offs}$ 是频点起点号。全局频率栅格的 NR-ARFCN 参数见表 4-8。

表4-8 全局频率栅格的NR-ARFCN参数

频率范围 /MHz	ΔF_{Global}/kHz	$F_{REF\text{-}Offs}$/MHz	$N_{REF\text{-}Offs}$	N_{REF} 的范围
0～3000	5	0	0	0～599999
3000～24250	15	3000	600000	600000～2016666
24250～30000	60	24250.08	2016667	2016667～2112499

例如，0～3000MHz 对应的 ΔF_{Global} 是 5kHz，占用 600000 个频点号，即 N_{REF} 的范围是 0～599999；3000～24250MHz 对应的 ΔF_{Global} 是 15kHz，占用 1416667 个频点，即 N_{REF} 的范围是 600000～2016666；24250～30000MHz 对应的 ΔF_{Global} 是 60kHz，占用

95833 个频点，即 N_{REF} 的范围为 2016667～2112499。

信道栅格可用来识别上行和下行的 RF 信道位置，对于每一个工作频段，信道栅格 ΔF_{Raster} 是全局频率栅格 ΔF_{Global} 的一个子集，即 ΔF_{Raster} 的粒度可以等于或大于 ΔF_{Global}，信道栅格大于全局频率栅格的目的是减少计算量。

信道栅格有两类：一类是基于 100kHz 的信道栅格，主要集中在 FR1-NTN 以下的频段；另一类是基于 SCS 的信道栅格，例如 30kHz、60kHz 等。基于 100kHz 的信道栅格可以确保与 LTE 共存，因为 LTE 的信道栅格也是 100kHz。

对于 FFD FR1-NTN 频段的上行频率，3GPP 协议还定义了 F_{REF_shift}，即在 F_{REF} 的基础上增加了一个偏移，见公式（4-3）。

$$F_{REF\_shift} = F_{REF} + \Delta_{shift}, \Delta_{shift} = 0\text{kHz 或 } 7.5\text{kHz} \tag{4-3}$$

Δ_{shift} 的值由 gNB 通过高层参数 frequencyShift7p5khz 通知给 UE。

定义 Δ_{shift} 的目的是确保 UE 发射的 LTE 信号和 SAN 信号不产生干扰。LTE 上行信号使用的是 SC-FDMA，实质是单载波时域调制，为了避免基带 DC 部分的发射信号造成频率选择性衰落，从而对该 DFT 内所有信号的矢量误差幅度产生负面影响，LTE 将基带的数字 DC 与模拟 DC 错开半个子载波宽度（即 7.5kHz），本振泄露在模拟 DC 部分产生的干扰，不会影响 DC 处的信号，因此，基带 DC 信号被调制在载波偏移 7.5kHz 处。由于 SAN 上行可以使用 OFDM 信号，基带 DC 信号没有 7.5kHz 的偏移，如果不设置 7.5kHz 的偏移，则 NR 信号和 LTE 信号共存时就会产生干扰，因此 3GPP 协议专门定义了 Δ_{shift}。

FR1-NTN 的每个工作频段的信道栅格适用的 NR-ARFCN 见表 4-9。FR1-NTN 的每个工作频段的增强信道栅格适用的 NR-ARFCN 见表 4-10。FR2-NTN 的每个工作频段的信道栅格适用的 NR-ARFCN 见表 4-11。

表4-9 FR1-NTN的每个工作频段的信道栅格适用的NR-ARFCN

SAN 工作频段	ΔF_{Raster}/kHz	N_{REF} 的上行范围（首 -<步长>- 尾）	N_{REF} 的下行范围（首 -<步长>- 尾）
n256	100	396000 – <20> – 402000	434000 – <20> – 440000
n255	100	325300 – <20> – 332100	305000 – <20> – 311800
n254	100	322000 – <20> – 325300	496700 – <20> – 500000

表4-10 FR1-NTN的每个工作频段的增强信道栅格适用的NR-ARFCN

SAN 工作频段	ΔF_{Raster}/kHz	N_{REF} 的上行范围（首 -<步长>- 尾）	N_{REF} 的下行范围（首 -<步长>- 尾）
n256	10	396000 – <2> – 402000	434000 – <2> – 440000
n255	10	325300 – <2> – 332100	305000 – <2> – 311800

表4-11　FR2-NTN的每个工作频段的信道栅格适用的NR-ARFCN

SAN 工作频段	ΔF_{Raster}/kHz	N_{REF}的上行范围（首 - <步长> - 尾）	N_{REF}的下行范围（首 - <步长> - 尾）
n512	60	2070833 – <1> – 2112499	1553336 – <4> – 1746664
	120	2070833 – <2> – 2112499	1553336 – <8> – 1746664
n511	60	2084999 – <1> – 2112499	1553336 – <4> – 1746664
	120	2084999 – <2> – 2112499	1553336 – <8> – 1746664
n510	60	2070833 – <1> – 2084999	1553336 – <4> – 1746664
	120	2070833 – <2> – 2084999	1553336 – <8> – 1746664

ΔF_{Raster} 和 ΔF_{Global} 之间的关系通过 <步长> 来定义，步长的取值原则如下。

① 对于具有100kHz信道栅格的工作频段，增强信道栅格 $\Delta F_{\text{Raster}}=20\times\Delta F_{\text{Global}}$。在这种情况下，工作频段内的每20个NR-ARFCN适用于信道栅格，因此表4-9的信道栅格步长是<20>。例如，对于频段n256(UL：1980～2010MHz。DL：2170～2200MHz，FDD)，ΔF_{Global}=5kHz，$\Delta F_{\text{Raster}}=20\times\Delta F_{\text{Global}}$=100(kHz)，$\Delta F_{\text{Raster}}$ 是 ΔF_{Global} 的20倍，对应的步长为<20>。

② 对于具有100kHz信道栅格的工作频段，增强信道栅格 $\Delta F_{\text{Raster}}=2\times\Delta F_{\text{Global}}$。在这种情况下，工作频段内的每2个NR-ARFCN适用于信道栅格，因此表4-10的信道栅格步长是<2>。例如，对于频段n256(UL：1980～2010MHz。DL：2170～2200MHz，FDD)，ΔF_{Global}=5kHz，$\Delta F_{\text{Raster}}=2\times\Delta F_{\text{Global}}$=10(kHz)，$\Delta F_{\text{Raster}}$ 是 ΔF_{Global} 的2倍，对应的步长为<2>。

③ 对于具有60kHz信道栅格的工作频段，如果频率大于3GHz，则 $\Delta F_{\text{Raster}}=I\times\Delta F_{\text{Global}}$，其中 $I\in\{4,8\}$。在这种情况下，工作频段内的每 I 个NR-ARFCN适用于信道栅格，因此表4-11的信道栅格步长是<I>。

N_{REF} 首尾范围决定了不同工作频段的频率范围。以n256为例，将表4-8中的 N_{REF} 代入公式 $F_{\text{REF}}=F_{\text{REF-Offs}}+\Delta F_{\text{Global}}(N_{\text{REF}}-N_{\text{REF-Offs}})$，并采用 0～3000MHz 对应的 ΔF_{Global}=5kHz，$F_{\text{REF-Offs}}$=0 MHz，$N_{\text{REF-Offs}}$=0，可以计算出 N_{REF} 的首尾范围分别是434000和440000，分别对应着频率2170MHz和2200MHz。

信道栅格对应着信道带宽的中心频点，可用于识别RF信道的位置，信道栅格上的RF参考频率与对应的RE之间的映射关系与传输带宽配置的RB数（N_{RB}）有关系，其映射规则如下。

① 如果 $N_{\text{RB}}\text{mod }2=0$，则 $n_{\text{PRB}}=\dfrac{N_{\text{RB}}}{2}$，$k=0$。

② 如果 $N_{\text{RB}}\text{mod }2=1$，则 $n_{\text{PRB}}=\dfrac{N_{\text{RB}}}{2}$，$k=6$。

其中，n_{PRB} 是PRB索引，k 是RE索引，该映射规则适用于下行和上行。

LTE下行方向的信道中心有一个未使用的子载波，即DC子载波，由于DC子载波不参与基带子载波的调制，因此信道栅格对应的频率正好是信道带宽的中心，而SAN的

DC 子载波也参与基带子载波的调制，从而使 NR 信道栅格对应的频率与信道带宽的中心频率之间有 1/2 个子载波的偏移。

对于 FR1-NTN，在 RF 频率和信道配置带宽 BW_{config} 确定的情况下，同时满足公式（4-4）和公式（4-5）的 F_{REF} 对应的信道栅格即为可用的信道栅格。

$$F_{REF} - \frac{1}{2} \times SCS - \frac{1}{2} \times BW_{config} - BW_{Guard} \geqslant F_{lower\_edge} \quad (4-4)$$

$$F_{REF} - \frac{1}{2} \times SCS + \frac{1}{2} \times BW_{config} + BW_{Guard} \leqslant F_{high\_edge} \quad (4-5)$$

在公式（4-4）和公式（4-5）中，BW_{config} 为信道带宽配置；$BW_{config} = N_{RB} \times 12 \times SCS$；$BW_{Guard}$ 为最小保护带宽；F_{lower_edge} 和 F_{high_edge} 为给定的起始频率和终止频率。

除了根据公式（4-4）和公式（4-5）计算可用的信道栅格，也可以根据给定频率的中心频点计算信道栅格，然后上下移动信道栅格的位置，只要确保两侧的保护带都大于或等于最小保护带即可。

以 n256 为例，假设信道带宽是 30MHz、SCS=15kHz，对应的 N_{RB}=160，上行频率和下行频率分别是 1980～2010MHz 和 2170～2200MHz。

对于 2170～2200MHz，其中心频率是 2185MHz，根据公式（4-2）可以计算出 N_{REF}=437000。根据 RF 参考频率和 RE 之间的映射规则，可以计算出两侧的保护带分别是 592.5kHz 和 607.5kHz，满足表 4-4 中的最小保护带 592.5kHz 的要求，因此 N_{REF} 可以为 437000。2170～2200MHz 的信道栅格如图 4-4 所示。

RF 信道在频率上的位置除了通过信道栅格直接定义，还可以通过其他参考点来定义，例如 Point A。

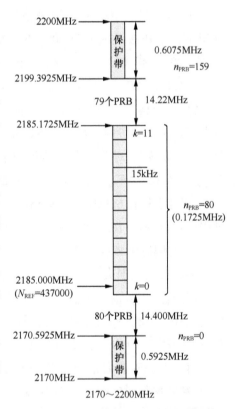

图 4-4　2170～2200MHz 的信道栅格

4.3.3　同步栅格

同步栅格可用于指示 SSB 的频率位置，当不存在 SSB 频率位置显式信令时，UE 可用同步栅格来获取 SSB 的频率位置。

全局同步栅格定义在所有频率上，SSB 的频率位置 SS_{REF}，其对应的编号是全局同步信道号（Global Synchronization Channel Number，GSCN），全局同步栅格的 GSCN 参数见表 4-12。

表4-12 全局同步栅格的GSCN参数

频率范围/MHz	SS_{REF}	GSCN	GSCN的范围
0～3000	$N\times1200$kHz $+M\times50$kHz, $N=[1, 2499]$, $M\in\{1, 3, 5\}$（注）	$3N+(M-3)/2$	2～7498
3000～24250	3000MHz $+N\times1.44$MHz $N=[0, 14756]$	$7499+N$	7499～22255

注：对于信道栅格是SCS倍数的工作频段，同步栅格的缺省值$M=3$。

与NR-ARFCN相比，GSCN的间隔较大。另外，与LTE的同步栅格固定为100kHz相比，NR的GSCN的间隔也明显较大。这样设计的主要原因是SAN的信道带宽很大（对于FR1-NTN，最高可达30MHz；对于FR2-NTN，最高可达400MHz），GSCN的间隔较大可以显著减少UE初始接入时的搜索时间，从而降低了UE的功耗，降低了搜索的复杂度。

对于0～3000MHz，在N确定的情况下，M有3个可能取值，主要原因是，当使用基于100kHz的信道栅格时，M有3个可能取值可以确保信道栅格与同步栅格之间的差是15kHz的倍数。例如，假定$N=1$，则当$M=1$、3、5时，对应的同步栅格分别是1250kHz、1350kHz、1450kHz。假设信道栅格是1400kHz，则信道栅格与同步栅格1250kHz（即$M=1$）的差是15kHz的倍数，此时M应取值为1；假设信道栅格是1500kHz，则信道栅格与同步栅格1350kHz（$M=3$）的差是15kHz的倍数，此时M应取值为3；假设信道栅格是1600kHz，则信道栅格与同步栅格1450kHz（$M=5$）的差是15kHz的倍数，此时M应取值为5。

M有3个可能取值的缺点是增加了UE的搜索次数，在相同信道带宽的条件下，0～3000MHz的搜索次数是3000～24250MHz的1.2MHz×3(次)/1.44MHz=2.5倍。但是对于信道栅格是SCS倍数的工作频段，则没有影响，因为M缺省值等于3，即当$M=3$时，同步栅格$N\times1200+M\times50$与信道栅格的差正好是15kHz的整数倍。信道栅格和同步栅格的差必须是15kHz的倍数的原因是子载波间隔是15kHz或15kHz的倍数。

每个工作频段适用的SS栅格见表4-13和表4-14，适用于GSCN的间距由表4-13和表4-14中的<步长>给出。

表4-13 每个工作频段适用的SS栅格（FR1-NTN）

NR工作频段	SSB的SCS	SSB图样	GSCN的范围（首-<步长>-尾）
n256	15 kHz	Case A	5429-<1>-5494
n255	15 kHz	Case A	3818-<1>-3892
	30 kHz	Case B	3824-<1>-3886
n254	15 kHz	Case A	6215-<1>-6244
	30 kHz	Case C	6218-<1>-6241

表 4-14 每个工作频段适用的 SS 栅格（FR2-NTN）

NR 工作频段	SSB 的 SCS	SSB 图样	GSCN 的范围 （首 - <步长> - 尾）
n512	120kHz	Case D	17448 – <12> – 19428
n512	240kHz	Case E	17472 – <24> – 19416
n511	120kHz	Case D	17448 – <12> – 19428
n511	240kHz	Case E	17472 – <24> – 19416
n510	120kHz	Case D	17448 – <12> – 19428
n510	240kHz	Case E	17472 – <24> – 19416

同步栅格对应的频率对应着 SSB 的中心频率（SS_{REF}），同步栅格与对应的 SSB 的 RE 的映射规则如下，该规则适合于上行和下行。

k=120。对于 FR1-NTN，在 RF 频率和配置带宽 BW_{SS} 确定的情况下，同时满足公式（4-6）和公式（4-7）的同步栅格即为可用的同步栅格。

$$SS_{REF} - \frac{1}{2} \times SCS_{SS} - \frac{1}{2} \times BW_{SS} - BW_{Guard} \geq F_{lower\_edge} \quad (4\text{-}6)$$

$$SS_{REF} - \frac{1}{2} \times SCS_{SS} + \frac{1}{2} \times BW_{SS} + BW_{Guard} \leq F_{high\_edge} \quad (4\text{-}7)$$

在公式（4-6）和公式（4-7）中，BW_{SS} 为 SSB 的带宽；$BW_{SS}=N_{RB\_SS} \times 12 \times SCS_{SS}$；$N_{RB\_SS}$ 固定为 20；BW_{Guard} 为最小保护带宽；F_{lower_edge} 和 F_{high_edge} 为给定的起始频率和终止频率。

以 n256 为例，根据表 4-13，其 SSB 的 SCS=15kHz，共计有 20 个 PRB，SSB 的带宽 BW_{SS}=3.6MHz、BW_{Guard}=592.5kHz。对于 2170～2200MHz，信道栅格是 2185MHz，当 M=5 时，信道栅格与同步栅格的差是 15kHz 的倍数。SS_{REF} 可能的位置是 2173.45+n×1.22MHz，n=0，…，20，对应的 GSCN=5434，5437，…，5494。

SSB 的中心频率位置服从同步栅格，而 PDCCH/PDSCH 所在载波中心频率的位置服从信道栅格，SSB 的 RPB 和公共资源块（Common Resource Block，CRB）之间不一定完全对齐，SSB 的子载波 0 与 SSB 子载波 0 所在的 CRB（即 N_{CRB}^{SSB}）的子载波 0 之间的偏移为 k_{SSB} 个子载波。对于 FR1-NTN，k_{SSB} 的取值是 0～23，单位是 15kHz；对于 FR2-NTN，k_{SSB} 的取值是 0～11，单位是 60kHz。N_{CRB}^{SSB} 以 PRB 为单位来表示，由高层参数 offsetToPointA 通知给 UE，且假定 FR1-NTN 采用 15kHz 的子载波间隔，FR2-NTN 采用 60kHz 的子载波间隔，即 SSB 的子载波 0 的中心频率和 Point A 之间是（offsetToPointA×12+k_{SSB}）× 15kHz（FR1）或（offsetToPointA×12+k_{SSB}）×60kHz（FR2）。CORESET 0 的第一个子载波与 SSB 子载波 0 所在的 CRB 的第一个子载波之间的频率偏移为 Offset 个 RB，单位是 CORESET 0 的 RB，CORESET 0 的子载波间隔由 MIB 中的 subCarrierSpacingCommon 通知给 UE。SSB、k_{SSB}、CORESET 0 的位置关系示意如图 4-5 所示。

在 NR 小区中，可以在不同频率位置上配置多个 SSB，而不需要每个 SSB 都"携带"CORESET 0（Type0-PDCCH 公共搜索空间在 CORESET 0 上），配置多个 SSB 的目的是方便 UE 测量小区的信道质量，可用于波束选择或移动性管理。在空闲态下，当 UE 搜索到 SSB 不"携带"CORESET 0 时，gNB 最好能够通知 UE 下一个"携带"CORESET 0 的 SSB 位置，以便节省 UE 的搜索时间，降低 UE 的功耗，k_{SSB} 和 pdcch-ConfigSIB1 主要起到该作用。当 $k_{SSB} > 23$（FR1-NTN）或 $k_{SSB} > 11$（FR2-NTN）时，表示当

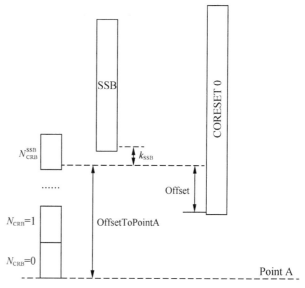

图4-5　SSB、k_{SSB}、CORESET 0 的位置关系示意

前的 SSB 不"携带"CORESET 0，即不存在对应的 Type0-PDCCH 公共搜索空间。

UE 通过 k_{SSB} 发现不存在当前 Type0-PDCCH 公共搜索空间时，可以通过 k_{SSB} 的值（对于 FR1，$24 \leq k_{SSB} \leq 29$；对于 FR2，$12 \leq k_{SSB} \leq 13$），在最近的 GSCN 上找到下一个"携带"CORESET 0 的 SSB。下一个 SSB 对应的 GSCN 的频点位置为 $N_{GSCN}^{Reference} + N_{GSCN}^{Offset}$，其中 $N_{GSCN}^{Reference}$ 是当前这个 SSB 所在的 GSCN 的频点，N_{GSCN}^{Offset} 是下一个 SSB 所在的 GSCN 的频点与当前这个 SSB 所在的 GSCN 的频点 $N_{GSCN}^{Reference}$ 之间的偏移。N_{GSCN}^{Offset} 根据 k_{SSB} 和 MIB 中的 pdcch-ConfigSIB1 共同确定，具体取值见表4-15 和表4-16。

表4-15　k_{SSB} 和 pdcch-ConfigSIB1 的组合到 N_{GSCN}^{Offset} 的映射关系（FR1-NTN）

k_{SSB}	pdcch-ConfigSIB1	N_{GSCN}^{Offset}
24	0, 1, ⋯, 255	1, 2, ⋯, 256
25	0, 1, ⋯, 255	257, 258, ⋯, 512
26	0, 1, ⋯, 255	513, 514, ⋯, 768
27	0, 1, ⋯, 255	−1, −2, ⋯, −256
28	0, 1, ⋯, 255	−257, −258, ⋯, −512
29	0, 1, ⋯, 255	−513, −514, ⋯, −768
30	0, 1, ⋯, 255	保留, 保留, ⋯, 保留

表4-16 k_{SSB}和pdcch-ConfigSIB1的组合到N_{GSCN}^{Offset}的映射关系（FR2-NTN）

k_{SSB}	pdcch-ConfigSIB1	N_{GSCN}^{Offset}
12	0, 1, ⋯, 255	1, 2, ⋯, 256
13	0, 1, ⋯, 255	−1, −2, ⋯, −256
14	0, 1, ⋯, 255	保留，保留，⋯，保留

如果UE在第二个SSB上，仍然没有监听到用于Type0-PDCCH公共搜索空间的CORESET 0，则UE忽略小区搜索的GSCN信息。

如果UE收到的k_{SSB}=31（FR1-NTN）或k_{SSB}=15（FR2-NTN）时，表示SSB所在的GSCN范围$\left[N_{GSCN}^{Reference} - N_{GSCN}^{Start}, N_{GSCN}^{Reference} + N_{GSCN}^{End}\right]$内的SSB都没有"携带"CORESET 0。$N_{GSCN}^{Start}$和$N_{GSCN}^{End}$分别由pdcch-ConfigSIB1的高4位和低4位通知UE。如果UE在一定的时间周期（SSB周期）内没有搜索到"携带"CORESET 0的SSB，则UE忽略执行小区搜索的GSCN信息。

通常SSB只占信道带宽的一部分，建议SSB放在信道边缘，可以确保SSB和数据信道时分复用时，数据信道的频率资源是连续的，有利于基站的调度。

4.4 本章小结

频谱是无线通信最重要的资源，频谱有两个重要的特征，即频率的高低和可用带宽的大小，低频和高频各有优缺点。本章详细分析了工作频段、信道带宽、信道栅格和同步栅格等，并比较了NR和LTE的差异。

第 5 章

NR-NTN 定时关系和随机接入过程

地面 5G 蜂窝移动通信系统的传播时延通常小于 1ms，而 NTN 的传播时延非常大，给 5G NR 的定时调整策略带来了极大的挑战，3GPP Rel-15/Rel-16 设计的定时调整策略已不再适合 NTN，因此需要重新设计定时调整策略来满足 NTN 超长的传播时延要求。本章分析了 3GPP Rel-17 的时频同步补偿策略、定时关系增强、随机接入过程、定时提前报告和 HARQ 重传策略。

5.1 初始小区搜索以及系统消息

5.1.1 初始小区搜索过程

NR-NTN 初始小区搜索过程如图 5-1 所示。UE 在初始小区搜索过程中使用的 SSB、CORESET 0 和初始 BWP 在频率上的位置关系如图 5-2 所示。

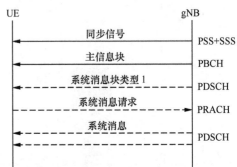

图5-1　NR-NTN初始小区搜索过程

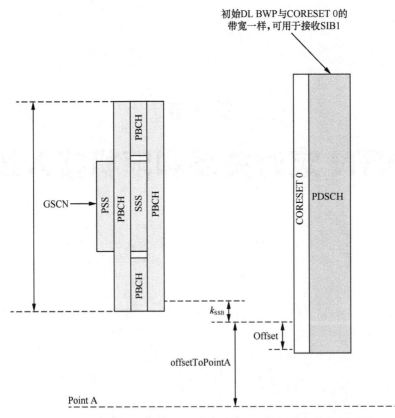

图5-2　SSB、CORESET 0和初始BWP在频率上的位置关系

NR-NTN 初始小区搜索过程如下。

① **搜索同步栅格**：确定 SS/PBCH 块在频率上的位置。

② **搜索 PSS**：UE 搜索到 PSS 后可以确定 OFDM 符号的开始位置，即确定了 SS/PBCH 块的子载波间隔，实现 OFDM 符号的时间同步和 SS/PBCH 块的同步，通过盲解码的方式确定 $N_{\text{ID}}^{(2)}$。

③ **搜索 SSS**：UE 根据 PSS 的位置，可以确定 SSS 的位置，通过盲解码的方式确定 $N_{\text{ID}}^{(1)}$，UE 获得 $N_{\text{ID}}^{(2)}$ 和 $N_{\text{ID}}^{(1)}$ 后，可根据 $N_{\text{ID}}^{\text{cell}} = 3N_{\text{ID}}^{(1)} + N_{\text{ID}}^{(2)}$ 计算出 $N_{\text{ID}}^{\text{cell}}$，即确定了小区的 PCI。

④ **接收 DM-RS**：UE 获得 $N_{\text{ID}}^{\text{cell}}$ 后，根据公式 $v = N_{\text{ID}}^{\text{cell}} \bmod 4$ 可以确定 PBCH 的 DM-RS 在 SS/PBCH 块上的频域位置，使用 8 个 DM-RS 初始化序列进行盲检，UE 可以确定 i_{SSB} 的全部或者部分信息。对于 $L_{\max}=4$，完成本步骤后，可以得到完整的 i_{SSB}（2bit）信息和半帧信息，实现了半帧同步，同时确定了无线帧的开始位置，但是不能确定 SFN；对于 $L_{\max}=8$，完成本步骤后，可以得到完整的 i_{SSB}（3bit）信息，实现了半帧同步，但是不能确定是无线帧的第 1 个半帧还是第 2 个半帧同步，也不能确定系统帧号；对于 $L_{\max}=64$，可以得到 i_{SSB} 的 3 个最低 bit 位，半帧同步、无线帧的开始位置和系统帧号都不能确定。

⑤ **接收 PBCH**：UE 利用 DM-RS 进行信道估计，接收 PBCH，获得 MIB 信息和额外的与定时有关的 8bit 信息，包括系统帧号、半帧信息、i_{SSB} 的 3 个最高 bit 位（对于 $L_{\max}=64$）、SSB 子载波偏移 k_{SSB}（对于 FR1）。完成本步骤后，对于 $L_{\max}=4$，获得完整的系统帧号，实现了帧同步；对于 $L_{\max}=8$，获得半帧信息和完整的 SFN，实现了帧同步；对于 $L_{\max}=64$，获得完整的 i_{SSB}、半帧信息和完整的 SFN，实现了半帧同步和帧同步。另外，MIB 信息中还包括 SIB1 和 Msg2、Msg4 的子载波间隔（对于 FR1，使用 15kHz 或 30kHz；对于 FR2，使用 60kHz 或 120kHz）、PDSCH 的第 1 个 DM-RS（Type A）在时隙内的开始位置、pdcch-ConfigSIB1、小区禁止标志、同频小区重选标志等信息，这些信息可用于 SIB1 的接收。如果小区禁止标志是"是"，则 UE 不能驻留在该小区；否则，UE 可以驻留在该小区。

⑥ **接收 PDCCH**：UE 接收 PBCH 后，可以确定 CORESET 0 的子载波间隔；k_{SSB} 和 pdcch-ConfigSIB1 的高 4 位指示了 CORESET 0 的配置，即 SS/PBCH 块与 CORESET 0 的复用模式、CORESET 0 占用的 RB 数和 OFDM 符号数，以及 RB 的偏移；pdcch-ConfigSIB1 低 4 位指示了 Type0-PDCCH 公共搜索空间，即确定了 PDCCH 的监听时机，包括 CORESET 0 所在的 SFN_{C}、时隙号 n_{C} 等。UE 通过监听 Type0-PDCCH 公共搜索空间，接收并解码 DCI 格式 1_0 的 PDCCH，可以获得 PDSCH（承载 SIB1）的调度信息，包括确定 PDSCH 的时域和频域位置、传输块相关的信息 MCS、新数据指示、冗余版本和系统消息指示等信息。

⑦ **接收 SIB1**：UE 通过 PDCCH DCI 格式 1_0 获得 PDSCH 的调度信息后，就可以在 PDSCH 上接收 SIB1 消息，SIB1 包括 SSB 的索引、SSB 的周期、SSB 的发射功率、上行公共配置（含有随机接入的相关参数）、PDCCH 和 PUCCH 的配置、TDD 上下行配置、

OffsetToPointA(确定 Point A 的位置),以及其他系统消息(System Information,SI)的调度等信息。

⑧ **接收其他 SI**:其他 SI 既可以周期性广播,也可以根据 UE 的请求进行"点播",如果根据 UE 请求进行"点播",则触发随机接入过程。NR 引入"点播"其他 SI 的目的是节省基站的功耗和系统开销,并且在一定程度上可以减少小区之间的干扰。

5.1.2 系统消息

对于 NR-NTN,UE 接收的其他 SI 中包括 SIB2(小区重选信息)、SIB3(同频邻小区信息)、SIB4(异频小区重选信息)、SIB5(异系统小区重选信息)、SIB19、SIB25(TN 覆盖信息)等。其中,最重要的是 SIB19,SIB 包含了卫星的辅助信息,SIB19 包含的内容如下。

```
SIB19-r17 ::= SEQUENCE {
    ntn-Config-r17              NTN-Config-r17             OPTIONAL,    -- Need R
    t-Service-r17               INTEGER (0..549755813887)  OPTIONAL,    -- Need R
    referenceLocation-r17       ReferenceLocation-r17      OPTIONAL,    -- Need R
    distanceThresh-r17          NTEGER(0..65525)           OPTIONAL,    -- Need R
    ntn-NeighCellConfigList-r17 NTN-NeighCellConfigList-r17 OPTIONAL,   -- Need R
    lateNonCriticalExtension    OCTET STRING               OPTIONAL,
    ...,
    [[
    ntn-NeighCellConfigListExt-v1720   NTN-NeighCellConfigList-r17
OPTIONAL        -- Need R
    ]],
    [[
    movingReferenceLocation-r18 ReferenceLocation-r17      OPTIONAL,    -- Need R
    ntnCovEnh-r18               NTN-CovEnh-r18             OPTIONAL,    -- Need R
    satSwitchWithReSync-r18     SatSwitchWithReSync-r18    OPTIONAL     -- Need R
    ]]
}

NTN-NeighCellConfigList-r17 ::=         SEQUENCE (SIZE(1..maxCellNTN-r17)) OF
NTN-NeighCellConfig-r17

NTN-NeighCellConfig-r17 ::=             SEQUENCE {
    ntn-Config-r17              NTN-Config-r17             OPTIONAL,    -- Need R
    carrierFreq-r17             ARFCN-ValueNR              OPTIONAL,    -- Need R
    physCellId-r17              PhysCellId                 OPTIONAL     -- Need R
}

NTN-CovEnh-r18 ::=                      SEQUENCE {
    rsrp-ThresholdMsg4-r18              RSRP-Range         OPTIONAL,    -- Need R
    numberOfMsg4-RepetitionsList-r18    SEQUENCE (SIZE(1..4)) OF
NumberOfMsg4-Repetitions-r18 OPTIONAL,          -- Need R
    ...
}
```

```
NumberOfMsg4-Repetitions-r18 ::=        ENUMERATED {n1, n2, n4, n8}

SatSwitchWithReSync-r18 ::=             SEQUENCE {
    ntn-Config-r18                          NTN-Config-r17,
    t-ServiceStart-r18                      INTEGER (0..549755813887) OPTIONAL, -- Need R
    ssb-TimeOffset-r18                      INTEGER (0..159)          OPTIONAL -- Need R
}
```

SIB19 中部分参数的详细解释如下。

t-Service：指示 NTN 小区在其覆盖范围内的停止服务时间，该参数可用于 NTN 准地面固定小区的服务链路切换，以及用于 NTN 准地面固定小区和地面移动小区的馈电链路切换。t-Service 指公历日期 1900 年 1 月 1 日 00:00:00（1899 年 12 月 31 日星期日至 1900 年 1 月 1 日星期一之间的午夜）后 10ms 的倍数。准确的停止服务时间介于该字段的值减去 1 所指示的时间和该字段的值所指示的时间之间。t-Service 的参考点是小区的上行时间同步参考点。

referenceLocation：NTN 准地面固定小区的服务小区的参考位置，在 RRC 空闲态和 RRC 非激活态中，用于启动基于位置的测量。

movingReferenceLocation：NTN 地面移动小区的服务小区在时间参考点上的参考位置。在 RRC 连接态，该参数用于评估服务小区的 D2 事件和 D2 条件事件的标准。在 RRC 空闲态和 RRC 非激活态，如果配置了 distanceThresh 参数，movingReferenceLocation 用于启动基于位置的测量。movingReferenceLocation 的时间参考点由服务小区的 ntn-Config 中的历元时间（epochTime）指示。

distanceThresh：与服务小区参考位置的距离，在 RRC 空闲态和 RRC 非激活态，用于启动基于位置的测量。该参数的取值范围是 0 ~ 65525，步长是 50m。

ntn-NeighCellConfigList、ntn-NeighCellConfigListExt：提供 NTN 邻小区信息，包括 ntn-Config、载波频率和 PCI。

SatSwitchWithReSync：在执行具有再同步的卫星转换过程中，该参数提供目标卫星的详细参数，包括 ntn-Config、t-ServiceStart、ssb-TimeOffset 等参数。当该参数存在时，表示该小区支持 PCI 不变小区的卫星转换。关于 SatSwitchWithReSync 更详细的解释见 6.5.2。

5.1.3 NTN-Config

IE NTN-Config 提供了 UE 通过 NTN 接入 NR 所需的参数，IE NTN-Config 包含的内容如下。

```
NTN-Config-r17 ::=                      SEQUENCE {
    epochTime-r17                           EpochTime-r17             OPTIONAL, -- Need R
    ntn-UlSyncValidityDuration-r17 ENUMERATED{ s5, s10, s15, s20, s25, s30, s35,
        s40, s45, s50, s55, s60, s120, s180, s240, s900}              OPTIONAL, -- Cond SIB19
    cellSpecificKoffset-r17                 INTEGER(1..1023)          OPTIONAL, -- Need R
```

```
    kmac-r17                    INTEGER(1..512)            OPTIONAL, -- Need R
    ta-Info-r17                 TA-Info-r17                OPTIONAL, -- Need R
    ntn-PolarizationDL-r17      ENUMERATED {rhcp,lhcp,linear} OPTIONAL, -- Need R
    ntn-PolarizationUL-r17      ENUMERATED {rhcp,lhcp,linear} OPTIONAL, -- Need R
    ephemerisInfo-r17           EphemerisInfo-r17          OPTIONAL, -- Need R
    ta-Report-r17               ENUMERATED {enabled}       OPTIONAL, -- Need R
    ...
}

TA-Info-r17 ::=                 SEQUENCE {
    ta-Common-r17               INTEGER(0..66485757),
    ta-CommonDrift-r17          INTEGER(-257303..257303)   OPTIONAL, -- Need R
    ta-CommonDriftVariant-r17   INTEGER(0..28949)          OPTIONAL  -- Need R
}
```

IE NTN-Config 中各个参数的详细解释如下。

epochTime：用于指示 NTN 辅助信息的历元时间，即辅助信息的生效时间从历元时间指示的 DL 子帧开始。服务或相邻 NTN 的卫星星历表（ephemeris）和公共 TA 参数历元时间的参考点是上行时间同步参考点。

IE EpochTime 的定义如下。

```
EpochTime-r17 ::=               SEQUENCE {
    sfn-r17                     INTEGER(0..1023),
    subFrameNR-r17              INTEGER(0..9)
}
```

ntn-UlSyncValidityDuration：网络配置的 NTN 辅助信息（即服务卫星和/或邻卫星的卫星星历表和公共 TA 参数）的有效持续事件，指示 UE 可以在不获取新辅助信息的情况下应用当前辅助信息的最大持续事件，从历元时间（epochTime）指示的子帧开始。ntn-UlSyncValidityDuration 的取值是 5s、10s、15s、20s、25s、30s、35s、40s、45s、50s、55s、60s、120s、180s、240s 或者 900s。epochTime 和 ntn-UlSyncValidityDuration 的关系示意如图 5-3 所示。

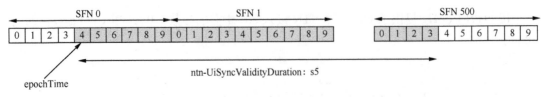

图5-3　epochTime和ntn-UlSyncValidityDuration的关系示意

cellSpecificKoffset：该参数是修改 NTN 时序关系的调度偏移量，更详细的解释见 5.3.1。

kmac：如果 DL 和 UL 的帧定时在 gNB 处没有对齐，则使用 kmac 作为调度偏移，更详细的解释见 5.3.2。

ta-Info：UE 用于定时调整的参数，包括公共 TA、公共 TA 的漂移率、公共 TA 的漂移率变化等参数，更详细的解释见 5.2。

ntn-PolarizationDL、ntn-PolarizationUL：该参数表示服务链路 DL 传输或 UL 传输的偏振信息，包括右手旋转偏振（rhcp）、左手旋转偏振（lhcp）和线性偏振（linear）。

ephemerisInfo：该参数提供卫星星历表。卫星星历表可以用位置和速度状态矢量的格式（即 ECEF 格式）表示，也可以用轨道参数的格式（即 ECI 格式）表示。需要注意的是，地心惯性（Earth-Centered Inertial，ECI）坐标系和地心地固（Earth-Centered, Earth-Fixed, ECEF）坐标系在 epochTime 重合，即 ECEF 中的 x、y、z 轴与 ECI 中的 x、y、z 轴在 epochTime 指示的时间点对齐。

ta-Report：当 SIB19 中包括该参数时，指示 UE 在随机接入期间报告定时提前，该随机接入由 RRC 连接建立（RRC connection establishment）或 RRC 连接恢复（RRC connection resume）触发，或者指示 UE 在 RRC 连接重建（RRC connection reestablishment）期间报告定时提前。当专用信令的 ServingCellConfigCommon 包括该参数时，指示 UE 在具有同步的重配置导致的随机接入期间报告定时提前。

5.2 上行定时补偿

UE 根据是否具有 GNSS 能力，可分为具备 GNSS 能力和不具备 GNSS 能力两种。不具备 GNSS 能力的 UE 不能评估 UE 到卫星之间的传播时延，需要大范围修改 3GPP 规范才能补偿非常大的传播时延。为了尽可能地减少对规范的修改，3GPP Rel-17 规定，UE 必须具备 GNSS 能力。

对于具备 GNSS 能力的 UE，由于 UE 知道自身位置和卫星星历，能够在发送 Msg1（在 PRACH 上发送）前自动评估 UE 到卫星之间的 TA。根据 UE 补偿的链路不同，有以下两种可选方案。

（1）方案 1：补偿服务链路和馈电链路的时延

方案 1 是 UE 在发射 Msg1 之前，补偿 UE 到 NTN 网关（含 gNB）之间的全部时延，包括服务链路和馈电链路。UE 根据自身位置和卫星星历，可自动评估服务链路的 TA，gNB 向 UE 广播馈电链路的 TA。方案 1 可以确保下行帧和上行帧在 gNB 处是对齐的。

方案 1 适合于 GEO 卫星，因为馈电链路的传播时延不随时间变化。但是对于 LEO

卫星，LEO 卫星快速移动会导致馈电链路的传播时延迅速变化，解决方法是 gNB 不向 UE 指示 TA 值，而是指示 NTN 网关的位置，但是随着 LEO 卫星的移动，NTN 网关会发生更换，因此需要考虑 NTN 网关更换带来的影响。除此之外，出于保密安全的需要，UE 通常不知道 NTN 网关的位置。

（2）方案 2：仅补偿服务链路的时延

在同一个波束内，馈电链路的时延对所有 UE 都是相同的，只有服务链路的时延是不同的，因此，UE 只需要补偿服务链路的时延即可。UE 可根据自身的位置和卫星星历计算服务链路的 TA，馈电链路的时延补偿由 gNB 来管理。对于再生转发，DL 帧和 UL 帧在 gNB 处是对齐的；对于透明转发，由于馈电链路时延和卫星处理时间的问题，DL 帧和 UL 帧在 gNB 处是不对齐的，因此需要 gNB 来管理这个帧定时差异。

上述两种方案各有优缺点，经过技术讨论后，最终选择了一个折中方案，即定义一个上行时间同步参考点（以下简称参考点），由 gNB 指定 UE 补偿时延的数值，如果参考点在 NTN 网关，UE 补偿包括服务链路和馈电链路在内的所有时延；如果参考点在卫星，UE 只补偿服务链路的时延。当然，参考点也可以定义在卫星到 NTN 网关之间的某个点上。参考点位置示意如图 5-4 所示。引入参考点后，上行 TA 补偿示意如图 5-5 所示。

在 UE 侧，DL 帧和 UL 帧的定时关系如图 5-6 所示。即 UE 应相对于 DL 帧 i，提前 T_{TA} 发送 UL 帧 i，才可以保证 DL 帧和 UL 帧在参考点处是对齐的。

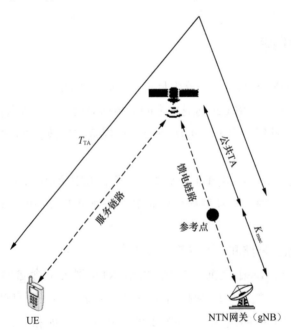

图5-4　参考点位置示意

第 5 章 NR-NTN 定时关系和随机接入过程

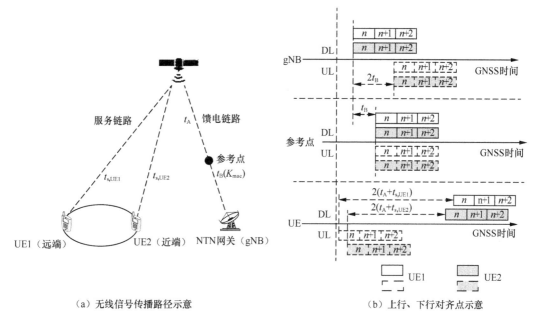

(a) 无线信号传播路径示意　　　　(b) 上行、下行对齐点示意

图5-5　引入参考点后，上行TA补偿示意

引入参考点后，gNB 需要向 UE 提供公共 TA（TA_{Common}），公共 TA 的主要作用是补偿参考点到卫星之间的传播时延。如果 $TA_{Common}=0$，对应的参考点在卫星上；如果 $TA_{Common}>0$，对应的参考点在馈电链路上，通常在 NTN 网关。

针对上述方案，UE 能够补偿大部分的 TA，gNB 处理残余的定时误差，由于残余的定时误差足够小，PRACH 接收机按照地面 5G

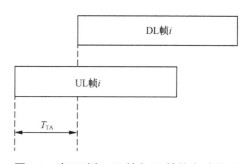

图5-6　在UE侧，DL帧和UL帧的定时关系

蜂窝移动通信网络的方法即可补偿残余的定时误差，然后 gNB 向 UE 发送 Msg2 即 RAR，以便进一步校准上行定时，UE 根据 Msg2 中的定时命令，在 Msg3 中应用新的定时校准。

对于 GEO 卫星，由于 GEO 卫星是静止的，在 UE 发送 Msg3 后，定时误差主要由 UE 移动引起，gNB 可以按照地面 5G 蜂窝移动通信网络的方法，通过 MAC CE 的 TA 命令，实时调整 UE 的定时。

但是对于 LEO 卫星，按照地面 5G 蜂窝移动通信网络的方法进行 TA 调整存在以下两个问题。

第一，由于卫星高速移动，UE 和 NTN 网关之间的传播时延是持续变化的，当传播时延很大时，gNB 发送的 TA 命令到达 UE 时，TA 命令可能是过期的。例如，因 LEO 卫星移动引起的最大定时漂移可以达到 40μs/s，当传播时延是 15ms 时，则 TA 命令到达 UE 的时刻，偏离了 15ms×40μs/s=0.6ms，0.6ms 已经超过了 SCS=120kHz 的 CP 持续时间

（0.57μs）。一种可能的解决方案是 gNB 在 t 时刻发射的 TA 转换成在 $t+t_{delay}$ 的 TA，其中 t_{delay} 是从 gNB 发送 TA 命令到 UE 接收该命令所经历的时延。

第二，在连接模式下，gNB 需要持续地发送 TA 命令给 UE，以维持上行定时。在 Timing Delta MAC CE 中，有 6bit 信息用于调整 TA。UE 可根据公式（5-1）计算新的 TA。

$$N_{TA\_new} = N_{TA\_old} + (T_A - 31) \times 16 \times 64 \times 2^{-\mu} \times T_c \quad (5-1)$$

其中，$T_A \in \{0, 1, \cdots, 63\}$，$T_c = 0.509\text{ns}$。

根据公式（5-1）可以发现，T_A 的最大变化是 $32 \times 16 \times 64 \times 2^{-\mu} \times T_c$。当 SCS=15kHz、30kHz、60kHz 和 120kHz 时，T_A 的最大变化分别是 16.67μs、8.33μs、4.16μs 和 2.08μs。为了处理高达 40μs/s 的定时漂移，gNB 每秒需要分别发送至少 3 次、5 次、10 次和 20 次 T_A 调整命令，这将导致信令负荷过大。

针对 LEO 卫星移动引起大的传播时延和大的定时漂移，gNB 需要授权 UE，由 UE 调整 UL 定时。在一个波束内，不同的 UE 经历的定时漂移大致相同，因此，gNB 可以向 UE 广播定时漂移信息（$TA_{CommonDrift}$ 和 $TA_{CommonDriftVariant}$）。

综上所述，为了确保 DL 帧和 UL 帧在参考点处是对齐的，UE 应相对于接收到的 DL 帧 i，提前 T_{TA} 发送 UL 帧 i，T_{TA} 的计算见公式（5-2）。

$$T_{TA} = \left(N_{TA} + N_{TA,offset} + N_{TA,adj}^{common} + N_{TA,adj}^{UE}\right) \times T_c \quad (5-2)$$

在公式（5-2）中有 4 个变量，这 4 个变量的计算过程如下。

N_{TA} 的计算分为两种情况。

第一，当 N_{TA} 由 RAR 提供或由定时提前命令 MAC CE 提供时，根据公式（5-3）计算 N_{TA}。

$$N_{TA} = T_A \times 16 \times 64 / 2^\mu \quad (5-3)$$

其中，$T_A = 0, 1, 2, \cdots, 3846$；$\mu$ 是子载波间隔配置；对于 SCS=15kHz、30kHz、60kHz 和 120kHz，μ 的值分别是 0、1、2 和 3。

第二，对于其他情况，根据公式（5-1）计算 N_{TA}。

$N_{TA,offset}$ 由 gNB 通过系统参数 n-TimingAdvanceOffset 通知给 UE，取值是 0、25600 或 39936，如果 gNB 没有提供系统参数 n-TimingAdvanceOffset，则 UE 使用 3GPP TS 38.133 定义的缺省值，见表 2-3。

$N_{TA,adj}^{common}$ 根据公式（5-4）计算。

$$N_{TA,adj}^{common} = \left(TA_{Common} + TA_{CommonDrift} \times (t - t_{epoch}) + TA_{CommonDriftVariant} \times (t - t_{epoch})^2\right) / T_c \quad (5-4)$$

在公式（5-4）中，4 个参数的定义分别如下。

① TA_{Common}：公共 TA，取值是 0～66485757 的整数，单位是 4.072×10^{-3} μs，即对应

着 0～270.73ms。

② $TA_{\text{CommonDrift}}$：公共 TA 的漂移率，取值是 –257303～257303 的整数，单位是 $0.2\times10^{-3}\mu s/s$，对应的漂移率是 $-51.46\mu s/s$～$51.46\mu s/s$。

③ $TA_{\text{CommonDriftVariant}}$：公共 TA 的漂移率变化，取值是 0～28949 的整数，单位是 $0.2\times10^{-4}\mu s/s^2$，对应的漂移率变化是 0～$0.579\mu s/s^2$。

④ t_{epoch}：卫星星历时间的辅助信息，当 t_{epoch} 通过系统消息或专用信令提供时，该时间是参考点处的 DL 子帧的开始时间，t_{epoch} 通过无线帧号和子帧号通知给 UE。

$N_{\text{TA,adj}}^{\text{UE}}$ 可根据 UE 自身的位置和卫星星历计算得到。

低轨卫星相对地面高速运动，在没有任何频偏补偿的情况下，手机将面对几十千赫兹（kHz）甚至 MHz 级别的多普勒频移（相比之下，手机在高铁场景中仅需要应对几千赫兹的频偏），给手机和网络间的时频同步带来较大的挑战。在传统地面网络初始下行同步的过程中，手机首先进行 PSS 检测，其中传统的互相关检测算法是将接收信号直接与 3 组本地 PSS 序列进行互相关运算，根据相关峰值确定粗定时点，之后进行频偏估计与补偿，并进行精定时同步。然而，大频偏的存在容易显著降低 PSS 互相关性能，导致同步失败。有两种算法可尝试解决此类问题：一种是改进的粗同步算法，利用快速傅里叶变换运算代替互相关运算中共轭乘法后的求和运算，同时从算法中的指数形式频偏中得到对应的整数倍频偏估计，简化后续小数倍频偏估计，更好地适应大频偏场景；另一种是基于差分运算和频域相关运算的同步算法，通过将 PSS 与本地序列进行差分运算减少频偏的影响，随后对差分运算得到的信号进行傅里叶变换并进行频域快速相关检测以降低运算的复杂度。实验结果表明，相较于传统的互相关算法，改进算法在较大频偏环境下能够实现快速、准确同步。

此外，由于设备晶体振荡器的输出频率与标称频率间存在偏差，并且卫星和用户相对移动状态时刻变化，无法长久维持初始下行时频同步的状态，手机需要进行时频跟踪与调整。3GPP 定义了多种参考信号，TRS 作为一种特殊的信道状态信息参考信号，可用于检测时偏与频偏的变化。具体地，用户对接收的两个不同 TRS 位置处的信道频域响应进行互相关运算，可得到定时误差与频率偏移量。除了对参考信号进行检测，还可通过同步信号和循环前缀检测实现时频跟踪。与此同时，网络侧可预测多普勒频移变化率和时延变化率，辅助手机进行时频偏调整。最后，考虑两个相邻帧间的定时误差变化较小，可基于前一帧定时位置直接得到当前的粗定时位置，以简化时频跟踪的过程。

在 3GPP Rel-17 NTN 中，由于场景设定为透明转发卫星，因此多普勒变化影响服务链路和馈电链路。从 UE 的角度来看，服务链路可以通过星历信息和终端的位置信息计算相应的多普勒变化，而对于馈电链路，由于缺乏地面网关的位置信息，这部分的多普勒偏移需要由基站进行补偿。

无论是定时补偿还是多普勒补偿，网络都需要广播星历信息给终端，星历信息的精度和格式是其中的关键因素。在 NR-NTN 系统中，时间同步误差需要在 1/2 CP 范围内，频率误差需要小于 $0.1×10^{-6}$，因此，需要周期性更新星历信息，并保持必要的精度。另外，为了保持技术实现的灵活性，3GPP Rel-17 NTN 还支持基于轨道六根数（半长轴 a、离心率 e、轨道倾角 i、近心点辐角 ω、升交点经度 Ω 和真近点角 Φ）和基于卫星位置与速度的星历格式，前者的预测时间长，后者有利于终端简化。

5.3 定时关系增强

在 NTN 中，星地通信时延过大，远超出地面网络中定义的相关定时参数（例如，PDSCH 到 HARQ 反馈时延 K_1、上行调度到 PUSCH 传输时延 K_2 等）的最大指示范围。为了不影响标准的兼容性，3GPP Rel-17 定义了两个调度偏移参数（K_{offset} 和 K_{mac}），即在所有有影响的定时关系上，增加一个 K_{offset} 或 K_{mac}，用于涵盖星地传输时延。

5.3.1 上行定时关系增强

K_{offset} 的主要作用是保证 UE 补偿了上行 TA 后，gNB 与 UE 的时序保持同步，K_{offset} 补偿的时延应该大于或等于服务链路 TA 和公共 TA 的双向时延之和。其使用的方法是在所有有影响的定时关系上，增加 K_{offset} 以便补偿信号传播时延。K_{offset} 按照公式（5-5）来计算。

$$K_{offset} = K_{cell,offset} - K_{UE,offset} \qquad (5-5)$$

其中，$K_{cell,offset}$ 是小区专用的定时偏离，gNB 通过系统消息广播给 UE，取值是 1～1023 中的整数，如果该域不存在，UE 假设 $K_{cell,offset}=0$；$K_{UE,offset}$ 是 UE 专用的定时偏离，gNB 通过差分 Koffset MAC CE 通知给 UE，取值是 0～63 中的整数。$K_{cell,offset}$ 和 $K_{UE,offset}$ 的单位是 SCS=15kHz 对应的时隙数。

3GPP Rel-17 在以下定时关系中使用 K_{offset}。

① DCI 调度 PUSCH 传输的定时关系。
② RAR 调度 PUSCH 传输的定时关系。
③ PDSCH 到 HARQ 反馈的定时关系。
④ MAC CE 承载的 TA 命令的生效时间。
⑤ PDCCH 调度 PRACH 传输的定时关系。

对于传统的地面 5G 蜂窝移动通信网络，UE 是在 UL 时隙 $n+K_2$ 发送 PUSCH，引入 K_{offset} 后，UE 是在 UL 时隙 $m=n+K_2+2^{\mu}×K_{offset}$ 发送 PUSCH，当 SCS=15kHz 时，子载波配

置 $\mu=0$。DCI 调度 PUSCH 传输的定时关系示意（SCS=15kHz）如图 5-7 所示。

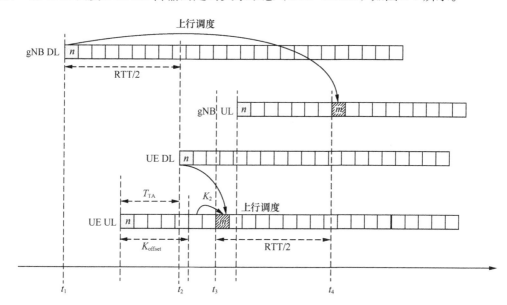

图5-7　DCI调度PUSCH传输的定时关系示意（SCS=15kHz）

在图 5-7 中，gNB 在 t_1 时刻（gNB 侧 DL 时隙 n）发送承载上行调度信息的 DCI；该 DCI 经过 RTT/2 的空间传播时延后，在 t_2 时刻（UE 侧 DL 时隙 n）到达 UE 侧；UE 根据网络指示，经过和地面网络相近的处理时延后，在 t_3 时刻（UE 侧 UL 时隙 $m=n+K_2+K_{offset}$）发送被调度的 PUSCH；该 PUSCH 再经过 RTT/2 的空间传播时延后，在 t_4 时刻（gNB 侧 UL 时隙 $m=n+K_2+K_{offset}$）到达 gNB 侧。可以看出，K_{offset} 的主要作用是保证终端在进行上行定时补偿后，基站与终端的时序保持同步。因此，K_{offset} 的取值不能小于终端的上行补偿 TA 值。需要注意的是，UE 的 UL 时隙 n 与 DL 时隙 n 之间的定时偏移是 T_{TA}。

5.3.2　MAC CE 定时关系增强

K_{mac} 可增强 MAC CE 定时关系，当 DL 帧和 UL 帧在 gNB 侧不对齐时，可以使用该参数。K_{mac} 应该大于或等于馈电链路的差分 TA（双向时延）。如果参考点在 NTN 网关，则 $K_{mac}=0$；如果参考点在馈电链路上，则 $K_{mac}>0$。

K_{mac} 的取值是 1～512 中的整数，单位是 SCS=15kHz 对应的时隙数，如果该域不存在，UE 假设 $K_{mac}=0$。

3GPP Rel-17 在以下定时关系中使用 K_{mac}。

① MAC CE 承载的上行功率控制的生效时间。

② UE 接收 RAR 窗口的生效时间。

③ MAC CE 承载的 TCI 状态激活的生效时间。

④ MAC CE 承载的半持续（或非周期）CSI-RS 资源的生效时间。

如果 gNB 为 UE 提供了 K_{mac}，当 UE 在 UL 时隙 n 发送含有 HARQ-ACK（该 HARQ-ACK 是对承载 MAC CE 命令的 PDSCH 的确认消息）的 PUCCH 后，UE 应该假设 MAC CE 激活的下行配置在 DL 时隙 $p = n + 3N_{slot}^{subframe,\mu} + 2^{\mu} \times K_{mac}$ 之后生效，$N_{slot}^{subframe,\mu}$ 是 1 个子帧内包含的时隙数，当 SCS=15kHz 时，$N_{slot}^{subframe,\mu} = 1$，子载波配置 $\mu = 0$。引入 K_{mac} 后，MAC CE 定时关系增强示意（SCS=15kHz）如图 5-8 所示。

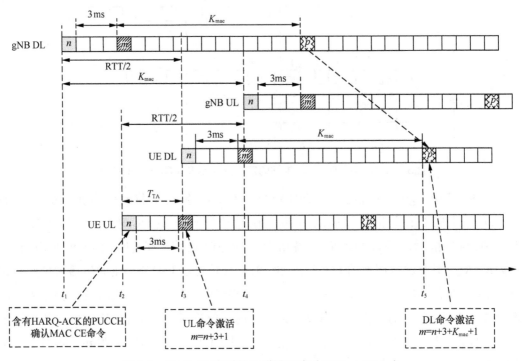

图5-8　MAC CE定时关系增强示意（SCS=15kHz）

5.4　随机接入过程

5.4.1　随机接入过程概述

基于卫星通信网络的随机接入是非地面网络需要解决的关键技术之一，卫星通信网络中常见的接入方式有以下 4 种。

（1）按需分配的接入

各用户向网络请求用于上行链路传输所需的资源，网络侧按照不同用户对所需资源的请求来分配不同的信道资源。此方式原则上具有动态分配特性，在一定程度上节约了信道资源。

（2）最短距离优先接入

用户会选择距离最近的卫星接入，理论上距离越近的卫星的信道质量越好，接收信号的强度也越强。此方案只需要检测卫星信号的信噪比，实现简单，但在距离最近的卫星没有空闲信道的情况下，会导致用户频繁地发起接入与切换请求，接入效率低。

（3）最长覆盖时间接入

当用户被多颗卫星同时覆盖时，根据星历信息可计算卫星覆盖某一小区的可视时间，从而选择覆盖时间最长的卫星接入。此方案可避免用户在一次通信过程中频繁切换，降低掉话率，减少星间切换。

（4）负载均衡接入

用户选择覆盖卫星中空闲信道数最多的卫星接入，可以均衡低轨卫星网络中单个卫星的业务量。此方案只考虑卫星空闲信道数，未利用卫星信道的状况和其他卫星相关的先验知识，接入性能较差。

面向5G-A的空天地一体化系统，卫星通信与地面通信协议统一，特别是基站上星后，卫星之间可以通过星间链路交换信息，结合星历等信息可帮助用户高效快速地接入卫星网络。

低轨卫星的高速移动性导致波束服务的时长可能只有几十秒，需要在波束间频繁切换，同时，用户还会面临多星多重覆盖的问题。受卫星星上功率及处理能力受限、星地链路传输时延长、卫星移动性导致的多普勒频移大等因素的影响，空天地一体化系统的接入和同步设计具有很大的挑战。

为了简化卫星接入协议的流程，考虑在空天地一体化系统中引入两步接入流程，并做适配性增强方案设计。空天地一体化系统包括多层异构子网（高、中、低轨卫星网络及地面移动通信网络），终端接入不同网络开销（包括信令交互、测量与上报开销等）存在较大差异，可考虑利用星间链路、卫星网络与地面网络的接口互通来进行信息传递，辅助设计接入方案，减少卫星与终端间的直接信令交互，降低接入时延。例如，利用星历或终端定位信息实现终端接入网络时，TA自调整与功率自控制等可降低信令指示开销；或根据卫星具有运行信息可知特性，通过对网络信道状态预判并利用星间的交互信息，提前预测终端接入与切换需求状态，完成接入配置与资源调度等，减少终端测量与上报开销等。

UE接入NTN的难点是如何补偿UE到gNB之间的传播时延。第一个难点是UE到gNB的传播时延和差分时延非常大。第二个难点是对于LEO卫星，由于卫星高速移动，导致服务链路和馈电链路的时延都在不断地快速变化。NTN采用与传统地面5G蜂窝移动通信网络类似的流程，即gNB根据UE发送的随机接入前导码计算TA，然后再通过定时提前命令（Timing Advance Command，TAC）通知UE提前发送上行信息，以便不同

UE 发送的上行信息在同一个时刻到达 gNB，只要定时误差在 CP 范围内，gNB 就能正确接收 UE 发送的上行信息。

UE 无论是发送第一个上行信道的 PRACH，还是发送后续的 PUSCH 和 PUCCH，都必须保证提前量是 T_{TA}。UE 需要根据 gNB 发送的 TCA，不断调整 T_{TA}，T_{TA} 的计算见公式（5-2）。在公式（5-2）中，N_{TA} 主要补偿 UE 位置变化引起的上行定时误差，gNB 通过 MAC 层信令通知给 UE，属于 UE 专用参数。N_{TA} 的计算可分为以下 3 种情况。

① 对于 PRACH，由于 gNB 不知道 UE 的位置，因此 $N_{TA}=0$。

② 对于 RAR 调度的 PUSCH，gNB 通过 RAR 通知给 UE，N_{TA} 的长度是 12bit。

③ 对于其余的 PUCCH 和 PUSCH，gNB 通过绝对定时提前调整 MAC CE 或者相对定时提前调整 MAC CE 通知给 UE。对于绝对定时提前调整 MAC CE，N_{TA} 的长度是 12bit；对于相对定时提前调整 MAC CE，N_{TA} 的长度是 6bit。

$N_{TA,offset}$、$N_{TA,adj}^{common}$ 和 $N_{TA,adj}^{UE}$ 的计算方法见 5.2 节。

5.4.2　四步随机接入过程

从物理层的角度来看，基于竞争的随机接入过程包括 4 个步骤，即 UE 在 PRACH 上发送随机接入前导码给 gNB，称为 Msg1；gNB 根据接收到的前导码计算 UE 的 TA，并在 PDCCH/PDSCH 上发送 RAR 给 UE，称为 Msg2；UE 在 RAR 指示的上行时频资源（通过 PUSCH 信道）发送上行数据，称为 Msg3；UE 接收 gNB 发送的下行数据，该下行数据包含竞争解决信息，称为 Msg4。基于竞争的随机接入过程如图 5-9 所示。

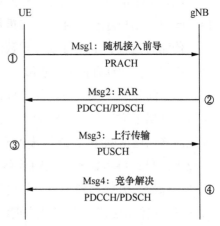

图5-9　基于竞争的随机接入过程

1. 随机接入前导（Msg1）

当 PRACH 采用长序列格式时，PRACH 共有 4 种前导格式，长序列的 PRACH 前导格式如图 5-10 所示。建议采用前导格式 1，前导格式 1 的长度是 3ms，CP、随机接入前导码和保护时间的长度分别是 0.684ms、2×0.8=1.6ms 和 0.716ms，子载波间隔 $\Delta f^{RA}=1.25$kHz。前导格式 1 的 CP 最大，可以纠正 0.684ms 以内的定时误差，且前导格式 1 的随机接入前导码重复 2 次，在较低的信号与干扰加噪声比（Signal to Interference plus Noise Ratio，SINR）值条件下有较好的接收质量，尤其适合于 NTN 这种小区覆盖半径非常大的场景。UE 按照公式（5-2）的计算结果，在上行时隙 $m-2$、$m-1$ 和 m 上发送随机接入前导码（Msg1）。

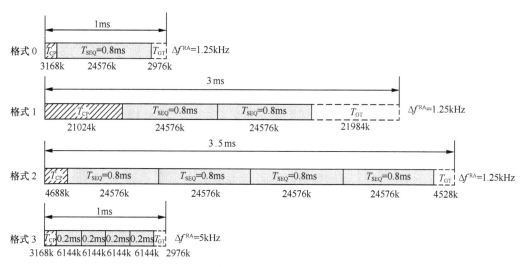

图5-10 长序列的PRACH前导格式

2. RAR（Msg2）

UE 发送 Msg1 后，在规定的搜索窗口上监听 DCI 格式 1_0 的 PDCCH。搜索窗口的开始位置是在 Msg1 对应的 PRACH 最后 1 个符号之后，再推迟 $T_{TA}+K_{mac}$（ms），即搜索窗口的开始时间是在时隙 $n=m+T_{TA}+K_{mac}$ 之后，T_{TA} 按照公式（5-2）计算，K_{mac} 由 gNB 通过系统消息通知给 UE，取值是 1～512 中的整数，单位是 SCS=15kHz 对应的时隙数，如果该域不存在，UE 假设 $K_{mac}=0$。搜索窗口的长度由高层参数 ra-ResponseWindow 提供，在 3GPP Rel-15 中，最大的搜索窗口时间是 10ms；在 Rel-16 中，当 SCS=15kHz、30kHz、60kHz 和 120kHz 时，最大的搜索窗口的时间分别是 160ms、80ms、40ms 和 20ms。

如果 UE 在规定的搜索窗口上监听到 DCI 格式 1_0 的 PDCCH（使用相应的 RA-RNTI 对 CRC 加扰），则 UE 把该 PDCCH 调度的传输块即 RAR 传递给 MAC 层，RAR 具有固定尺寸，包括 12bit 的 TAC、27bit 的上行授权和 16bit 的 TC-RNTI。12bit 的 TAC 可以调整 2ms 以内的定时误差；27bit 的上行授权主要包括跳频标志、PUSCH 频域资源分配、PUSCH 时域资源分配、MCS、功率控制命令等。

3. RAR 上行授权调度 PUSCH（Msg3）

Msg3 包含来自高层的与 UE 竞争解决地址相关联的消息。UE 根据 RAR 中的 27bit 上行授权消息确定 PUSCH（Msg3）使用的时频资源、MCS 等。UE 在上行时隙 $p=n+K_2+\Delta+K_{cell,offset}$ 上发送 Msg3，时隙 n 是包含 RAR 的 PDSCH 的最后一个时隙；当 PUSCH 的 SCS=15kHz 时，PUSCH 时隙偏移 $K_2=1$，$\Delta=2$；$K_{cell,offset}$ 由 gNB 通过系统消息通知给 UE，取值是 1～1023 中的整数，如果该域不存在，则 UE 假设 $K_{cell,offset}=0$。

4. 携带 UE 竞争地址的 PDSCH（Msg4）

如果 UE 发送的 Msg3 消息中包含的是 CCCH SDU，则 gNB 通过 PDCCH（使用临时

C-RNTI 对 CRC 进行扰码）调度 Msg4，Msg4 中包括 UE 竞争解决地址 MAC CE，该 MAC CE 是 Msg3 中包含的上行 CCCH SDU 消息的复制，UE 将该 MAC CE 与自身在 Msg3 上发送的上行 CCCH SDU 进行比较：如果两者相同，则判定竞争成功，UE 使用临时 C-RNTI（TC-RNTI）作为 C-RNTI；如果两者不相同，则判定为竞争失败，UE 重新发起随机接入过程。NR-NTN 随机接入过程的定时关系示意（SCS=15kHz）如图 5-11 所示。

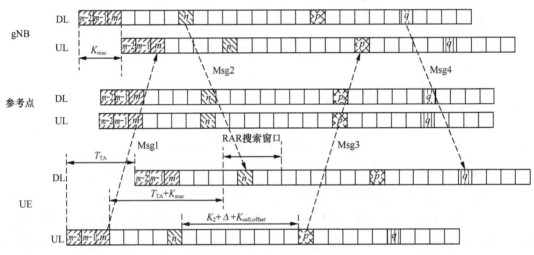

图5-11　NR–NTN随机接入过程的定时关系示意（SCS=15kHz）

5.4.3　两步随机接入过程

四步随机接入过程可保证用户的接入可靠性，但此过程需要用户和基站之间进行四次信息交互，接入效率低。为了降低随机接入时延，Rel-16 的 NR 标准引入了两步随机接入过程，两步随机接入过程如图 5-12 所示。此流程将原四步随机接入中的 Msg1 和 Msg3 内容合并在一步中发送，称为 MsgA；将 Msg2 和 Msg4 合并为 MsgB。当用户发送的 MsgA 被成功检测，且基站反馈的 MsgB 中包含该用户成功接入的 RAR 时，该用户反馈成功接收 MsgB 的 HARQ-ACK 消息给基站，表示该用户完成随机接入过程。

两步随机接入过程可降低随机接入过程中的时延及信令开销。在 Rel-17 的卫星通信引入了两步随机接入过程，与四步随机接入相比，其接入时延理论上可缩短一半，从而极大地改善用户的接入体验，但同样需要针对大环回时延设计 TA 补偿机制。

两步随机接入过程发送 MsgA 之前也需要进行 TA 补偿，补偿方法和计算公式与四步随机接入过程一样，不再赘述。UE 发送完 MsgA 后，在规定

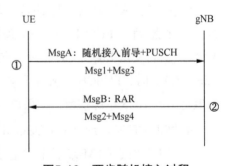

图5-12　两步随机接入过程

的搜索窗口上监听 DCI 格式 1_0 的 PDCCH，该 PDCCH 的 CRC 使用高层通知的 MsgB-RNTI 进行扰码。搜索窗口的开始位置是在 MsgA 对应的 PRACH 最后 1 个符号之后，再推迟 $T_{TA}+K_{mac}$（ms），即搜索窗口的开始时间是在时隙 $n=m+T_{TA}+K_{mac}$ 之后，T_{TA} 按照公式（5-2）计算，K_{mac} 由 gNB 通过系统消息通知给 UE。搜索窗口的长度由高层参数 MsgB-ResponseWindow 提供，在 3GPP Rel-16 中，最大的搜索窗口时间是 320 个时隙；在 Rel-17 中，最大的搜索窗口时间是 2560 个时隙。

5.5 定时提前报告

如果 UE 向 gNB 报告 UE 自身计算的 TA，有助于 gNB 更精确地调整 UE 的 TA，对于后续调度是非常有益的。因此，在 NR-NTN 中，应使用定时提前报告（Timing Advance Reporting，TAR）流程，以便 UE 向 gNB 提供 UE 的 TA。

gNB 通过配置 offsetThresholdTA、timingAdvanceSR 和 ta-Report 这 3 个参数控制 UE 是否发送以及如何发送 TAR。

以下 3 个事件中的任何一个事件都会触发 UE 向 gNB 发送 TAR。

① 当 SIB19 中包括的参数 ta-Report 使能（enabled）时，gNB 指示 UE 在随机接入期间报告 TA，该随机接入由 RRC 连接建立或 RRC 连接恢复触发，或者指示 UE 在 RRC 连接重建期间报告 TA。当专用信令的 ServingCellConfigCommon 包括的参数 ta-Report 使能（enabled）时，指示 UE 在重配置后，为了完成同步而发起的随机接入期间报告 TA。

② 当 RRC 层配置 offsetThresholdTA 时，UE 此前没有向当前服务小区报告 TA。

③ TA 当前估计值和最后报告的 TA 的变化大于或等于 offsetThresholdTA。

当 MAC 层收到 RRC 层发来的定时提前报告后，UE 的 MAC 层实体向 gNB 发送定时提前报告的流程如下。

1> 如果定时提前报告程序确定至少一个 TAR 已被触发且未被取消。

 2> 如果 UL-SCH 资源可用于新的传输，根据逻辑信道优先级，UL-SCH 资源可以容纳定时提前报告 MAC CE 和子报头。

  3> 指示多路复用和组装程序生成定时提前报告 MAC CE。

 2> 否则。

  3> 如果 timingAdvanceSR 配置为"enabled"。

   4> 触发调度请求。

需要注意的是，如果 MAC 实体已配置、接收或确定了 UL 授权，则认为 UL-SCH 资源可用。如果 MAC 实体在给定的时间点已经确定 UL-SCH 资源是可用的，但是不需要，这意味着 UL-SCH 的资源在该时间点是可用的。除此之外，即使多个事件触发了定时提前报告，MAC PDU 最多只包含一个定时提前报告 MAC CE。定时提前报告 MAC CE 应在 MAC PDU 组装之前基于 UE 的最新可用估计 TA 来生成。当发送 MAC PDU 并且该 PDU 包括定时提前报告 MAC CE 时，应取消所有触发的定时提前报告。

定时提前报告 MAC CE 具有固定的大小，由两个八位字节组成，定时提前报告 MAC CE 如图 5-13 所示。其中，R 是保留位，设置为 0。定时提前字段共有 14 位，指示的是大于或者等于定时提前值（T_{NA}）的时隙的最小整数，时隙长度固定为 1ms。

图5-13　定时提前报告MAC CE

为了支持定时提前报告流程，在 Rel-17 中，RRC 层增加了 IE TAR-Config。IE TAR-Config 包含的内容如下。

```
TAR-Config-r17 ::=            SEQUENCE {
    offsetThresholdTA-r17               ENUMERATED {ms0dot5, ms1, ms2, ms3,
ms4, ms5, ms6 ,ms7, ms8, ms9, ms10, ms11, ms12,ms13, ms14, ms15, spare13,
spare12, spare11, spare10, spare9, spare8, spare7, spare6, spare5, spare4,
spare3, spare2, spare1}      OPTIONAL,     -- Need R

    timingAdvanceSR-r17                 ENUMERATED {enabled}
OPTIONAL,     -- Need R
    ...
}
```

5.6　HARQ

在 NTN 中，卫星到地面时延过长，例如高度在 35786km 的 GEO 卫星单向传输时延达到 270.73ms，非 GEO 卫星（600km LEO）单向传输时延至少为 12.89ms，而高度在 10000km 的 MEO 卫星单向传输时延可达 95.2ms，传统地面网络中 HARQ 技术受到挑战，对于 GEO 和 MEO 卫星网络，HARQ 进程数过大会导致 UE 缓存能力受限。因此，3GPP Rel-17 确定 NTN 有能力配置 UE 是否关闭 HARQ 的反馈和重传功能，并且基于终端能力的考虑，确定最大仅支持 32 个进程。在现有技术中，HARQ 关闭意味着 UE 无法做软合并。当 PDSCH 传输失败后，虽然 RLC 层重传也能工作，但与 MAC 层的 HARQ 相比：一是频谱效率低，UE 无法将多次重传结果做软合并；二是时延更长。为了避免 RLC 层重传，NTN 需要通过降低频谱效率（例如，重复传输、高 BLER 目标、低 MCS 调度等）来提高初传的成功率，但同样会导致 NTN 的频谱效率较低。所以，为了尽量避免通过简单"一刀切"的方式来盲目使用这种能耗高、效率低的技术,最终面向 NTN 的 HARQ 过程增强如下。

① 对于下行链路,可以启用或禁用 HARQ 反馈,但在半静态调度(Semi-Persistent Scheduling,SPS)去激活的场景下,要求始终发送 HARQ 反馈。

② 对于上行链路上的动态授权,网络可为 UE 的每个 HARQ 过程配置 UL HARQ 状态,确定是允许重传或非重传模式。此外,每个逻辑信道(Logical Channel,LCH)可被配置为在一种 UL HARQ 状态下传输。配置了 UL HARQ 状态的 LCH 的数据只能映射到配置相同状态的 HARQ 进程,否则会产生数据处理错误。面向逻辑信道配置 UL HARQ 状态的示意如图 5-14 所示。

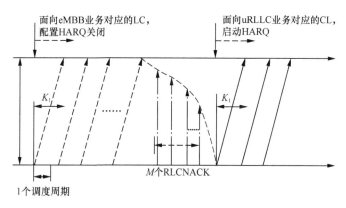

图5-14 面向逻辑信道配置UL HARQ状态的示意

5.7 本章小结

NTN 超长的传播时延对 5G NR 的定时调整策略带来了极大的挑战,因此需要重新设计定时调整策略以满足 NTN 超长的传播时延。3GPP Rel-17 的定时调整措施包括:引入上行时间同步参考点作为上行定时的基准;为了不影响标准的兼容性,定义了两个调度偏移参数涵盖星地传播时延;使用定时提前报告流程,以便 UE 向 gNB 提供 UE 的定时提前值;NTN 有能力配置 UE 是否关闭 HARQ 的反馈和重传功能,HARQ 进程数最多增加到 32 个。

第 6 章

NR-NTN 移动性管理

NR-NTN 的移动性管理包括连接模式下的移动性和空闲模式下的移动性。连接模式下的移动性由网络驱动，主要是切换；空闲模式下的移动性由 UE 驱动，包括寻呼、小区选择和小区重选。

相比于 TN，NTN 移动性管理面临以下难点：传播时延大导致的信令延迟；LEO 卫星高速移动引起的频繁小区变化导致信令风暴；小区中心和小区边缘之间的信号强度变化不明显导致移动性的鲁棒性较低；NTN 终端频繁测量 TN 小区导致的功耗增加。本章针对上述难点分别给出了对应的解决方案。

6.1 移动性管理简介

6.1.1 NTN 和 TN 联合部署的移动性场景

NTN 和 TN 联合部署的移动性场景如图 6-1 所示。NTN 和 TN 为所有终端提供服务，终端类型包括静止的 UE、步行移动的 UE、机器类型的 UE，以及静止的中继 UE、在交通工具（汽车、火车、轮船、飞机）上的中继 UE，其中 TN 和 NTN（LEO 卫星）提供中速到高速的吞吐量，NTN（GEO 卫星）提供低速到中速的吞吐量。为了保证用户有良好的体验，需要确保 NTN 内及 NTN 与 TN 之间的无缝连接和服务。

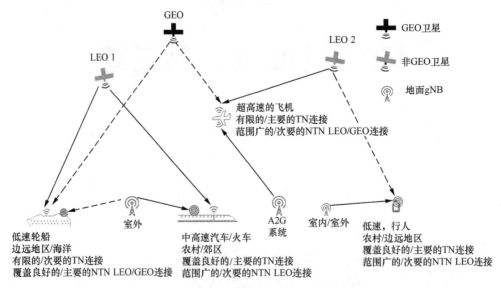

图6-1　NTN和TN联合部署的移动性场景

5G 引入 NTN 后，有 3 种类型的切换：卫星内的切换，即服务小区和目标小区由同一颗卫星提供服务；卫星间的切换，即服务小区和目标小区由不同的卫星提供服务；NTN 和 TN 之间的切换，即服务小区和目标小区由不同接入方式（NTN 和 TN）提供服务。卫星内的切换和卫星间的切换称为 NTN 内切换，NTN 小区和 TN 小区之间的切换称为 NTN-TN 切换。

对于相同卫星不同波束间的切换，可使用 NTN 无线技术来保障同一卫星上 gNB 内切换的业务连续性，不同卫星间的切换基于星历信息与地面核心网预建立的连接，从而减少切换时延，保障业务的连续性。对于 NTN-TN 切换，可在切换前由核心网网元发起与目标无线接入网网元的连接，并在切换时通过激活连接来减少切换，从而保障业务的连续性。

如果 NTN 和 TN 使用相同的频率，由于 NTN 小区具有大的小区半径、低的 SINR 值，而 TN 小区具有小的小区半径、高的 SINR 值，NTN 小区和 TN 小区之间将不可避免地产生较大的干扰。为了避免干扰，在网络部署时，NTN 和 TN 在不同的频段或者同一个频段的不同频率上运行。

6.1.2 条件切换

3GPP 在 Rel-16 中为 5G NR 引入了一种新的切换进程，允许 UE 在满足某些条件后决定是否切换，称为条件切换（Conditional HandOver，CHO）。条件切换由 UE 自主决定是否切换，而传统的切换由网络负责决定是否切换。当 UE 接收到条件切换配置后，UE 开始评估执行条件，在切换执行后，UE 停止评估执行条件。

与传统的切换不同，条件切换命令不在接收时执行，切换命令保存在 UE 中并仅在满足特定条件时执行，例如当相关小区的链路质量低于指定阈值时，可以避免由于信道条件下降而无法执行切换，从而降低无线链路失败的可能性。

条件切换需要遵循以下 4 个规则。

① 在条件切换中，候选 gNB 提供 CHO 候选小区配置，源 gNB 为 UE 提供触发 CHO 的执行条件，候选小区配置和执行条件通过 CHO 配置传送给 UE。

② 执行条件可以由 1 个或 2 个触发条件（CHO 事件 A3/A5）组成，仅支持单个参考信号类型并且最多可以同时配置两个不同的触发量（例如，RSRP 和 RSRQ、RSRP 和 SINR 值等）来评估单个候选小区的 CHO 执行条件。

③ 如果为 UE 配置了 CHO，在满足 CHO 执行条件之前，gNB 向 UE 传送了不同的切换命令，UE 将启动切换以响应收到的切换命令，不理会先前收到的任何 CHO 配置，即传统的切换配置优于 CHO 配置。

④ 在执行条件切换时，即从 UE 开始与目标小区同步的时间起，UE 不再监听源小区。

在地面网络切换过程中，无线资源管理（Radio Resource Management，RRM）测量是主要的切换依据，然而在卫星通信中，切换不仅依靠 RRM 测量，而且也要充分利用终端位置和卫星的波束移动规律。因此，在 3GPP Rel-17 中，引入了条件切换的技术方案，即基于卫星移动的规律提前按照某种条件配置 UE 到点自主切换。

在 NTN 中，对于地面移动小区，切换非常频繁；对于准地面固定小区，会出现大量

UE 同时切换。利用条件切换，可以在 UE 仍处于良好的无线条件时，服务小区较早发送的切换命令，预先配置执行条件和 RRC 配置，减少了切换中断的风险，考虑到 NTN 场景中切换中断的时间比 TN 场景更长，因此条件切换是非常重要和基本的特征。服务小区在切换命令中包含时间参数，使 UE 知道执行切换和接入目标小区的时间窗口。

对于条件切换，条件切换过程的准备和执行阶段并不需要 5GC 参与。条件切换过程为：UE 上报测量报告后，由源 gNB 启动条件切换流程，在条件切换完成阶段，由目标 gNB 触发源 gNB 释放资源。AMF/UPF 内的条件切换如图 6-2 所示。

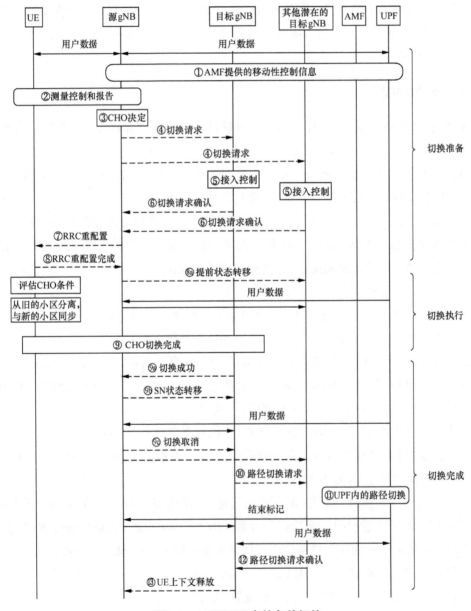

图6-2　AMF/UPF内的条件切换

- 126 -

条件切换的各个步骤的详细解释如下。

① 源 gNB 内的 UE 上下文包含了关于漫游和接入限制的信息，这些信息在连接建立时或在最后 TA 更新时提供。

② 源 gNB 配置 UE 测量过程，UE 根据测量配置报告。

③ 源 gNB 决定使用条件切换。

④ 源 gNB 向每个候选的 gNB 的候选小区发送条件切换请求（HANDOVER REQUEST）消息。

⑤ 接入控制可以由目标 gNB 执行。如果切片信息被发送到目标 gNB，则应当执行切片感知接入控制。如果 PDU 会话与不支持的切片相关联，则目标 gNB 将拒绝这样的 PDU 会话。

⑥ 候选 gNB 向源 gNB 发送条件切换确认（HO REQUEST ACKNOWLEDGE），条件切换确认中包括候选小区的 CHO 配置。

⑦ 源 gNB 向 UE 发送 RRC 重配置（RRC Reconfiguration）消息，RRC 重配置消息中包含候选小区的 CHO 配置和 CHO 执行条件。

⑧ UE 向源 gNB 发送 RRC 重配置完成（RRC Reconfiguration Complete）消息。

⑧a 如果应用了提前数据转发，则源 gNB 发送早期状态转移（EARLY STATUS TRANSFER）消息。

⑨ UE 在接收到 CHO 配置后保持与源 gNB 的连接，并开始评估候选小区的 CHO 执行条件。如果至少一个候选小区满足相应的 CHO 执行条件，则 UE 从源 gNB 分离，应用先前存储的该候选小区的相应配置，与该候选小区同步，并向目标 gNB 发送 RRC 重配置完成（RRC Reconfiguration Complete）消息来完成条件切换过程。在成功完成条件切换过程之后，UE 释放所存储的 CHO 配置。

⑨a⑨b 目标 gNB 向源 gNB 发送切换成功（HANDOVER SUCCESS）消息，通知 UE 已成功接入目标小区。源 gNB 发送 SN 状态转移（SN STATUS TRANSFER）消息。

⑨c 源 gNB 向其他候选目标 gNB 发送切换取消（HANDOVER CANCEL）消息，以取消 UE 的条件切换。

⑩ 目标 gNB 向 AMF 发送路径切换请求（PATH SWITCH REQUEST）消息，以触发 5GC 将下行数据路径切换到目标 gNB，并建立指向目标 gNB 的 NG-C 接口实例。

⑪ 5GC 将下行数据路径切换到目标 gNB。UPF 在旧路径的每个 PDU 会话/隧道上向源 gNB 发送一个或多个"结束标记"分组，然后可以释放任何面向源 gNB 的用户面资源和传输网络链路资源。

⑫ AMF 用路径切换请求确认（PATH SWITCH REQUEST ACKNOWLEDGE）消息来确认路径切换请求（PATH SWITCH REQUEST）消息。

⑬ 当接收到来自 AMF 的路径切换请求确认（PATH SWITCH REQUEST ACKNOWLEDGE）消息后，目标 gNB 发送 UE 上下文释放（UE CONTEXT RELEASE）消息以通知源 gNB 切换成功，源 gNB 就可以释放与 UE 上下文相关联的无线和控制面资源，可以继续任何正在

进行的数据转发。

6.1.3 UE 粗略位置信息

3GPP Rel-17 规定,NTN UE 需要具有 GNSS 能力,因此 UE 清楚自身的位置信息,UE 上报位置信息可以更好地辅助网络进行移动性管理,例如,判断 UE 是在小区边缘还是在小区中心、计算 T1 条件事件的 duration、辅助选择目标小区等。UE 既可以按照网络请求,被动地上报 UE 的位置信息,也可以在上报测量报告时,主动携带 UE 的位置信息。根据 3GPP 的规定,UE 以椭圆点模型的形式上报位置信息,椭圆点模型是把地球当作椭圆的球体,用经度和纬度二维向量来指示位置信息,椭圆点模型如图 6-3 所示。为了进一步减少信令负荷,UE 上报的位置信息精度只需要达到 2km 即可,因此称为 UE 粗略位置信息。

椭圆点的坐标在 IE Ellipsoid-Point 中定义,经度和纬度各用 24bit 来表示,这种方式的椭圆点坐标的位置精度小于 3m。IE Ellipsoid-Point 包含的内容如下。

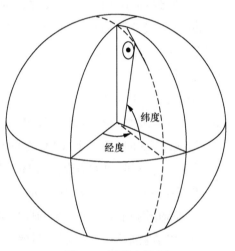

图6-3 椭圆点模型

```
Ellipsoid-Point ::= SEQUENCE {
    latitudeSign            ENUMERATED {north, south},
    degreesLatitude         INTEGER (0..8388607),-- 23 bit field
    degreesLongitude        INTEGER (-8388608..8388607) -- 24 bit field
}
```

其中,纬度(Latitude)的范围是 $0°\sim 90°$,纬度共有 24bit,其中符号位是 1bit,正的纬度对应北半球,负的纬度对应南半球,数字位是 23bit,23 个数字位可以表示为 $0\sim 2^{23}-1$ 中的数字。编码 N 和绝对纬度 X(单位是度)的范围关系见公式(6-1)。

$$N \leqslant \frac{2^{23}}{90}X < N+1 \qquad (6\text{-}1)$$

经度(Longitude)的范围是 $-180°\sim +180°$,经度共有 24bit,编码为 $-2^{23}\sim 2^{23}-1$ 中的数字。编码 N 和绝对经度 X(单位是度)的范围关系见公式(6-2)。

$$N \leqslant \frac{2^{24}}{360}X < N+1 \qquad (6\text{-}2)$$

根据 3GPP TS 38.300 的规定,UE 上报的位置信息精度只需要达到 2km 即可,因此,经度和纬度各使用 14bit 即可达到 2km 的精度要求。UE 在上报粗略位置信息时,只需要确保 24bit 位的前 14bit 是精确信息即可，其余的 bit 可以填充为"0"。

在连接模式的接入层（Access Stratum，AS）安全建立后，UE 可以按照网络请求，被动上报 UE 的粗略位置信息，UE 通过两个流程上报粗略位置信息。第一个流程是 UE 信息请求和 UE 信息响应流程，即网络在 UE 信息请求（UEInformationRequest）消息中设置 coarseLocationRequest 为"true"，请求 UE 的粗略位置信息，UE 通过 UE 信息响应（UEInformationResponse）消息上报粗略位置信息。第二个流程是测量报告流程，即网络在 ReportConfig 中设置 coarseLocationRequest 为"true"，UE 通过测量报告（MeasurementReport）消息上报 UE 的粗略位置信息，通过测量报告流程上报的粗略位置信息既可以是事件触发的报告，也可以是周期性报告。

6.2 连接态的移动性管理

6.2.1 NTN 内的移动性策略

在低轨卫星网络中，卫星是终端用户接入的端口。低轨卫星网络的服务区域通常是由配置的特定天线波束所决定的，但低轨卫星的高速运转将导致网络拓扑高动态变化，星地之间和卫星之间的链路产生频繁切换。例如，由于低轨卫星周期性移动，终端用户需要随着卫星移动频繁地切换到新的链路上，即发生卫星内切换；当卫星逐渐远离终端用户时，终端用户需要切换到另一个新的卫星网络，即发生卫星间切换；当卫星网络拓扑结构发生变化时，在同一卫星波束间或不同卫星波束间，需要重新分配无线信道进行切换以避免干扰，即进行波束间切换。若网络中所有终端用户频繁切换（例如组切换），将会给整个卫星系统带来大量的信令开销，并显著增加切换过程冲突的概率，也会大幅增加信号时延和切换成本，严重影响网络的连续性及用户的服务体验。因此，综合考虑低轨卫星移动速度快、网络拓扑动态变化等因素，寻找一种新颖的移动切换方法，以简化切换操作，提高切换的可靠性，是低轨卫星组网的重要研究方向之一。

对于低轨卫星，波束覆盖存在准地面固定波束和地面移动波束两种模式。在 3GPP Rel-17 NTN 系统中，由于假设透明转发场景，还存在服务链路和馈电链路的分离切换模式，增大了切换管理的复杂度。连接模式移动性管理按照 UE 移动以及卫星移动分为以下 5 种特定场景。

场景 1：用于准地面固定波束的馈电链路切换，包含 UE 服务链路切换。

场景 2：用于地面移动波束的馈电链路切换，包含 UE 服务链路切换。

场景 3：卫星切换导致的准地面固定波束服务链路切换。

场景 4：当地面移动波束不再服务 UE 时，地面移动波束的连接模式移动性。

场景 5：由于 UE 移动，地面移动和准地面固定波束的连接模式移动性。

对于 NTN 系统的切换，主要考虑的问题是如何利用星历和终端的位置信息，保证切换的可靠性。在地面网络切换中，RRM 测量是主要的切换依据，然而在卫星通信网络中，切换不仅仅依靠 RRM 测量，也需要充分利用终端的位置和卫星的波束移动规律。因此，在 3GPP Rel-17 NTN 中，引入了条件切换的技术方案，即基于卫星移动的规律，提前按照某种条件配置终端到点自主切换。具体的触发条件如下。

① 条件切换执行触发的测量 CHO 事件 A4。

② 基于时间的触发条件，定义 UE 可以对候选小区执行条件切换时的时间窗口。

③ 基于位置的触发条件，定义从 UE 到源小区，以及从 UE 到候选小区的两个距离阈值，UE 可根据该距离阈值执行条件切换。

④ 基于时间或基于位置的触发条件始终与基于测量的触发条件之一（CHO 事件 A3、A4 或 A5）一起配置。

在连接模式下，NR-NTN 的移动性管理与 2G、3G 和 4G 网络一样，也是网络为 UE 下发测量配置和报告配置，UE 完成测量后上报测量报告，由网络根据测量报告来决定是否进行切换，上报形式有周期性触发和基于事件触发。

对于地面的通信网络，可采用基于信号强度触发的切换策略，定义了 5 个同系统测量事件，即 A1～A5 事件。

① A1 事件：服务小区高于门限值 Thresh（通过高层参数 a1-Threshold 配置）。

② A2 事件：服务小区低于门限值 Thresh（通过高层参数 a2-Threshold 配置）。

③ A3 事件：邻小区高于主服务小区的偏置 Off（通过高层参数 a3-Offset 配置）。

④ A4 事件：邻小区高于门限值 Thresh（通过高层参数 a4-Threshold 配置）。

⑤ A5 事件：服务小区低于门限值 1 Thresh1（通过高层参数 a5-Threshold1 配置），邻小区高于服务小区门限值 2 Thresh2（通过高层参数 a5-Threshold2 配置）。

对于 A1～A5 事件，测量目标是 SSB 或者 CSI-RS 的 RSRP、RSRQ、SINR 值。对于 TN，UE 可以测量 SSB 或者 CSI-RS；对于 NTN，UE 可以只测量 SSB，但通常只测量 RSRP。

基于信号强度触发的切换策略非常适合 TN 小区，因为当 UE 远离 TN 小区中心时，信号强度会急剧下降，UE 通过信号强度很容易区分出是位于小区的中心还是小区的边缘。卫星轨道非常高，来自卫星的信号几乎是垂直到达地面，导致 NTN 小区中心的信号强度和 NTN 小区边缘的信号强度只有很小的差异，即对于 NTN 小区，没有明显的远近效应，卫星信号的传播特征见表 6-1。

表6-1 卫星信号的传播特征

卫星类型	卫星高度 /km	小区半径 /km	UE 与卫星的距离 /km		小区中心和小区边缘自由空间的损耗差值 /dB
			小区中心	小区边缘	
LEO 卫星	600	50	600	602.08	0.0301
	1200	100	1200	1204.16	0.0301
MEO 卫星	21500	500	21500	21505.81	0.0023
GEO 卫星	35786	1000	35786	35799.97	0.0034

为了解决基于信号强度触发切换的局限性,对于NTN,引入了基于位置触发(D1事件和D1条件事件,以及D2事件和D2条件事件)的切换和基于时间触发(T1条件事件)的切换。

(1)D1事件和D1条件事件(简称D1事件)

在地面通信网络中,由于基站天线高度一般不超过百米,距离基站越远的UE,接收到的信号强度越弱,且越容易受到相邻小区的干扰,因此,小区中心和边缘的UE RSRP或RSRQ存在明显差异,即小区边缘效应明显。

与地面网络的天线高度不同,NTN的基站天线由卫星(高度600~35786km)或高空平台(高度8~20km)搭载,因此在NTN小区中,小区中心和小区边缘的RSRP或RSRQ差异并不明显。并且由于天地信号传播受天气影响(雨衰、雾衰等),NTN小区中的边缘效应更模糊。在此场景下,网络难以配置合适的RSRP或RSRQ事件或门限值,例如过高的门限值易导致测量报告、条件切换、邻小区测量等延后触发,反之则会过早或频繁触发。

D1事件的定义:UE与服务小区参考位置的距离大于门限值1,UE与候选小区参考位置的距离小于门限值2,D1事件与A5事件类似,只是测量对象为距离。

D1条件事件的定义:UE与服务小区参考位置的距离大于门限值1,且UE与条件重配置的候选小区的参考位置的距离小于门限值2。

D1事件和D1条件事件适合于准地面固定小区,参考位置定义为小区的中心,以椭圆点模型(经度和纬度)来表示。

对于D1事件和D1条件事件,当同时满足条件D1-1和条件D1-2时,UE考虑满足D1事件或D1条件事件的进入条件;当满足条件D1-3或D1-4时,UE考虑满足D1事件或D1条件事件的离开条件。

不等式D1-1(进入条件1):$Ml1 - Hys > Thresh1$。

不等式D1-2(进入条件2):$Ml2 + Hys < Thresh2$。

不等式D1-3(离开条件1):$Ml1 + Hys < Thresh1$。

不等式D1-4(离开条件2):$Ml2 - Hys > Thresh2$。

在公式中,Ml1、Ml2、Hys、Thresh1和Thresh2的单位都是m。Ml1是UE和服务小区的固定参考位置(referenceLocation1)的距离;Ml2是UE和候选目标小区的固定参考位置(referenceLocation2)的距离;Hys是该事件的滞后参数,取值是0~32678中的整数,步长是10m;Thresh1和Thresh2是该事件的门限值,取值是1~65525中的整数,步长是50m。

对于连接态切换,D1事件可以用于测量报告触发,也可以作为执行条件配置,即当UE距离服务小区参考点的距离大于门限值1,且距离指定相邻小区参考点的距离小于门限值2时,UE切换至指定的相邻小区。在传统的A3和/或A5执行条件之外,事件A4也被允许作为执行条件之一进行配置。

（2）T1 条件事件

与地面通信网络相比，NTN 的另一个重要特性是卫星或高空平台的高速运动，例如，低轨道卫星相对地面的运动速度可达 7.56km/s。高速运动带来的直接影响是其生成的小区会频繁变动，卫星受能力限制（例如最小波束水平角）或运营规划等多重因素影响：一方面，当卫星无法为当前覆盖区域提供服务时，NTN 小区会随之消失；另一方面，当卫星更换与地面基站的连接时，NTN 小区也会随之变更。对于前者，Rel-17 进一步根据 NTN 低轨卫星小区的运动状态将小区划分为准地面固定小区和地面移动小区，两者的区别在于小区覆盖范围是否会随着卫星的运动而不断移动。

观察 NTN 小区的特性可知，由于小区覆盖与时间强相关，在小区消失或发生变动时，UE 仍有可能测得较强的 RSRP 或 RSRQ，基于 RSRP 或 RSRQ 的传统移动性管理设计不再完全适用。因此，Rel-17 引入了基于卫星服务时间的衡量准则，即 T1 条件事件，并与传统的基于 RSRP 或 RSRQ 的衡量准则相结合。

T1 条件事件定义：UE 在高于 t1-Threshold 但是低于 t1-Threshold +Duration 内测量。

当满足条件 T1-1 时，UE 考虑满足 T1 条件事件的进入条件，当满足条件 T1-2 时，UE 考虑满足 T1 条件事件的离开条件。

不等式 T1-1（进入条件）：$Mt > Thresh1$。

不等式 T1-2（离开条件）：$Mt > Thresh1+Duration$。

在公式中，Mt、Thresh1 和 Duration 的单位都是 ms。Mt 是 UE 处测量的时间，是该事件的门限参数，通过参数 t1-Threshold 通知给 UE；t1-Threshold 使用协调世界时（Universal Time Coordinated，UTC）来表示，UTC 以原子时秒为基础，在时刻上与世界时的误差不超过 0.9ms；Duration 是该事件的持续时间，取值是 1～6000 中的整数，单位为 100ms，即最大持续时间是 600s。

为了降低 UE 功耗和提升用户体验，一般将 T1 条件事件与 A3 事件、A4 事件或 A5 事件（以下称为 A 事件）结合起来配置。UE 将接收到的 UTC、持续时间 Duration 和 A 事件作为条件，UE 仅在 UTC 之后才开始测量，如果满足 A 事件，则 UE 向网络报告 A 事件，网络下发候选小区的配置信息给 UE，UE 完成面向目标小区的切换。在 UTC 之前，即使满足 A 事件，也不会触发测量和切换。在 UTC+Duration 之后，如果 UE 没有成功接入目标小区，由于 UE 不再进行切换，UE 和网络丢弃目标小区的切换配置，这种方式的好处是可以避免目标小区为 UE 长时间预留资源。同理，网络将 D1 事件与 A 事件结合起来配置，只有当 D1 事件满足后，UE 才开始评估 A 事件。

NR-NTN 引入 D1 事件和 T1 条件事件后，还需要解决以下 3 个问题。

① 网络为 UE 配置 D1 事件还是 T1 条件事件。

② 当多个候选小区满足切换条件时，如何选择目标小区。

③ 信令风暴。

① D1 事件和 T1 条件事件的选择。

对于地面固定波束，由于在所有时间内同一个地理区域都由固定的波束持续覆盖，建议为 UE 配置 D1 事件。

对于地面移动波束，如果 UE 不支持 D2 事件，由于小区的中心位置是随时间变化的，难以评估其与小区中心的距离，建议为 UE 配置 T1 条件事件。

对于准地面固定波束，应视情况配置 D1 事件和 T1 条件事件。准地面固定波束的示意如图 6-4 所示。卫星 1 的 3 个小区是 A、B、C，卫星 2 的 3 个小区是 A2、B2、C2，卫星 3 的 3 个小区是 D、E、F。当覆盖小区 A 的卫星 1 离开覆盖区 A 时，小区 A2 将进入原来由小区 A 覆盖的区域，小区 B 是小区 A 的邻小区，小区 B2 将进入原来由小区 B 覆盖的区域。一种策略是根据切换原因选择 D1 事件和 T1 条件事件，对于卫星运动引起的切换，建议配置 T1 条件事件，例如位于 A 小区中心位置的 UE1；对于 UE 运动引起的切换，建议配置 D1 事件或者 D1 事件 +T1 条件事件，例如位于小区 A 边缘的 UE2。另一种策略是根据选择的目标小区，例如对于 UE2，如果选择的目标小区是 A2，则建议配置 T1 条件事件；如果选择的目标小区是 B，则建议配置 D1 事件。

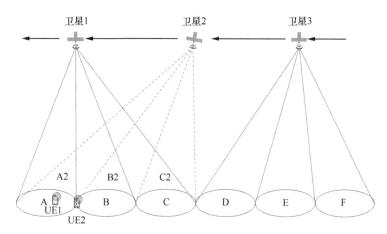

图6-4 准地面固定波束的示意

② 目标小区的选择。

如果多个候选小区同时满足切换执行条件，建议选择具有最长保持服务时间的小区。以图 6-4 为例，UE2 正由卫星 1 的小区 A 提供服务，经过 UE 评估，发现卫星 1 的小区 B 和卫星 2 的小区 B2 同时满足切换执行条件。选择小区 B 的优点是卫星 1 的高度低，可以减少 UE 的功耗，缺点是小区 B 的服务时间短，这将使 UE 在短时间后执行另一起切换，导致不必要的信令负荷和可能的服务中断。选择小区 B2 的优点是服务时间长，缺点是卫星 2 的高度较高。考虑到在 NTN 小区内有许多 UE，为了减轻信令负荷和不必要的服务中断，建议 UE 选择小区 B2 作为目标小区。选择小区 B2 的另外一个好处是可以避免卫星 1 调整小区 B 波束覆盖范围时引起的切换失败。

③ 信令风暴。

对于准地面固定波束和地面移动波束，卫星高速运动使波束覆盖某个区域的时间很短，导致 UE 频繁切换。而且卫星具有很大的覆盖范围，如果大量的 UE 几乎在同一时间接入同一个小区，有可能产生信令风暴和接入资源短缺，进而出现切换困难和服务中断的情况。可能的解决方案是 UE 在服务小区配置的时间范围内随机选择一个时间接入目标小区，或者根据 UE 标识和网络提供的参数，完成一个模数运算，以得到 UE 接入目标小区的特定时刻。对于短时间内大量 UE 产生的频繁切换，如果一些信令和消息对所有的 UE 都是相同的，可以通过系统消息广播给 UE。除此之外，源 gNB 可以将 UE 的信息，例如 UE 上下文、协议信息和定时器、UE 位置信息等，提前传递给目标 gNB，以进一步减少 UE 和网络之间的信令负荷。

（3）D2 事件和 D2 条件事件（简称 D2 事件）

Rel-17 定义的基于位置的切换和条件切换（即 D1 事件和 D1 条件事件）只适合准地面固定小区（或地面固定小区），为了将基于位置的条件切换应用于地面移动小区，3GPP Rel-18 对 NTN 移动性进行了增强，引入新的事件，即 D2 事件和 D2 条件事件。

D2 事件的定义：UE 和服务小区的移动参考位置的距离大于门限值 1，UE 和目标小区的移动参考位置的距离小于门限值 2。

D2 条件事件的定义：UE 和服务小区的移动参考位置的距离大于门限值 1，UE 和条件重配置的候选小区的移动参考位置的距离小于门限值 2。

对于 D2 事件和 D2 条件事件，当同时满足条件 D2-1 和条件 D2-2 时，UE 考虑满足 D2 事件或者 D2 条件事件的进入条件；当满足条件 D2-3 或 D2-4 时，UE 考虑满足 D2 事件或者 D2 条件事件的离开条件。

不等式 D2-1（进入条件 1）：$Ml1 - Hys > Thresh1$。

不等式 D2-2（进入条件 2）：$Ml2 + Hys < Thresh2$。

不等式 D2-3（离开条件 1）：$Ml1 + Hys < Thresh1$。

不等式 D2-4（离开条件 2）：$Ml2 - Hys > Thresh2$。

在公式中，Ml1、Ml2、Hys、Thresh1 和 Thresh2 的单位是 m。Ml1 是 UE 和服务小区的移动参考位置的距离；Ml2 是 UE 和候选小区的移动参考位置的距离。Hys 是该事件的滞后参数，取值是 0～32678 中的整数，步长是 10m。Thresh1 和 Thresh2 是该事件的门限值，取值是 1～65525 中的整数，步长是 50m。

UE 如何获得服务小区和候选小区的移动参考位置是执行条件切换的关键点。为了导出服务小区和候选小区的移动参考位置，UE 需要在执行条件切换之前获取卫星星历表、历元时间和移动参考位置。

有两种方法可以为 UE 提供卫星星历表和历元时间。方法 1 是在 RRC 重新配置中（例如，在 IE MeasObjectNR 中）添加服务小区的历元时间和卫星星历表；方法 2 是重用 SIB19 中服务小区的卫星星历表和历元时间。UE 无论如何都需要从 SIB19 获得服务小区的卫星辅助信息（即卫星星历表和历元时间），并保证卫星辅助信息是有效的。从节省信令开销的角度来看，我们认为 UE 可以基于 SIB19 中的卫星星历表和历元时间来导出服务小区的参考位置。

综上所述，UE 从 SIB19 接收服务小区的 NTN-Config，以及服务小区的移动参考位置（movingReferenceLocation），UE 可以在条件切换命令或者从 SIB19 的邻小区列表接收针对目标小区的 NTN-Config，从 ReportConfigNR 中接收邻小区的移动参考位置（即 ReferenceLocation2）。也就是说，UE 在接收到 CHO 命令时已经具有服务小区和目标小区对应的卫星星历表和历元时间。此外，服务小区的移动参考位置（movingReferenceLocation）可与服务小区的 NTN-Config 中的历元时间相关联，并且目标小区的参考位置（ReferenceLocation2）可以与目标小区的 NTN-Config 中的历元时间相关联。然后，UE 可以基于服务小区的卫星星历表和相应的历元时间来导出服务小区的实时位置，并且基于目标小区的卫星星历表和相应的历元时间来推导目标小区的实时定位。

6.2.2 NTN-TN 间的移动性策略

NTN-TN 之间的移动性管理包括 NTN 向 TN 的切换和 TN 向 NTN 的切换。接下来，以轮船的进出港为例来分析 NTN 和 TN 间的切换策略，NTN-TN 之间的移动性如图 6-5 所示。当轮船从海上向港口移动时，先后经过 NTN 小区 1、NTN 小区 2 的覆盖区域后，进入 TN 小区的覆盖区域；当轮船离开港口后，先后经过 TN 小区、NTN 小区 2、NTN 小区 1 的覆盖区域。

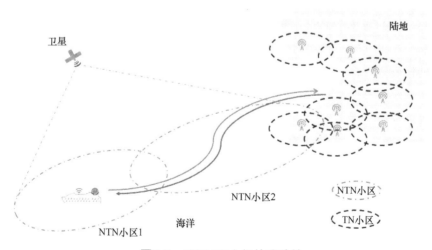

图6-5 NTN-TN之间的移动性

（1）NTN 向 TN 的切换策略

NTN 向 TN 的切换可以采取两种策略，分别是基于信号强度触发的切换策略和基于位置和信号强度联合触发的切换策略。

第一种是基于信号强度触发的切换策略，例如为轮船上的 UE 配置 A3 事件，只要 UE 进入 NTN 小区 2 的覆盖范围，UE 就开始搜索 TN 小区，当 UE 向海岸靠近并进入 TN 小区覆盖范围后，UE 向网络报告 A3 事件。这种方案会使调度用户吞吐量急剧下降，这是因为 NTN 和 TN 通常工作在两个异频点上，需要配置测量间隙来完成测量。NTN 传播时延大、定时变化率大（对于 LEO 卫星和 MEO 卫星），UE 离开 NTN 小区，在 TN 小区完成测量，再返回 NTN 小区后，需要重新进行同步和定时调整，这将导致调度灵活性的低效率，因此不建议采用这种切换策略。

另一种策略是基于位置和信号强度联合触发的切换策略。当轮船上的 UE 由 NTN 小区 1 提供服务时，网络知道 NTN 小区 1 与 TN 小区的覆盖区域没有重叠，因此 UE 不需要搜索 TN 小区使用的频率。当 UE 向港口移动时，服务小区由 NTN 小区 1 变更为 NTN 小区 2，由于 NTN 小区 2 与 TN 小区的覆盖区域有重叠，网络为 UE 配置 TN 小区使用的频率，UE 先检测自身的位置，当 UE 的位置超过某个门限值后，触发 UE 上报 D1 事件。为了响应该报告，网络为 UE 配置一个测量间隙，以便 UE 测量 TN 小区使用的频率，网络接收到 A3 事件报告后，网络将发起从 NTN 小区 2 到 TN 小区的切换。该策略的好处是避免了 UE 持续测量 TN 小区导致的服务中断，为了改善连接模式下 UE 的性能，UE 应尽快从 NTN 小区切换到 TN 小区。

（2）TN 向 NTN 的切换策略

对于 TN 向 NTN 的切换，可以采用基于位置和信号联合触发的切换策略，类似于 NTN 向 TN 的切换。该策略的缺点是 UE 上报的位置精度信息只有 2km，网络无法判断 UE 是靠近 NTN 小区还是 TN 小区。

TN 向 NTN 的切换建议采用基于信号强度触发的切换策略，例如为 UE 配置 A2 事件和 A3 事件。当 UE 进入 TN 小区的覆盖边缘时，网络为 UE 配置 A2 事件，UE 通过测量服务小区的信号强度，可以很容易地判断出 UE 是否位于小区的边缘，触发 UE 上报 A2 事件。为了响应该事件，网络为 UE 配置 A3 事件，网络接收到 A3 事件报告后，将发起从 TN 小区到 NTN 小区 2 的切换。该策略的好处是不管 TN 小区的邻小区是 TN 小区还是 NTN 小区，都可以实现统一的切换策略。

6.3 连接态的测量管理

对于传统的同频测量和异频测量，由于基站均在地面上，不同的地面基站到 UE 的传输时延差值比较小，则 3GPP TS 38.331 协议中规定的测量窗口长度比较小。而对于非地面网络，卫星到 UE 之间的传输时延差值较大，尤其是 GEO 到 UE 的传输时延差值，更是达到百毫秒级别，如果使用现有的测量配置，可能导致 UE 无法检测到目标小区的 SSB。同时，由于卫星的移动速度较快，测量配置在实际执行时可能会比地面网络的错误率高得多。

因此，3GPP Rel-17 增强了测量方案，充分考虑目标小区和服务小区到 UE 的传播时延差，使 UE 能够正确检测到目标小区的 SSB。同时，综合考虑卫星的移动速度，提高测量配置的容错性能。网络的具体配置如下。

① 每个载波信道最多并行 5 个 SS/PBCH 块测量时序配置（SS/PBCH block Measurement Timing Configuration，SMTC），并且对于一组给定的小区，配置的具体数目取决于 UE 的能力。作为最低要求，UE 能够在每个载波上并行支持两个 SMTC。

② SMTC（包括偏移、周期性）使用 UE 报告的定时提前信息、馈电链路时延，以及根据服务/相邻卫星小区星历计算的传播时延差。

1. SMTC 和测量间隙

在连接模式下，UE 的测量目标可以是 SSB，也可以是 CSI-RS，对于 NTN，UE 通常只测量 SSB。SSB 在无线帧的第 1 个或者第 2 个半帧，即 SSB 突发占用的时间不超过 5ms。根据频率的不同，每个 SSB 突发最多可以配置 4 个、8 个或者 64 个 SSB，SSB 突发的周期可以配置为 5ms、10ms、20ms、40ms、80ms 或者 160ms。

由于设备复杂度和尺寸不同，UE 通常只装置一个射频模块。UE 使用 SMTC 来完成 SSB 的测量，SMTC 的周期是 5 个、10 个、20 个、40 个、80 个或 160 个子帧，每个 SMTC 窗口的持续时间是 1 个、2 个、3 个、4 个或 5 个子帧，在 3GPP Rel-16 中，网络可以为 UE 配置 3 个 SMTC。根据 3GPP TS 38.133 协议，只有当服务小区的 SSB 的中心频率和邻小区的 SSB 的中心频率相同且子载波间隔相同时，才可定义为同频测量，UE 完成同频测量不需要配置测量间隙。

当 UE 测量异频邻小区时，为解码邻小区的 SSB，UE 必须中断在服务小区的服务，这个中断时间被称为测量间隙（Measurement Gap，MG），测量间隙示意如图 6-6 所示。测量间隙长度（Measurement Gap Length，MGL）定义了测量间隙的持续时间，可以配置为 1.5ms、3ms、3.5ms、4ms、5.5ms 或者 6ms；测量间隙重复周期（Measurement Gap Repetition Period，MGRP）可以配置为 20ms、40ms、80ms 或者 160ms；测量间隙定时提前（Measurement Gap Timing Advance，MGTA）是 UE 开始测量的偏移，可用于射频器件调整频率，可以在测量窗口之前和之后各预留 0.5ms，实际的定时提前可能是 0.5ms（FR1）或者 0.25ms（FR2）。

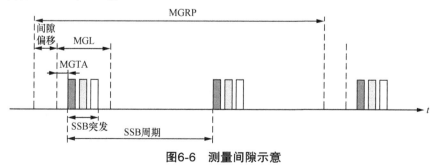

图6-6 测量间隙示意

在 TN 中，服务小区和邻小区之间的 SSB 在时间上的相对位置是固定的，小区内的传播时延与小区半径和 UE 位置有关，由于 TN 小区半径小，传播时延非常小，即使小区半径达到 100km，传播时延仍在 0.5ms 以内。从 UE 角度来看，由于 UE 运动仅仅引起非常小的传播时延变化，现有的 SMTC 和测量间隙配置是足够的。

2. NTN 测量面临的挑战

在 NTN 中，传播时延非常大，LEO 卫星的双向传播时延最大可达 25.77ms（LEO，卫星高度 600km，透明转发）或者 41.77ms（LEO，卫星高度 1200km，透明转发），GEO 卫星的双向传播时延最大可达 541.46ms（透明转发），且高速移动的 LEO 卫星还会导致 UE 和服务小区之间，以及 UE 和邻小区之间的传播时延随着时间的推移而变化。随着卫星高度的增加，并考虑到馈电链路的时延，这个传播时延将变得更复杂，大的且快速变化的传播时延为 SMTC 和测量间隙配置带来了巨大的挑战。

LEO 卫星的部署场景示意如图 6-7 所示。SAT1 和 SAT2 在同一个或并行的轨道上，卫星高度是 600km：SAT1 是当前为 UE 提供服务的卫星，被称为服务卫星，SAT1 正在离开 UE，SAT1 和 UE 之间（服务链路）的传播时延定义为 $d_{SAT1-UE}(t)$；SAT2 是潜在的目标小区，称为邻卫星，SAT2 正在向 UE 移动，SAT2 和 UE 之间（服务链路）的传播时延定义为 $d_{SAT2-UE}(t)$。在透明卫星场景中，传播时延也与 NTN 网关的位置有关，在本例中 SAT1 连接到并向 NTN-GW1 移动，SAT1 和 NTN-GW1 之间（馈电链路）的传播时延定义为 $d_{SAT1-GW1}(t)$；SAT2 连接到并向 NTN-GW2 移动，SAT2 和 NTN-GW2 之间（馈电链路）的传播时延定义为 $d_{SAT2-GW2}(t)$。$d_{SAT1-UE}(t)$、$d_{SAT2-UE}(t)$、$d_{SAT1-GW1}(t)$ 和 $d_{SAT2-GW2}(t)$ 随着时间的推移而变化，都是时间的函数。

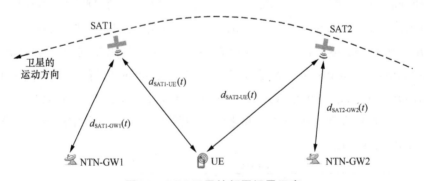

图 6-7　LEO 卫星的部署场景示意

UE 与卫星之间，以及卫星和 NTN 网关之间的传播时延与 UE 或 NTN 网关到卫星的仰角有关。以图 6-7 为例，在 T1 时刻，UE 与 SAT1 和 SAT2 的仰角都是 30°；在 T2 时刻，UE 与 SAT1 和 SAT2 的仰角分别是 10° 和 50°。在 T1 时刻，SAT1 与 NTN-GW1、SAT2 与 NTN-GW2 的仰角分别是 10° 和 65°；在 T2 时刻，SAT1 与 NTN-GW1、SAT2 与 NTN-GW2 的仰角分别是 30° 和 80°。根据以上条件，可以计算出 UE 到卫星、卫星到 NTN 网关的传播时延，UE 在不同时刻与两个透明卫星的传播时延见表 6-2。

表6-2 UE在不同时刻与两个透明卫星的传播时延

卫星	时间	UE		NTN-GW（SAT1 对应 GW1，SAT2 对应 GW2）		GW-SAT-UE 的联合时延 /ms
		仰角	传播时延 /ms	仰角	传播时延 /ms	
SAT1	T1	30°	4	10°	6.4	10.4
	T2	10°	6.4	30°	4	10.4
SAT2	T1	30°	4	65°	2.2	6.2
	T2	50°	2.5	80°	2	4.5

根据表 6-2 假定的几何位置，NTN-GW1 和 UE 之间的传播时延保持在近似的 10.4ms，而 NTN-GW2 和 UE 之间的传播时延从 T1 时刻的 6.2ms 减少到 T2 时刻的 4.5ms，因此，GW1-NTN-UE 和 GW2-NTN-UE 之间的传播时延差值，在 T1 时刻是 4.2ms，而在 T2 时刻的传播时延差值是 5.9ms。表 6-2 仅仅是示例，根据 UE 和地面网关位置的不同，实际的传播时延差值可能会更大。SMTC 窗口的最大持续时间是 5 个子帧，对于 15kHz 的子载波间隔，SMTC 的最大持续时间是 5ms，由于 Rel-15/Rel-16 的 SMTC1 是静态的 SMTC 窗口，且 UE 不需要监测 SMTC 窗口以外的 SSB，因此静态的 SMTC 窗口处理超过 5ms 的传播时延差值具有很大的挑战性。

3. NTN 在连接模式下的测量策略

NTN 在连接模式下的测量策略包括 SMTC 配置策略、UE 上报位置信息和 UE 上报传播时延差值。

（1）SMTC 配置策略

为了解决 LEO 卫星高速运动引起的大且快速变化的传播时延问题，需要对 Rel-15/Rel-16 的测量策略进行调整，否则 UE 将无法及时完成对邻小区信号的测量。主要有以下 3 个潜在的解决方案。

方案①：为 UE 配置足够长的测量窗口，以解决不同卫星导致的传播时延差值过大的问题。

方案②：由 UE 自动调整测量窗口。

方案③：网络为 UE 配置多个 SMTC 和测量间隙，例如为 GEO 卫星和 LEO 卫星分别配置 SMTC 和测量间隙，为不同仰角的卫星分别配置 SMTC 和测量间隙等。

方案①会使 UE 用于数据发送和接收的资源减少，导致调度灵活性变差，数据速率降低；方案②会出现不可预期的 UE 行为，可能引起 UE 在下一个传输窗口不能正确接收服务小区的数据。因此建议采取方案③，即为 UE 配置多个 SMTC 和测量间隙。

针对 NTN，3GPP Rel-17 在原有的 3 个 SMTC 配置的基础上，增加了第 4 个 SMTC。4 个 SMTC 的定义如下。

① SMTC1：提供了主要的 SMTC 配置，包括 SMTC 的周期、偏移和持续时间。

② SMTC2：主要配置与 SMTC1 基本相同，但是相比于 SMTC1，具有更小的周期。
③ SMTC3：用于集成接入与回传（Integrated Access and Backhaul，IAB）的测量。
④ SMTC4：测量周期和持续时间与 SMTC1 相同，但是定义了相对于 SMTC1 的偏移，最多可以配置 4 个偏移。

对于 NTN，主要使用 SMTC1 和 SMTC4，即一个具有相同 SSB 频率的测量目标，可以配置的 SMTC 数量最大是 5 个（1 个由 SMTC1 配置，4 个由 SMTC4 配置），并且每个 SMTC 可以与一组小区的 SSB 突发相关联。根据 UE 能力的不同，UE 能够在每个载波上并行支持 2 个或 4 个 SMTC。NR-NTN 的 SMTC 配置示意如图 6-8 所示。

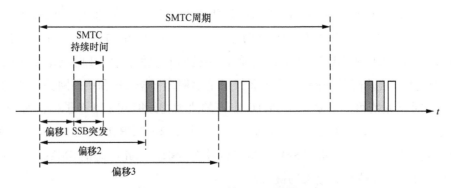

图6-8　NR-NTN的SMTC配置示意

与 SMTC 配置类似，在 Rel-17 中，NR-NTN 的测量间隙最多可配置 8 个，在此不再赘述。

NTN 小区半径大，UE 在不同位置导致 UE 到 NTN 网关的双向传播时延差值最大可达 6.36ms（LEO 卫星，高度 1200km）或 20.60ms（GEO 卫星，高度 35786km）。为了配置 SMTC 和测量间隙，网络需要 UE 提供辅助信息以便计算 UE 与服务小区和邻小区的传播时延差值。根据 3GPP Rel-17，UE 提供给网络的辅助信息既可以是 UE 的位置信息，也可以是精确的传播时延差值。

（2）UE 上报位置信息

如果 UE 提供给网络的辅助信息是 UE 的位置信息，基于 UE 的位置信息的 SMTC 调整步骤如图 6-9 所示。

在开始阶段，网络提供给 UE 的 SMTC 和测量间隙配置应覆盖所有或者大部分邻小区。为了保护用户的隐私，网络应在 AS 安全建立后，请求 UE 报告位置信息，UE 以椭圆点模型的形式上报位置信息。基于 UE 上报的位置信息及服务卫星和邻卫星的星历信息，网络产生 SMTC 和测量间隙配置，随着卫星的运动，UE 重新上报位置信息，网络更新 SMTC 配置。

考虑到用户的隐私，UE 报告的位置信息不必非常精确，只需要达到 2km 的定位精度即可，被称为粗略位置信息。由于 SMTC 和测量间隙配置的颗粒度是毫秒级的，1ms 对应距离的颗粒度是 300km，2km 的定位精度对于 SMTC 和测量间隙配置是足够的。

UE 通过信令 MeasurementReport 上报位置信息。既可以周期性上报位置信息，也可以基于事件上报位置信息。NR-NTN 使用的事件与 TN 使用的事件略有不同，TN 使用基于信号强度触发的事件报告，在 NTN 中，由于卫星轨道非常高，远近效应不明显，不能使用基于信号强度触发的事件报告，而是使用基于位置触发的事件报告，即 D1 事件或 D2 事件。除此之外，UE 也可以根据网络请求，通过信令 UEInformationResponse 上报自身的位置信息。

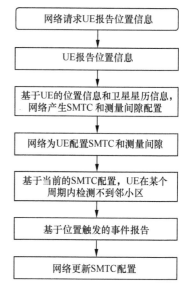

图6-9 基于UE的位置信息的SMTC调整步骤

UE 上报的位置信息不需要邻卫星的星历信息，且 2km 的定位精度只需要上报 28bit 的信息（经度和纬度各 14bit）即可，因此具有传输信令少、复杂度低、效率高等优点，适合对位置信息不敏感的用户。

（3）UE 上报传播时延差值

考虑到隐私问题，一些 UE 不允许上报精确的位置信息，因此网络不能根据 UE 的位置信息获得传播时延差值。在这种情况下，UE 可通过报告敏感度低的传播时延差值来辅助网络配置 SMTC 和测量间隙。

UE 为了计算传播时延，需要知道服务卫星和邻卫星的位置信息，因此，网络应为 UE 提供服务卫星和邻卫星的星历信息及邻卫星的 PCI。网络为了计算 UE 与服务小区和邻小区的传播时延差值，需要知道以下 4 个时延。

① UE 到服务卫星的传播时延，即图 6-7 中的 $d_{\text{SAT1-UE}}(t)$。

② UE 到邻卫星的传播时延，即图 6-7 中的 $d_{\text{SAT2-UE}}(t)$。

③ 服务卫星到 NTN 网关的传播时延，即图 6-7 中的 $d_{\text{SAT1-GW1}}(t)$。

④ 邻卫星到 NTN 网关的传播时延，即图 6-7 中的 $d_{\text{SAT2-GW2}}(t)$。

UE 到邻小区和 UE 到服务小区的总传播时延差值是 $d_{\text{SAT2-UE}}(t) - d_{\text{SAT1-UE}}(t) + d_{\text{SAT2-GW2}}(t) - d_{\text{SAT1-GW1}}(t)$。

考虑到安全性问题，网络不会把 NTN 网关的位置信息通知给 UE，因此，UE 不知道馈电链路的传播时延，即 UE 不知道 $d_{\text{SAT1-GW1}}(t)$ 和 $d_{\text{SAT2-GW2}}(t)$，所以 UE 并不是报告总传播时延差值，而是报告 UE 到邻卫星和服务卫星的传播时延差值，即报告 $d_{\text{SAT2-UE}}(t) - d_{\text{SAT1-UE}}(t)$。由于 Rel-17 中的 NTN UE 具有 GNSS 能力且 UE 知道服务卫星和邻卫星的星历信息，UE 可以计算 $d_{\text{SAT1-UE}}(t)$ 和 $d_{\text{SAT2-UE}}(t)$。$d_{\text{SAT1-GW1}}(t)$ 和 $d_{\text{SAT2-GW2}}(t)$ 与网络部署有关，可以

通过网关之间的通信获得。除此之外，UE 也可以只报告 $d_{\text{SAT2-UE}}(t)$，因为在连接模式下，通过 UE 报告的 TA 和 TA 调整，服务卫星能够知道 $d_{\text{SAT1-UE}}(t)$。相比 $d_{\text{SAT2-UE}}(t)$，$d_{\text{SAT2-UE}}(t) - d_{\text{SAT1-UE}}(t)$ 的信令负荷通常较小，所以 3GPP Rel-17 规定，UE 上报的是传播时延差值。

对于传播时延差值，网络通过重配置信令 RRCReconfigurantion 给 UE 下发传播时延差值报告配置（propDelayDiffReportConfig），传播时延差值报告配置包括传播时延差值门限（threshPropDelayDiff）及邻卫星列表（neighCellInfoList），传播时延差值门限取值是 0.5ms、1ms、2ms、3ms、4ms、5ms、6ms、7ms、8ms、9ms 或 10ms，邻卫星列表最多可以配置 4 个邻卫星的星历信息。UE 在最近一次上报传播时延差值后，如果邻卫星和服务卫星之间的服务链路传播时延差值变化量超过门限，UE 可通过信令 UEAssistanceInformation 上报邻卫星的服务链路和服务卫星的服务链路的传播时延差值，即上报 $d_{\text{SAT2-UE}}(t) - d_{\text{SAT1-UE}}(t)$。

6.4 空闲态的移动性管理

6.4.1 寻呼

卫星网络的位置区设计研究的主要目的是降低用户位置管理中的开销，可以分为静态的位置区设计和动态的位置区设计。静态位置区的划分主要分为基于卫星的覆盖范围、基于 NTN 网关的覆盖范围、基于卫星和 NTN 网关相结合的覆盖范围和基于用户所在地理位置 4 种。动态位置区的划分根据用户移动时的各种特性、用户的呼叫类型和用户发起位置更新操作等，可以分为基于移动的动态位置区更新、基于时间的动态位置区更新、基于移动和时间相结合的动态位置区更新，以及基于距离的动态位置区更新 4 种。

根据 3GPP 发布的卫星的移动性管理存在的关键问题，5G 与卫星网络融合的移动性管理还存在以下 3 类问题。

（1）广卫星覆盖区域的移动性管理

卫星网络由于其广覆盖特性，卫星小区可能跨越多个国家或地区，其覆盖范围远超 5G 移动性管理系统所设计的接入网覆盖范围。因此，5G 与卫星网络融合将会引发较大的卫星覆盖区域内如何处理终端的寻呼、卫星覆盖区与 5G 系统跟踪/注册区的关系、卫星和地面接入之间的空闲/连接模式下移动性如何执行等问题。针对此问题，3GPP 提出基于位置和固定的注册区域卫星接入、用于具有大范围或移动无线电覆盖的 5G 卫星接入的解决方案，两个方案都能够减少卫星覆盖区域的移动性管理问题。

（2）移动卫星覆盖区域的移动性管理

若 gNB 位于 NGSO 卫星，则连接的小区和注册区域将与相应的 gNB 一起移动，相应的地理覆盖范围、小区、注册区域等概念可能需要被重新定义；gNB 的移动也可能会对与地理区域相关的功能产生一些影响，例如授权、计费等。除此之外，还存在卫星和地面接入之间的空闲/连接模式移动性如何执行等问题。针对此类问题，3GPP 提出了减少来自 NGSO 卫星小区终端的移动性注册更新信令，从而解决移动卫星覆盖区域的移动性管理问题。

（3）基于 NGSO 卫星接入 RAN 的移动性管理

在 NGSO 卫星上启用 RAN，意味着 RAN 对任何相连 5G 核心网的频繁切换。由于 NGSO 卫星的覆盖范围很大，大量终端可以同时从一个 RAN 切换到另一个 RAN，锚点为 RAN 和 5G 核心网的组切换。

为了解决由卫星运动触发的频繁寻呼跟踪区更新（Tracking Area Update，TAU）过程的问题，NR-NTN 提出了"固定跟踪区域"的概念，即跟踪区域码（Tracking Area Code，TAC）固定在地面上，而小区在地面上随着卫星的移动而改变，也就是说，如果小区到达下一个计划的地面固定跟踪区域时，广播的 TAC 会发生变化。"固定跟踪区域"虽然解决了卫星运动触发的频繁 TAU 过程的问题，但也对小区的系统消息更新或寻呼周期带来了新问题。

于是，3GPP Rel-17 在传统的硬跟踪区更新的基础上引入了软跟踪区更新方案，具体是网络可以在 NTN 小区中针对每一个 PLMN 广播多达 12 个以上的 TAC，包括相同或不同的 PLMN，系统信息中的 TAC 变化受网络控制。除此之外，如果当前广播的 TAC 之一属于 UE 的注册区域，则不期望 UE 执行由移动性触发的注册过程。跟踪区域码和地理位置固定示意如图 6-10 所示。

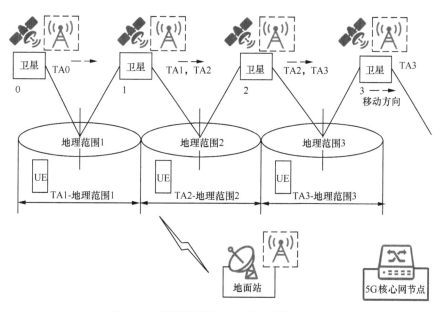

图 6-10 跟踪区域码和地理位置固定示意

在地面移动通信网络中，影响寻呼成功率的主要因素是终端的移动性，但在低轨卫星通信系统中，速度较低的地面终端相对于卫星的运动来说影响较小，影响寻呼成功率的主要因素变成卫星的运动、终端的跟踪区和多波束拓扑模型。每当产生新的呼叫，系统将发起终端的寻呼以确定终端的准确位置。如何尽快确定终端的准确位置而又不产生较大的位置寻呼开销，是位置寻呼的主要研究内容。在位置管理方面，卫星网络中的波束不断移动，终端和波束小区的对应关系一直在变化，因此网络在确定寻呼小区的时候比较困难；同时，终端的位置上报对 TA 的确定非常重要，因为获得终端的具体位置，网络才能够确定合适的寻呼区域。寻呼流程如图 6-11 所示。

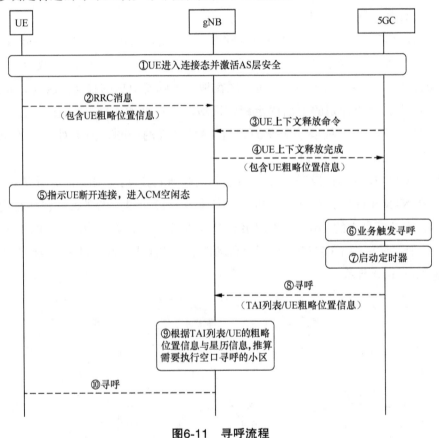

图6-11　寻呼流程

6.4.2　小区选择和小区重选

NR-NTN 的小区选择采取与 NR 一样的流程，根据 UE 内部是否存储先验信息，小区选择分为两类，即没有 NR 频点等先验信息的初始小区选择和有先验信息的小区选择。

对于没有 NR 频点，也没有之前驻留的小区等先验信息的初始小区选择，UE 需要扫描 NR 频带上所有的信道来选择合适的小区。在每个频点上，UE 只需要找到最强的小区，一旦找到合适的小区，UE 即可以尝试在该小区驻留。

对于有先验信息的小区选择，UE 先依靠先验信息找一个合适的小区，一旦 UE 找到合适的小区，UE 就可以马上尝试驻留；如果依靠先验信息没有找到合适的小区，则 UE 使用初始小区选择流程。合适的小区需要满足 S 准则，S 准则计算见公式（6-3）。

$$\text{Srxlev} > 0 \text{ 且 Squal} > 0 \tag{6-3}$$

Srxlev 和 Squal 分别是小区选择接收电平和信号质量，单位都是 dB；Srxlev 和 Squal 的计算分别见公式（6-4）和公式（6-5）。

$$\text{Srxlev} = Q_{\text{rxlevmeas}} - (Q_{\text{rxlevmin}} + Q_{\text{rxlevminoffset}}) - P_{\text{compensation}} - \text{Qoffset}_{\text{temp}} \tag{6-4}$$

$$\text{Squal} = Q_{\text{qualmeas}} - (Q_{\text{qualmin}} + Q_{\text{qualminoffset}}) - \text{Qoffset}_{\text{temp}} \tag{6-5}$$

在公式（6-4）和公式（6-5）中，除了 $Q_{\text{rxlevmeas}}$ 和 Q_{qualmeas} 是通过 UE 测量得到的，其余参数都是通过系统消息通知给 UE 的。各个参数的含义如下。

① $Q_{\text{rxlevmeas}}$ 和 Q_{qualmeas} 分别是测量小区的 RSRP 和 RSRQ，单位分别是 dBm 和 dB。

② Q_{rxlevmin} 和 Q_{qualmin} 分别是小区要求的 RSRP 和 RSRQ，单位分别是 dBm 和 dB。

③ $Q_{\text{rxlevminoffset}}$ 和 $Q_{\text{qualminoffset}}$ 分别是相对于 Q_{rxlevmin} 和 Q_{qualmin} 的偏移量，单位都是 dB，目的是防止"乒乓"选择。

④ $\text{Qoffset}_{\text{temp}}$ 是应用在特定小区的临时偏移，单位是 dB。

⑤ $P_{\text{compensation}}$ 与 UE 可以采用的最大发射功率和 UE 能发射的最大输出功率有关。

在小区重选中，不同的 NR 频点和无线接入技术（Radio Access Technology，RAT）有不同的优先级，UE 可以通过系统消息或 RRC 释放消息来获得频点的优先级。对于 RAT 之间的重选，也可以从另一个 RAT 里继承频点优先级。

小区重选的第一步是测量，UE 可根据以下规则进行测量。

（1）基于位置的同频测量

对于准地面固定小区，如果在 SIB19 中配置了距离门限（distanceThresh）和参考位置（referenceLocation）两个参数，UE 支持基于距离的测量，服务小区满足 $\text{Srxlev} > S_{\text{IntraSearchP}}$ 且 $\text{Squal} > S_{\text{IntraSearchQ}}$，UE 与参考位置的距离小于距离门限，则 UE 不进行同频测量，否则 UE 要进行同频测量。

对于地面移动小区，如果在 SIB19 中配置了距离门限（distanceThresh）和移动参考位置（movingreferenceLocation）两个参数，UE 支持基于距离的测量，服务小区满足 $\text{Srxlev} > S_{\text{IntraSearchP}}$ 且 $\text{Squal} > S_{\text{IntraSearchQ}}$，UE 与参考位置的距离小于距离门限，则 UE 不进行同频测量，否则 UE 要进行同频测量。

$S_{\text{IntraSearchP}}$ 和 $S_{\text{IntraSearchQ}}$ 是同频测量启动门限，可通过系统消息 SIB2 通知给 UE。

（2）基于位置的 NR 异频或异系统测量

如果异频或异系统的优先级高于当前 NR 频点的优先级，则 UE 进行测量。

如果异频的优先级低于或者等于当前 NR 频点的优先级，或者异系统的优先级低于当前 NR 频点的优先级，对于准地面固定小区，如果在 SIB19 中配置了距离门限（distanceThresh）和参考位置（referenceLocation）两个参数，UE 支持基于距离的测量，服务小区满足 Srxlev > $S_{nonIntraSearchP}$ 且 Squal > $S_{nonIntraSearchQ}$，UE 与参考位置的距离小于距离门限，则 UE 不进行异频或异系统测量，否则 UE 要进行异频或异系统测量。

如果异频的优先级低于或者等于当前 NR 频点的优先级，或者异系统的优先级低于当前 NR 频点的优先级，对于地面移动小区，如果在 SIB19 中配置了距离门限（distanceThresh）和移动参考位置（movingreferenceLocation）两个参数，UE 支持基于距离的测量，服务小区满足 Srxlev > $S_{nonIntraSearchP}$ 且 Squal > $S_{nonIntraSearchQ}$，UE 与参考位置的距离小于距离门限，则 UE 不进行异频或异系统测量，否则 UE 要进行异频或异系统测量。

$S_{nonIntraSearchP}$ 和 $S_{nonIntraSearchQ}$ 是异频或异系统测量启动门限，可通过系统消息 SIB2 通知给 UE。

（3）基于时间的测量

如果在 SIB19 中有服务小区的 t-Service，且 UE 支持基于时间的测量，不管 UE 与服务小区参考位置之间的距离如何，也不管服务小区是否满足 Srxlev > $S_{IntraSearchP}$ 和 Squal > $S_{IntraSearchQ}$，或者是否满足 Srxlev > $S_{nonIntraSearchP}$ 和 Squal > $S_{nonIntraSearchQ}$，UE 都需要在 t-Service 之前执行同频、异频或异系统的测量。UE 在 t-Service 之前开始测量的确切时间取决于 UE 的实现。对于更高优先级的异频或异系统的测量，UE 应优先执行异频或异系统测量，而不必考虑服务小区的剩余服务时间。

（4）NTN 重选到 TN 小区的测量

对于驻留在 NTN 小区的 UE，如果 UE 支持忽略 TN 测量，且 UE 获得自身位置信息，且在 SIB25 中广播了 coverageAreaInfoList 和 tn-AreaIdList，当 UE 不在 tn-AreaIdList 提供的频率覆盖范围内时，不管频率的优先级如何配置，UE 均不执行 TN 频率的测量。NTN 小区向 TN 小区重选的更详细解释见 6.5.3。

对于小区重选，有两点需要注意：第一，当评估 UE 和服务小区参考位置的距离时，如何获得 UE 的位置信息取决于 UE 的实现；第二，对于地面移动小区，维持有效的服务小区参考位置取决于 UE 的实现，UE 根据服务小区的卫星星历表、历元时间和移动参考位置可推导出服务小区的实时参考位置。

小区重选的第二步是选择新的小区，UE 可以根据以下规则选择新的小区。

① 异频和异系统小区重选。

异频和异系统小区按照频率的优先级进行重选，每个频率都有一个优先级，共有 8 个优先级，0 表示最低优先级，7 表示最高优先级。异频和异系统小区重选分为以下两种情况。

第一，向高优先级频点或异系统重选，如果配置了参数 threshServingLowQ，则重选准则为 UE 在当前服务小区驻留超过 1s，且高优先级邻小区满足 Squal > $Thresh_{X,HighQ}$，持续时间大于 TreselectionRAT；如果没有配置参数 threshServingLowQ，则重选准则为 UE

第6章 NR-NTN 移动性管理

在当前服务小区驻留超过 1s，Srxlev > Thresh$_{X,HighP}$ 且持续时间大于 TreselectionRAT。

第二，向低优先级频点或异系统重选，如果配置了参数 threshServingLowQ，则重选准则为 UE 在当前服务小区驻留超过 1s，当前服务小区满足 Squal < Thresh$_{Serving,LowQ}$，且低优先级邻小区满足 Squal > Thresh$_{X,LowQ}$，持续时间大于 TreselectionRAT；如果没有配置参数 threshServingLowQ，则重选准则为 UE 在当前服务小区驻留超过 1s，当前服务小区满足 Srxlev < Thresh$_{Serving,LowP}$，且低优先级邻小区满足 Srxlev > Thresh$_{X,LowP}$，持续时间大于 TreselectionRAT。

NR 异频和异系统小区重选示意如图 6-12 所示。

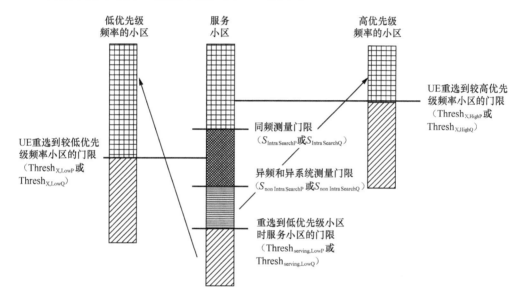

图6-12 NR异频和异系统小区重选示意

② 同频和同优先级异频小区重选。

同频和同优先级异频小区重选采用 R 准则对所有满足小区选择准则（即 S 准则）的小区进行排序，如果没有配置参数 rangeToBestCell，则 UE 重选到具有最高排序的小区；如果配置了参数 rangeToBestCell，则 UE 重选到波束最多的小区，只有 RSRP 大于 absThreshSS-BlocksConsolidation 的波束才是有效波束。对于同频和同优先级异频小区重选，也需要满足 UE 驻留在服务小区的时间超过 1s 且满足 R 准则的小区持续时间超过 TreselectionRAT。

R 准则的计算见公式（6-6）和公式（6-7）。

$$R_s = Q_{meas,s} + Q_{hyst} - Qoffset_{temp} \tag{6-6}$$

$$R_n = Q_{meas,n} - Qoffset - Qoffset_{temp} \tag{6-7}$$

在公式（6-6）和公式（6-7）中，各个参数的含义如下。

R_s 和 R_n 分别是服务小区和邻小区的排序标准。

$Q_{meas,s}$ 和 $Q_{meas,n}$ 分别是服务小区和邻小区重选测量的电平值（RSRP），单位是 dB。

对于同频，如果 $Qoffset_{s,n}$ 有效，则 Qoffset =$Qoffset_{s,n}$，否则 Qoffset=0；对于异频，如果 $Qoffset_{s,n}$ 有效，则 Qoffset =$Qoffset_{s,n}$+$Qoffset_{frequency}$，否则 Qoffset = $Qoffset_{frequency}$。

$Qoffset_{temp}$ 是应用在特定小区的临时偏移，单位是 dB。

当多个小区同时满足重选条件，其中既包括高优先级小区，也包括低优先级小区，则 UE 会优先重选到最高优先级小区。如果有多个同优先级 NR 小区同时满足重选条件，则选择最高排序的小区。

对于空闲态小区的排序，基于距离的排序或排除（即仅考虑距离较近的相邻小区）曾作为备选方案，但最终未能获得支持，其原因在于空闲态对 UE 节能要求较高，而该类方案需要 UE 获取多个相邻小区的参考点并计算距离，实现相对复杂且增益有限。

综上所述，NR-NTN 小区重选机制见表 6-3。

表6-3 NR-NTN小区重选机制

频率/优先级	触发测量的条件	重选准则
同频	① 服务小区信号质量低于门限值 ②（对于 NTN）满足位置或时间条件	S 准则
高优先级	UE 一直测量，对于 NTN，UE 只有在 TN 覆盖区内时测量	高优先级小区信号质量在一定时间高于门限值
同优先级	① 服务小区信号质量低于门限值 ②（对于 NTN）满足位置或时间条件	S 准则
低优先级	① 服务小区信号质量低于门限值 ②（对于 NTN）满足位置或时间条件	服务小区信号质量在一定时间低于门限值且目标小区信号质量在一定时间高于门限值

6.5 Rel-18 移动性管理增强

相比于 TN，NTN 移动性管理面临以下 4 个难点。

难点 1：大的传播时延导致的信令时延。

难点 2：LEO 卫星高速移动引起的小区频繁变化导致的信令风暴。

难点 3：小区中心和小区边缘之间的信号强度变化不明显导致鲁棒性较低。

难点 4：NTN 终端频繁测量 TN 小区，导致功耗增加。

针对上述难点，Rel-17 增加了基于距离的 D1 事件和基于时间的 T1 事件，D1 事件适合于准地面固定小区，T1 事件适合于所有小区，部分解决了难点 3。Rel-18 增加了基于距离的 D2 事件，D2 事件适合于地面移动小区，至此完全解决了难点 3。Rel-18 增加了无

RACH 切换以及具有重新同步的卫星转换（也称 PCI 不变小区），解决了难点 1 和难点 2。除此之外，Rel-18 对 NTN 向 TN 重选进行了增强，gNB 通过 SIB25 向 NTN 终端指示 TN 覆盖区，以减少 UE 功耗，解决了难点 4。

下面对无 RACH 切换、具有重新同步的卫星转换和 NTN-TN 间移动性管理增强方案进行分析。

6.5.1 无 RACH 切换

在 NTN 中，LEO 卫星高速移动带来的一大挑战是大量 UE 频繁切换导致信令开销增加。信令开销与 UE 的切换时间密切相关，最小 / 最大小区直径和不同 UE 速度的切换时间见表 6-4。

表6-4 最小/最大小区直径和不同UE速度的切换时间

小区直径 /km	UE 速度 /（km/h）	卫星速度 /（km/s）	切换时间 /s
50（下限）	+500	7.56	6.49
	−500		6.74
	+1200		6.33
	−1200		6.92
	忽略		6.61
1000（上限）	+500		129.89
	−500		134.75
	+1200		126.69
	−1200		138.38
	忽略		132.28

根据表 6-4，我们可以发现，对于卫星波束直径为 50km 的 LEO 卫星，每约 6.5s 需要进行一次小区（波束）切换，频繁的小区切换会增加切换信令开销。为解决小区频繁切换导致的信令开销问题，3GPP 在 Rel-18 中提出了两个增强方案，分别是无 RACH 切换和具有重新同步的卫星转换。

由于 NTN 中的传播时延和 UE 数量较大，随机接入过程的持续时间比 TN 持续时间长，随机接入尝试的竞争也比 TN 中的竞争更严重。无 RACH 切换可以让 UE 在执行切换的过程中跳过随机接入过程，因此可以减少竞争中的持续时间，还可以减少信令开销和用户数据的中断时间。

根据 UE 补偿的 TA 不同，无 RACH 切换有以下 4 个潜在场景。

场景 1：具有相同馈电链路的卫星内切换，例如同一网关/gNB，同一卫星内不同波束间切换。

场景 2：具有不同馈电链路的卫星内切换，例如不同网关/gNB，同一卫星内不同波束间切换。

场景 3：伴随网关/gNB 切换的卫星间切换，例如不同网关/gNB，不同卫星间切换。

场景 4：具有相同网关/gNB 的卫星间切换，例如相同网关/gNB，不同卫星间切换。

无 RACH 切换的 4 个潜在场景如图 6-13 所示。

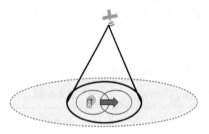
场景1：同一网关/gNB，同一卫星内不同波束间切换

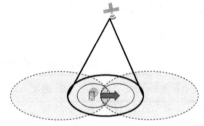
场景2：不同网关/gNB，同一卫星内不同波束间切换

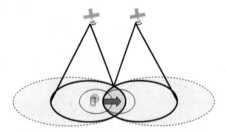
场景3：不同网关/gNB，不同卫星间切换

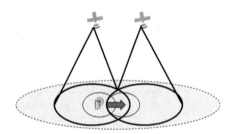
场景4：相同网关/gNB，不同卫星间切换

图6-13 无RACH切换的4个潜在场景

当可以使用目标小区的辅助信息（例如，卫星星历表、历元时间、公共 TA）预补偿来维持 UL 同步时，对于具有相同馈电链路的卫星内切换（即场景 1），无 RACH 切换是可能的。除此之外，当 UE 可以保持 UL 同步时，无 RACH 切换也可以用于具有不同馈电链路的卫星内切换（即场景 2）以及卫星间切换（场景 3 和场景 4）。综上所述，当 UE 具有在目标小区中进行第一次 UL 传输的有效信息时，在 NTN 中可以实现无 RACH 切换。

需要说明的是，UE 是否执行无 RACH 切换，与 UE 能力和网络能力有关，UE 能力通过 RF-Parameters 中的 rachLessHandoverNTN 配置，网络能力体现在网络配置中。

UE 执行无 RACH 切换的流程如图 6-14 所示。

UE 在执行无 RACH 切换流程时，UE 在 RRC 层、MAC 层和 PHY 层的关键操作如下。

① RRC 层：UE 接收无 RACH 切换命令，该命令包括无 RACH 配置和可选的预分配授权。

② RRC 层：启动目标小区的 T304 计时器。

③ RRC 层、MAC 层：UE 执行切换命令，与目标小区实现 DL 同步和 UL 同步，并启动 T430 计时器。

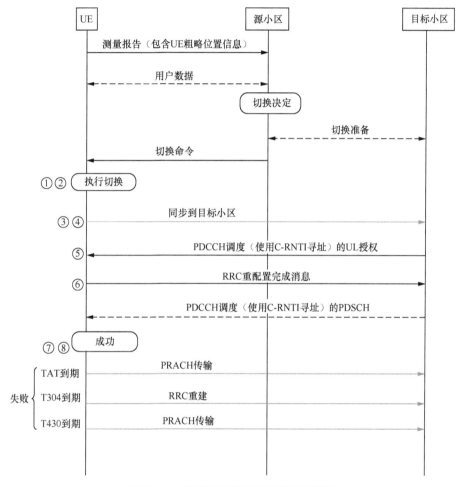

图6-14　UE执行无RACH切换的流程

④ MAC 层：UE 启动时间对齐计时器（Time Alignment Timer，TAT）。

⑤ MAC 层、PHY 层：如果无 RACH 切换命令中没有配置预分配授权，则 UE 监听目标小区 PDCCH 的动态授权。

⑥ RRC 层、MAC 层、PHY 层：使用上述可用 UL 授权（无 RACH 切换命令中的预分配授权或者 PDCCH 命令中的动态授权），向目标小区发送包括 RRC 重配置完成（RRCReconfigurationComplete）消息的初始 UL 传输。RRC 重配置完成消息中包含切换完成消息。

⑦ RRC 层、MAC 层：在接收网络配置后，完成无 RACH 切换。

⑧ RRC 层：停止目标小区的 T304 计时器。

对于上述操作，有以下 6 个问题需要详细说明。

1. UE 如何获得 TA

UE 按照公式（6-8）计算定时提前量 T_{TA}。

$$T_{TA} = \left(N_{TA} + N_{TA,offset} + N_{TA,adj}^{common} + N_{TA,adj}^{UE}\right) \times T_c \quad (6\text{-}8)$$

在公式（6-8）中，N_{TA} 是通过 MAC 层信令调整的 UE 专属 TA；$N_{TA,offset}$ 是与网络制式有关的公共 TA；$N_{TA,adj}^{common}$ 是馈电链路的公共 TA；$N_{TA,adj}^{UE}$ 是 UE 根据自身位置和卫星星历表计算得到的 UE 专用 TA，上述几个参数的详细定义见 5.2 节。

对于基于 RACH 的切换，由于 gNB 无法确定 UE 的位置，公式（6-8）中的 $N_{TA}=0$，gNB 基于 UE 发送的随机接入前导码来估计定时提前量中的 N_{TA}，N_{TA} 随后作为随机接入过程的 Msg2 中的随机接入响应（Random Access Response，RAR）的一部分发送给 UE。对于无 RACH 切换，UE 需要在没有随机接入的情况下执行 UL 同步，这意味着 UE 需要对第一个 UL 传输的 TA 值进行自评估。

对于 NTN，只要 UE 确定了历元时间、卫星星历表、公共 TA，就可以计算出 $N_{TA,adj}^{common}$ 和 $N_{TA,adj}^{UE}$，UE 可以估计目标小区在相同或者不同馈电链路的卫星内和卫星间切换所需的公共 TA。因此，对于无 RACH 切换，只需要在无 RACH 切换命令中或者在 SIB19 中，为 UE 提供目标小区的 NTN-config 即可。接下来将重点讨论 UE 如何获得 N_{TA} 值。

对于无 RACH 切换中的 N_{TA} 取值有以下 3 种可能性。

① N_{TA} 等于 0。
② N_{TA} 与源小区相同。
③ N_{TA} 不等于 0。

如果网络配置了不等于 0 的 N_{TA}，意味着目标小区需要使用 UE 发送的上行链路信号（例如 SRS）来估计 N_{TA}，目标 gNB 转发的 N_{TA} 可能在切换期间过期，并且 N_{TA} 转发机制会给 3GPP 协议的制定带来额外的工作量，因此通过切换命令转发 N_{TA} 的情形被排除，即不考虑 N_{TA} 不等于 0 的情形。N_{TA} 或者等于 0，或者与源小区相同。由于无 RACH 切换都伴随着波束的变化，N_{TA} 与源小区相同的情形也不存在。因此，与基于 RACH 切换相同，在无 RACH 切换中，N_{TA} 等于 0。

需要注意的是，N_{TA} 等于 0，并不意味着 T_{TA} 等于 0。在 NTN 中，UE 的 T_{TA} 不可能等于 0。

2. UE 如何获得 UL 授权

无 RACH 切换的初始 UL 传输可以使用动态 UL 授权或者由 RRC 配置的预分配 UL 授权（即配置授权类型 1）。在存在可用的预分配 UL 授权的情形下，UE 选择用于初始 PUSCH 传输的 UL 资源，否则，UE 监听由 C-RNTI 加干扰的 PDCCH，以接收用于 PUSCH 调度的动态授权资源。

由于 NR 支持多波束操作，网络如何选择用于调度的 DL 波束是一个关键问题。对于基于 RACH 的切换，通过 PRACH 资源与波束索引相关联来执行初始波束的训练，网络可以根据 UE 发送的前导码的 UL 波束来识别 DL 波束，因此认为 UL 波束和 DL 波束是互易的。除此之外，还可以配置 RSRP 阈值来帮助 UE 选择用于前导码传输的 UL 波束。对于无 RACH 切换，由于不发送前导码，其使用的机制与基于 RACH 切换的波束所选择的机制存在差异，接下来分别对预授权的波束选择和动态授权的波束选择进行分析。

3. 预授权的波束选择

在大多数情况下，gNB 可以基于 L3 的测量报告或者 UE 位置报告为 UE 选择合适的波束。在盲切换或没有位置报告时，由于 gNB 缺少这方面的信息，授权是预先分配的，合适的波束有可能在无 RACH 切换过程之前或切换期间发生变化，因此需要 UE 对波束进行选择。通过配置预分配授权和 SSB 之间的关联，gNB 可以确定 UE 选择的波束，并使用相应的波束来调度后续的传输。在波束选择的过程中，SSB 的 RSRP 阈值对于确保可靠的初始 UL 传输非常重要。

如果至少一个 SSB 的 SS-RSRP 高于 RSRP 阈值，则 UE 可以选择与该 SSB 相关联的 PUSCH 资源用于初始 UL 传输。如果有多个 SSB 的 SS-RSRP 高于 RSRP 阈值，则由 UE 来决定使用哪个 SSB 用于初始 UL 传输，UE 可以通过所选择的 PUSCH 资源向目标小区通知其所选择的波束。如果所有 SSB 的 SS-RSRP 都低于该 RSRP 阈值，则 UE 发起随机接入过程，执行基于 RACH 的切换。

对于预分配授权，在 RRC 信令方面，RRC 重配置消息（RRCReconfiguration）中新增了 CG-RRC-Configuration-r18 配置。CG-RRC-Configuration-r18 配置包含的内容如下。

```
CG-RRC-Configuration-r18 ::=    SEQUENCE {
   cg-RRC-RetransmissionTimer-r18 INTEGER (1..64)         OPTIONAL,
-- Need R
   cg-RRC-RSRP-ThresholdSSB-r18    RSRP-Range
OPTIONAL,    -- Need R
   rrc-SSB-Subset-r18              CHOICE {
      shortBitmap-r18                 BIT STRING (SIZE (4)),
      mediumBitmap-r18                BIT STRING (SIZE (8)),
      longBitmap-r18                  BIT STRING (SIZE (64))
   }
OPTIONAL,    -- Need S
   rrc-SSB-PerCG-PUSCH-r18         ENUMERATED {oneEighth, oneFourth,
half, one, two, four, eight, sixteen}   OPTIONAL,    -- Need M
   rrc-P0-PUSCH-r18                INTEGER (-16..15)
OPTIONAL,    -- Need M
   rrc-Alpha-r18                   ENUMERATED {alpha0, alpha04, alpha05,
alpha06, alpha07, alpha08, alpha09, alpha1} OPTIONAL, -- Need M
   rrc-DMRS-Ports-r18              CHOICE {
      dmrsType1-r18                   BIT STRING (SIZE (8)),
      dmrsType2-r18                   BIT STRING (SIZE (12))
```

```
        }                                         OPTIONAL,    -- Need M
    rrc-NrofDMRS-Sequences-r18  INTEGER (1..2)                 
OPTIONAL,  -- Need M
        ...
}
```

在 CG-RRC-Configuration-r18 配置中，与预分配 UL 授权的波束选择有关的参数是 cg-RRC-RSRP-ThresholdSSB 和 rrc-SSB-Subset。

cg-RRC-RSRP-ThresholdSSB：表示网络配置的 SSB 的 RSRP 阈值，以便 UE 选择合适的 UL 波束。

rrc-SSB-Subset：表示一个配置授权（Configured Grant，CG）内的 SSB 到 CG PUSCH 映射的 SSB 子集。第 1 个 / 最左边的比特对应 SSB 索引 0，第 2 个比特对应 SSB 索引 1，以此类推。位图中的值 "0" 表示对应的 SSB 不包括在用于 SSB 到 CG PUSCH 映射的 SSB 子集中，而值 "1" 表示对应的 SSB 包括在用于 SSB 到 CG PUSCH 映射的 SSB 子集中。如果该字段不存在，则 UE 假定 SSB 子集包括所有实际发送的 SSB。

除了 CG-RRC-Configuration-r18，RRCReconfiguration 中还包括其他预分配信息，例如时域资源分配、频域资源分配、DM-RS 天线端口、功率控制等信息。

4. 动态授权的波束选择

如果 UE 通过监听目标小区的 PDCCH 来获取 UL 授权，则需要进行波束选择。有以下 4 个选项。

选项 1：UE 和网络分别选择波束。

UE 侧，UE 在执行与目标小区的 DL 同步期间，UE 基于信号质量确定合适的 SSB，并使用该波束来监听目标小区的 PDCCH。

网络侧，基于源小区转发的波束测量结果，目标小区可以确定用于发送动态授权的一个最佳波束或几个质量较好的波束。

选项 1 的优点是对规范的影响较小；选项 1 的缺点是 UE 和网络可能选择不同的波束，因此需要网络在多个波束上发送 PDCCH。

选项 2：网络选择波束并通知给 UE。

目标小区基于源小区转发的波束测量结果来确定波束，并在切换命令中将所选择的波束索引通知给 UE。如果在切换命令中没有提供波束指示，则目标小区在所有波束上发送 PDCCH，并且 UE 需要在所有波束中监听 PDCCH。

选项 2 的优点是保证了网络和 UE 之间的波束对准；选项 2 的缺点是如果 UE 或卫星移动导致 UE 不在指示波束的覆盖范围内，则 UE 无法从网络接收 PDCCH。相比选项 1，选项 2 会对规范带来更大的影响。

选项 3：盲传输和监听。

在盲切换的情况下，目标小区不能从源小区获取测量结果，则目标小区不能确定合适的波束。因此，目标小区只能在所有波束上发送 PDCCH，UE 监听合适的波束上的 PDCCH，例如，在 DL 同步期间选择最佳 RSRP 的波束。选项 3 对规范没有影响，但是会造成网络侧的资源浪费。

选项 4：将 SR 与 SSB 相关联。

网络向 UE 发送调度请求配置，调度请求配置由目标小区生成并包含在切换命令中，其中 SR 资源与 SSB 一一对应。UE 基于波束质量选择合适的 SSB 波束，然后向目标小区发送与所选择的 SSB 相关联的调度请求。目标小区可以通过 SSB 和 SR 之间的关联来确定 UE 选择的 SSB，并使用相应的波束向 UE 发送动态授权。UE 可以在切换后释放 SR 配置。

3GPP 讨论后决定，对于使用动态授权的无 RACH 切换，不应存在 UE 需要评估选择波束的情况，网络应向 UE 提供波束信息，且在无 RACH 切换命令中，有且仅有一个波束指示。

在切换命令中，为了指示与初始 UL 传输的动态授权相关联的波束选择，有两个选项：选项 1 是使用传输配置指示（Transmission Configuration Indication，TCI）状态 ID；选项 2 使用 SSB 位置。为了与预分配的授权机制保持一致，3GPP 采用选项 2。

对于动态授权的波束选择，RRCReconfiguration 消息中新增了 RACH-LessHO 配置。RACH-LessHO 配置包含的内容如下。

```
RACH-LessHO-r18 ::=          SEQUENCE {
    targetNTA-r18                ENUMERATED {zero, source}
OPTIONAL,   -- Need N
    beamIndication-r18           CHOICE {
        tci-StateID-r18              TCI-StateId,
        ssb-Index-r18                SSB-Index
    }                        OPTIONAL,   -- Need N
    ...
}
```

其中，与动态授权波束选择相关的是 beamIndication 字段，该字段指示 UE 应在目标小区中使用的波束，以监听为初始 UL 传输分配资源的 PDCCH。如果用于无 RACH 切换，则使用 ssb-Index 字段，如果用于移动 IAB 小区，则使用 tci-StateID 字段。

除此之外，在 RACH-LessHO 中还包括 targetNTA 字段，该字段可用于定时调整，即用于确定前文提到的 N_{TA}，值"0"对应 N_{TA}=0，而值"source"对应 N_{TA} 与源服务小区的 N_{TA} 相同。

5. 无 RACH 切换失败后，UE 如何处理

对于无 RACH 切换，当 UE 在目标小区接收到由 C-RNTI 寻址的 PDCCH（该 PDCCH 可以用于 DL 分配，也可以用于 UL 授权）且该 PDCCH 是新传输指示时，则认为 UE 成功完成无 RACH 切换。无 RACH 切换完成后，UE 不需要等待额外的网络信令就可以释放预分配授权。

在 NTN 中，由于 LEO 卫星的移动，用于 UL 同步的 TA 随着时间推移而变化，并且每个小区在某个特定区域提供覆盖的时间有限。当 UE 计算的目标小区 TA 出现错误，或者当目标小区的卫星星历表或公共 TA 信息过期后，就可能导致无 RACH 切换失败，无 RACH 切换失败意味着 UE 不能成功接入目标小区。

3GPP 协议通过 3 个计时器来判断无 RACH 切换是否失败，分别是 T304 计时器、T430 计时器和时间对齐计时器。其中，T304 计时器和 T430 计时器在 RRC 层定义，时间对齐计时器在 MAC 层定义。

① **T304 计时器**。该参数用于控制切换过程并确定何时可以声明切换失败。当 UE 从服务小区收到携带 reconfigurationWithSync 的 RRCReconfiguration 后启动 T304 计时器。在 T304 计时器超时前，如果 UE 从 MAC 层接收到无 RACH 切换成功完成的指示，则停止 T304 计时器。T304 计时器在 RRC 重配置消息的 reconfigurationWithSync 中定义，取值是 50ms、100ms、150ms、200ms、500ms、1000ms、2000ms 或者 10000ms。

② **T430 计时器**。该参数用于指示服务和/或相邻卫星的卫星星历表和公共 TA 参数等辅助信息的有效时间。UE 在接收到携带 reconfigurationWithSync 的 RRC 重配置消息时，或者 UE 在执行有条件重配置，应用以前存储的携带 reconfigurationWithSync 的 RRC 重配置消息时，从历元时间指示的子帧启动目标小区的 T430 计时器。在源小区的 T430 计时器超时前，如果 UE 接收到携带 reconfigurationWithSync 的 RRC 重配置消息，或者 UE 执行有条件重配置，应用以前存储的携带 reconfigurationWithSync 的 RRC 重配置消息时，则停止源小区的 T430 计时器。T430 计时器通过 NTN-Config 中的参数 ntn-UlSyncValidityDuration 配置，取值是 5s、10s、15s、20s、25s、30s、35s、40s、45s、50s、55s、60s、120s、180s、240s 或者 900s。

③ **时间对齐计时器**。该参数控制 MAC 实体认为服务小区的 UL 时间对齐的时长。当 UE 接收到定时提前命令 MAC CE（Timing Advance Command MAC CE），或者 UE 从随机接入响应消息中接收到定时提前命令（Timing Advance Command），或者 UE 接收到绝对定时提前命令（Absolute Timing Advance Command），或者 MAC 实体配置了 rach-LessHO，或者 UE 接收到来自 RRC 层的开始 TimeAlignmentTimer 指示，则启动时间对齐计时器。在时间对齐计时器超时前，如果从 RRC 层收到 MAC 实体重启命令或者随机接入过程的 Msg4 收到竞争解决不成功的消息，则停止时间对齐计时器。时间对齐计时器通过参数 TimeAlignmentTimer 定义，取值是 500ms、750ms、1280ms、1920ms、2560ms、5120ms、10240ms 或者无穷大。

上述 3 个计时器到期都会导致无 RACH 切换失败。

如果时间对齐计时器到期，则 UE 释放所有 UL 资源，包括服务小区的 HARQ 进程、PUCCH、SRS、上行/下行的配置授权等，但是 UE 需要维持 N_{TA}。在 NTN 中，为了重建与合适小区的连接（合适小区可以是源小区、目标小区或者其他小区），UE 需要计算 TA 以保持 UL 同步。UE 维持 N_{TA} 的优势：当合适的小区是源小区或者目标小区时，UE 不需要重新计算 TA，从而可以加速修复故障。

T304 计时器到期，意味着无 RACH 切换失败，UE 不回退到基于 RACH 的切换，主要原因有两点：第一，如果 UE 执行基于 RACH 的切换，并不能保证 UE 成功切换到目标小区，回退到基于 RACH 的切换浪费了额外时间；第二，引入回退机制会增加 UE 的复杂性。在 NTN 中，T304 计时器到期后，UE 发起 RRC 重建流程，选择合适的小区并在该小区发起随机接入过程。

T430 计时器到期后，UE 将再次同步到目标小区并从目标小区获取 SIB19，然后发起随机接入过程。

6. 无 RACH 切换和条件切换结合

条件切换是关于在何时以及如何触发切换，无 RACH 切换是关于如何执行切换，两者结合使用的优势更大。在 NTN 中，对于地面移动小区，切换非常频繁，对于准地面固定小区，会出现大量 UE 同时切换的情况。利用基于时间的条件切换，可以在 UE 仍处于良好的无线条件时，服务小区较早发送切换命令、预先配置切换执行条件和 RRC 配置，从而减少了切换中断的风险，考虑到 NTN 场景中切换中断的时间比 TN 场景更长，因此条件切换是非常重要和基本的性能特征。服务小区在切换命令中包含时间参数 T1 和 T2，使得 UE 能够确定执行切换和接入目标小区的时间窗口。而无 RACH 切换，由于跳过了 Msg1 和 Msg2，在信令减少方面会带来明显的优势。因此，3GPP Rel-18 支持无 RACH 切换和基于时间的 CHO 组合，且支持预分配授权和动态授权两种模式。

6.5.2 具有重新同步的卫星转换

对于准地面固定小区，由于卫星高速移动，即使 UE 处于静止状态，也面临着频繁且不可避免的切换，切换间隔从几十秒到数百秒不等，使信令开销和功耗显著增加，以及切换命令时延引起的服务中断。为了消除卫星高速移动引起的 L3 切换问题，3GPP 支持在 PCI 不变的情况下实现卫星转换过程，该过程最后命名为"具有重新同步的卫星转换"。"具有重新同步的卫星转换"的目的是减少由于 LEO NTN 系统中卫星频繁变化产生的信令开销，并减少由于 RACH 资源拥塞引起的卫星转换故障，以及降低切换执行过程中的时延。"具有重新同步的卫星转换"的适用场景是源卫星和目标卫星使用相同的 gNB 且使用相同的 SSB 频率。为了避免混淆，在本节接下来的分析中，"切换（Handover）"指的是无线接入侧的 L3 移动性过程，"转换（Switch）"指的是服务卫星发生变化的过程。

准地面固定小区的典型场景如图 6-15 所示。卫星 0 和卫星 1 是属于同一星座同一轨道的两颗相邻卫星，随着卫星的运动，在某个时刻，卫星 0 覆盖的区域将被卫星 1 覆盖。

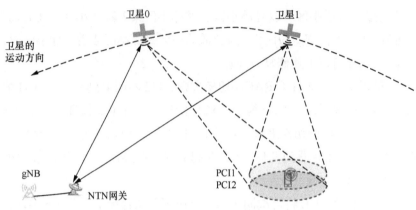

图6-15 准地面固定小区的典型场景

对于准地面固定小区，存在以下两大痛点。

第一，RACH 资源拥塞。RACH 资源拥塞的原因是，当服务链路突然发生变化时，大量的 UE 需要在新小区中同时发起随机接入流程，以获得更新后的 T_{TA} 值，并重新获得上行链路同步。

第二，切换时延大。切换时延主要发生在 NR 切换执行阶段，下面将分析 NR 切换执行期间的时延。NR 切换执行期间无线时延的典型值见表6-5。

表6-5 NR切换执行期间无线时延的典型值

描述	时间
RRC 连接重配置（包含切换命令）	N ms
SN 状态传输	0
目标小区搜索	0
UE 完成射频/基带重新调谐、安全更新的平均处理时间	20ms
获取目标 gNB 的第一个可用 PRACH 的平均时延	$0.5 \times M$ 个 OFDM 符号
PRACH 前导码传输	M 个 OFDM 符号
UL 资源分配和 UE 进行定时调整	$3 \times M$ 个 OFDM 符号
UE 发送 RRC 连接重配置完成	M 个 OFDM 符号
总的典型时延	$(20+N)$ ms+$5.5 \times M$ 个 OFDM 符号

切换时延依赖于 gNB 和 UE 双方的处理时延。UE 在 L1 的处理时间是 OFDM 符号的倍数，考虑到 UE 还需要进行 L2 和更高层的处理，假设 UE 处理时间是 M 个 OFDM 符号的倍数。gNB 的处理时间与实现方式有关，假设 L2 时 RRC 处理时延 N=3ms。对于不同的 M，NR FDD 的时延见表6-6。

表6-6 NR FDD的时延

M	SCS=15kHz	SCS=30kHz
2	23.8ms	23.4ms
4	24.6ms	23.8ms
14	28.5ms	25.8ms

根据表 6-6，在 TN 场景中，切换执行的最小时延约为 23.4ms，而在 NTN 场景中，UE 与 gNB 之间还存在超长的环回时延，这将导致 UE 执行一次切换会产生数秒、数十秒甚至数百秒的服务中断。

为了减少 RACH 资源拥塞和降低切换时延，3GPP 支持"PCI 不变小区"。PCI 不变小区的原理如下。

在图 6-15 中，由于卫星 0 和卫星 1 连接到同一个 gNB，gNB 可以配置分别属于卫星 0 和卫星 1 的波束，以便对同一个小区依次提供接入服务，在卫星转换前后，除了与卫星相关的信息（卫星星历表和公共 TA 参数）发生变化，其他小区配置（PCI、频率和 servingCellconfigCommon 等）可以保持不变。这些具有相同 PCI、相同频率等配置信息的小区被命名为 PCI 不变小区。在 PCI 不变小区的场景下，从网络角度来看，卫星是透明的，可以像移动天线一样为同一个小区的 UE 提供服务；从 UE 角度来看，小区在地面上是静止的。

与传统切换、条件切换和无 RACH 切换相比，PCI 不变小区可以带来以下 3 点好处。

① **减少信令开销**。对于因卫星转换而导致的 PCI 不变小区场景，网络不需要向 UE 发送切换命令，因此省略了切换流程，避免了触发 RRC 重新配置、安全密钥更改和用户面协议重建。当小区中存在大量连接的 UE 时，信令开销减少是 PCI 不变小区带来的最显著的优势。除此之外，PCI 不变小区不需要执行 L2 重置（包括 MAC 重置、RLC 实体重建和 PDCP 数据恢复/PDCP 实体重建），因此减少了 L2 重置导致的数据传输时延增加和数据丢失。

② **降低时延**。对于 PCI 不变小区场景，UE 不需要执行新小区重新配置过程，UE 只需要在时间和频率上与新卫星重新同步即可，因此降低了时延。

③ **避免 RACH 过载**。在引入 PCI 不变小区后，如果 UE 没有移出 PCI 不变小区，则可以在没有切换的情况下，通过重新同步的卫星转换过程，NTN 继续为 UE 提供服务。如果 UE 移出了 PCI 不变小区，则 UE 可以正常切换。

对于具有重新同步的卫星转换过程，根据源卫星和目标卫星提供服务的时间不同，分为具有重新同步的硬卫星转换，简称硬卫星转换，如图 6-16 所示；以及具有重新同步的软卫星转换，简称软卫星转换，如图 6-17 所示。

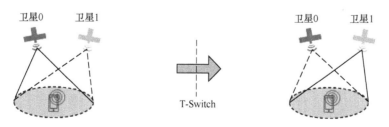

图6-16 具有重新同步的硬卫星转换

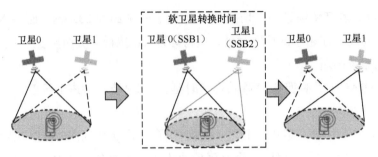

图6-17 具有重新同步的软卫星转换

对于硬卫星转换，在当前卫星离开之前，即将到来的卫星不提供覆盖，在同一时刻一个 PCI 只关联一颗卫星，因此避免了 PCI 混淆和干扰问题，但是硬卫星转换会带来由卫星星座部署引起的服务中断问题。服务中断的原因有两个：第一，源卫星和目标卫星的馈电链路转换需要时间；第二，源卫星和目标卫星不能同时向同一区域提供服务，源卫星停止服务某一区域后，目标卫星才可以在这个区域开始传输，考虑到传播时延和潜在干扰，源卫星和目标卫星的服务时间之间会有一个保护间隔。

对于软卫星转换，两颗卫星在某一段时间可以同时为同一区域提供服务，UE 可以在源卫星的 t-Service 之前执行目标卫星的小区搜索和精细的时间跟踪，因此中断时间更短，甚至能够完全避免服务中断问题，但是两颗卫星同时具有相同的 PCI，会导致 PCI 冲突和/或干扰。为了使软卫星转换过程可行，需要满足以下 3 个条件。

① 在软卫星转换期间，UE 不能同时连接到源卫星和目标卫星。

② 通过合理配置 gNB 参数，可以保证 UE 侧具有相同 PCI 的 SSB 不冲突，因此可以避免/减轻两颗卫星之间的干扰。

③ 通过源卫星向 UE 提供目标卫星的 NTN-Congfig，包括公共 TA、K_{mac}、卫星星历表和小区特定偏移等信息，这些信息在 UE 重新同步到目标卫星期间被使用。

需要注意的是，对于软卫星转换，只是表示有两颗卫星同时为同一区域服务，UE 不必同时连接到两颗卫星，因此软卫星转换与无线侧的软切换本质上是不同的。

为了避免服务长时间中断，并使 UE 能够在目标卫星出现后尽快执行同步，UE 应在源卫星的 t-Service 之前获取目标卫星的辅助信息。网络预先向 UE 提供目标卫星的辅助信息有两种方式，分别是通过 RRC 专用信令和通过源卫星的 SIB19。对于 PCI 不变小区，考虑到小区中所有 UE 都将通过卫星转换流程执行与目标卫星同步，UE 从服务小区的 SIB19 获得目标卫星信息可以显著减少信令负荷，因此 SIB19 中引入了一个新的 IE SatSwitchWithReSync 以提供目标卫星的辅助信息。IE SatSwitchWithReSync 包含内容如下。

```
SatSwitchWithReSync-r18 ::=         SEQUENCE {
  ntn-Config-r18          NTN-Config-r17,
  t-ServiceStart-r18      INTEGER (0..549755813887)   OPTIONAL,  -- Need R
```

```
    ssb-TimeOffset-r18        INTEGER (0..159)             OPTIONAL    -- Need R
}
```

IE SatSwitchWithReSync 各个参数的详细解释如下。

ssb-TimeOffset：指示了在上行时间同步参考点处，源卫星的 SSB 和目标卫星的 SSB 之间的时间偏移，以子帧为单位。对于软卫星转换，该参数是必选的。

t-ServiceStart：指示了目标卫星开始为源卫星当前覆盖的区域提供服务的时间信息。该字段表示公历日期 1900 年 1 月 1 日 00:00:00（1899 年 12 月 31 日星期日至 1900 年 1 月 1 日星期一之间的午夜）后 10ms 的倍数。确切的开始时间介于该字段的值减去 1 后所指示的时间和该字段的值指示的时间之间。t-ServiceStart 的参考点是源卫星的上行时间同步参考点。

NTN-config：提供了目标卫星的配置信息，详细内容见 5.1.3 节。需要强调的是，在 SIB19 中，只提供一个目标卫星信息。

对于 UE 如何识别硬卫星转换和软卫星转换，在 SIB19 中没有显示信令，而是通过隐式信令通知给 UE。如果 SIB19 中包含 SatSwitchWithReSync 和 t-Service，则是硬卫星转换。如果 SIB19 中包含 SatSwitchWithReSync 和 t-Service，且 SatSwitchWithReSync 中包含 t-ServiceStart，则是软卫星转换。

接下来讨论 UE 在何时执行与目标卫星的同步。

在 Rel-17 中，定义了参数 t-Service，用于指示准地面固定小区的服务停止时间，对于 PCI 不变小区，可以重复使用该参数来指示源卫星的服务停止时间。

对于硬卫星转换，NTN 在服务小区的 t-Service 所指示的时间停止通过源卫星为 UE 提供服务，UE 在服务小区的 t-Service 之后执行与目标卫星的同步。

对于软卫星切换，UE 可以在源卫星的 t-Service 之前开始执行与目标卫星同步，因此引入了 t-ServiceStart 参数，该参数指示了 UE 可以开始执行与目标卫星同步的最早时刻，目标卫星的 t-ServiceStart 早于源卫星的 t-Service，即 UE 可以在目标卫星的 t-ServiceStart 和源卫星的 t-Service 之间执行与目标卫星的同步，UE 执行与目标卫星同步的确切时间取决于 UE 的实现。

硬卫星转换和软卫星转换的时序关系如图 6-18 所示。

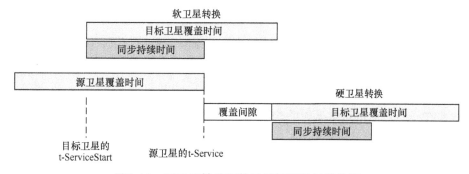

图6-18 硬卫星转换和软卫星转换的时序关系

对于软卫星切换，UE 在目标卫星的 t-ServiceStart 和源卫星的 t-Service 之间执行与目标卫星的转换过程，接下来讨论 UE 执行软卫星转换的确切时间。

对于软卫星转换，UE 在目标卫星的 t-ServiceStart 和源卫星的 t-Service 之间执行与目标卫星的同步，即使 UE 在获取目标卫星的 DL 定时之后立即应用目标卫星的定时，并开始监听 PDCCH，以执行与目标卫星的 DL/UL 传输，其也会存在模糊期，这是因为网络不确定 UE 获取 DL 定时且与目标卫星同步的确切时间。

在模糊期内，网络无法判断是根据源卫星的定时还是根据目标卫星的定时来调度 UE，如果使用错误的定时进行调度，则有可能导致资源浪费和通信中断。除此之外，在模糊期内还存在强干扰的问题，强干扰的来源包括 UE 已经与目标卫星同步，但是网络基于源卫星的定时来调度 UE；或者 UE 仍然与源卫星保持同步，但是网络基于目标卫星的定时来调度 UE，源卫星和目标卫星的传播时延不同会带来强干扰，并且会对下行传输和上行传输都造成干扰。

解决上述模糊期问题的方法是，UE 在目标卫星的 t-ServiceStart 和源卫星的 t-Service 之间，通过监听/解码 SSB 来获取目标卫星的 DL 定时，但是在源卫星的 t-Service 时刻，应用目标卫星的 DL 定时以及执行重启 T430 计时器、重置 N_{TA}、恢复 UL 传输等相关操作，即网络在源卫星的 t-Service 之前经由源卫星调度所有 UE，在 t-Service 之后经由目标卫星调度所有 UE，这样就解决了资源浪费、干扰和传输中断等问题。

为了使 UE 在与源卫星保持通信的同时，具备获取目标卫星 DL 定时的能力，在 Rel-17 中，UE 引入了不受限制的并行测量能力，不受限制的并行测量能力指 UE 是否支持在没有调度限制的情况下与服务小区进行正常操作（即控制/数据传输和/或接收，以及 L1 测量），同时并行地对服务小区的邻小区进行测量的能力。该能力仅适用于服务卫星为 NGSO 的卫星，UE 通过参数 parallelMeasurementWithoutRestriction 上报网络，如果 UE 没有报告该参数，则网络应使用调度限制。

基于以上讨论，NTN UE 行为总结如下：

① 对于仅支持硬卫星转换的 UE，在源卫星的 t-Service 执行目标卫星的小区搜索、精细时间跟踪和卫星转换。

② 对于支持软卫星切换但不支持不受限制的并行测量的 UE，在目标卫星的 t-ServiceStart 之后，执行目标卫星的小区搜索和精细时间跟踪，但是调度可用性会受到限制；在源卫星的 t-Service 执行卫星转换。

③ 对于同时支持软卫星切换且支持不受限制的并行测量的 UE，在目标卫星的 t-ServiceStart 之后，执行目标卫星的小区搜索和精细时间跟踪，调度可用性不受限制；在源卫星的 t-Service 执行卫星转换。

在 NR 中，UE 通过随机接入过程获得 UL 授权、TA。在 NTN 中，UE 使用 SIB19 中的信息来估计完整的 TA，因此，随机接入过程仅用于获得 UL 授权，传统的随机接入过程（基于竞争和免于竞争）可能导致长时间的服务中断、RACH 资源拥塞或大的信令开销。无 RACH 接入与卫星转换相结合可减少服务中断时间。对于无 RACH 接入，UE 可以经由服务小区来获取 UL 授权（即预分配的 UL 授权），或者通过监听目标小区的 PDCCH 来动态获取 UL 授权。无 RACH 接入的卫星转换过程适合源卫星和目标卫星的轨道高度和空中位置大致相同的场景，因此在服务链路转换后，UE 的环回时延不会发生变化，UE 不需要重新同步到目标小区。对于不支持无 RACH 接入的 UE 或者不适合使用无 RACH 接入的场景，UE 仍使用基于 RACH 的接入方式。

具有重新同步的卫星转换流程如图 6-19 所示。

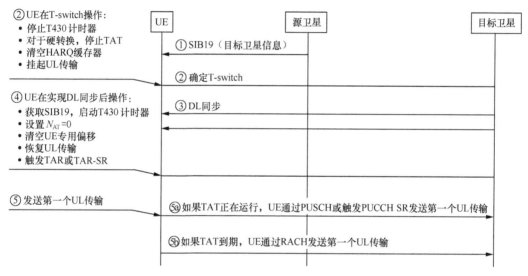

图6-19 具有重新同步的卫星转换流程

对于图 6-19，各个步骤的详细解释如下。

步骤①：UE 从源卫星处接收 SIB19（目标卫星信息），SIB19 中包含了 UE 重新同步到目标卫星所需的信息，包括目标卫星的 NTN-Config、t-ServiceStart 和 ssb-TimeOffset。其中，NTN-Config 是必选字段，对于软卫星转换 t-ServiceStart 和 ssb-TimeOffset 是必选字段。

步骤②：RRC 层首先确定卫星转换时间，即 T-switch。对于硬卫星转换，T-switch=t-Service；对于软切换，T-switch=[t-ServiceStart, t-Service]。其中，t-Service 是源卫星的服务停止时间；t-ServiceStart 是目标卫星何时开始为源卫星当前覆盖的区域提供服务的时间，由 SIB19 中的 SatSwitchWithReSync 的 t-ServiceStart 通知给 UE。

UE 在 T-switch 时刻的操作如下。

在 RRC 层，如果 T430 计时器正在运行，停止 T430 计时器；指示 MAC 层开始卫星转换流程。

在 MAC 层，一旦接收到卫星转换开始的指示，UE 清空所有的 HARQ 缓存器；不在服务小区执行任何 UL 传输；对于基于 RACH 的过程，停止 TAT，对于无 RACH 切换过程，TAT 不受影响。

步骤③：UE 执行与目标卫星的 DL 同步。第一步，UE 基于包检测时延（Packet Detection Delay，PDD），执行 SMTC 调整，对于软卫星转换，SMTC 调整需要考虑 SSB 时间偏移。第二步，UE 在调整后的 SMTC 窗口内检测目标卫星的 SSB，如果网络没有在 SIB19 中提供目标卫星的 SSB 信息，则使用源卫星的 SSB。

步骤④：当 UE 实现与目标卫星的 DL 同步后，操作如下。

在 RRC 层，UE 读取目标卫星的 SIB19，启动 T430 计时器，其值设置为 ntn-UlSyncValidityDuration，从 SatSwitchWithReSync 中的 NTN-Config 的 epochTime 所指示的子帧开始；当 UE 获得 UL 同步后，向 MAC 层指示已恢复与目标卫星的 UL 同步。

在 MAC 层，设置 N_{TA}=0；清空 UE 专用偏移；允许 UL 传输；触发 TAR 和 TAR-SR。

对于软卫星切换，UE 在源卫星的 t-Service 时刻开始上述操作。

步骤⑤：UE 发送 TA 报告作为第一个 UL 传输，分为两种情况。

第一种，如果 TAT 正在运行，UE 执行步骤⑤a，UE 通过 PUSCH 或触发 PUCCH SR 发送第一个 UL 传输，这种情况对应无 RACH 接入。

第二种，如果 TAT 到期，UE 执行步骤⑤b，UE 通过 RACH 发送第一个 UL 传输，这种情况对应基于 RACH 的接入。

具有重新同步的卫星转换和切换的关系为，如果 UE 在发起卫星转换流程之前（即在 T-switch 之前）接收到切换命令，则 UE 将立即发起切换流程。网络可以为 UE 同时配置条件切换和卫星转换流程。当同时配置条件切换和卫星转换时，UE 启动较早触发的流程，如果同时触发这两个流程，则 UE 自主决定触发条件切换流程还是触发卫星转换流程。

6.5.3 NTN-TN 移动性管理增强

NTN-TN 和 NTN-NTN 移动性和服务连续性增强是 Rel-18 中 NR-NTN 增强的目标之一，主要目的是减少 UE 在 RRC 空闲态 / 非激活态下的功耗。

NTN 和 TN 有两种部署场景，分别是重叠部署和非重叠部署。

场景 1：重叠部署。

该场景中，在 NTN 小区覆盖范围内部署了多个 TN 小区，并且 UE 在 NTN 小区和 TN 小区都有良好的无线信号质量。由于 NTN 和 TN 具有不同的特性，可以根据服务的不同选择不同的网络，NTN 适合时延要求不高、数据速率低但需要更大覆盖范围的服务，TN 适合高数据速率和低时延的服务。除此之外，也可以根据 UE 的移动状态来选择网络，例如，高速移动的 UE 可以选择 NTN 小区，以避免频繁切换。重叠部署场景如图 6-20 所示。

第 6 章　NR-NTN 移动性管理

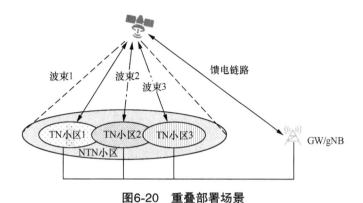

图6-20　重叠部署场景

对于重叠部署场景，UE 应基于潜在的服务、移动性状态或基于运营商的规划来选择 TN 小区或 NTN 小区。TN 小区或 NTN 小区通常使用不同的频率，因此小区优先级可以用频率优先级来表示，网络可以通过 UE 专用信令或广播信令来提供 TN 小区或 NTN 小区的优先级，如果 TN 小区或 NTN 小区都具有良好的无线信号质量，则 UE 驻留在优先级更高的小区并建立 RRC 连接。

场景 2：非重叠部署。

该场景中，由于 NTN 小区覆盖范围大，可达数百千米，NTN 小区在不同区域的相邻 TN 小区是不同的。非重叠部署场景如图 6-21 所示。

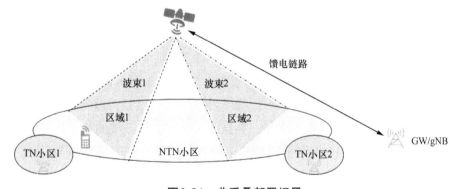

图6-21　非重叠部署场景

对于非重叠部署场景，当 UE 处于 NTN 小区时，为了减少 UE 功耗，网络可以在 NTN 小区内按地理区域配置 TN 小区/频率，UE 仅对 UE 所在区域的 TN 小区/频率进行测量。例如，在图 6-21 中，如果 UE 位于 NTN 小区的区域 1，则 UE 只需要在 TN 小区 1 上执行测量。

UE 接入 TN 小区会有传播时延小、功耗低等优点，TN 小区的优先级通常较高。对于驻留在 NTN 小区的 UE，如果使用传统的基于小区优先级的重选策略，当 UE 远离 TN 覆盖区时，即使 UE 周围没有 TN 频率，UE 也总是持续地搜索 TN 频率并尝试执行测量，这会导致 UE 功耗增加。为了避免对 TN 频率进行不必要的测量，网络应提供 TN 频率的区域信息，UE 使用该区域信息来确定是否测量 TN 频率。如果 UE 在给定区域内，则允许 UE 测量 TN 频率；如果 UE 在给定区域外，则 UE 不应测量 TN 频率。

为了使 NTN UE 有效识别 TN 小区，需要解决以下两个问题。

① 如何提供 TN 的覆盖区。

② 如何提供 TN 的频率。

（1）如何提供 TN 的覆盖区

NTN 提供的 TN 覆盖区的辅助信息有以下 6 个选项。

选项 1：网络提供相邻 TN 小区的区域信息，以区域中心位置坐标和半径来表示。

选项 2：网络以位置坐标列表的格式提供 TN 覆盖区和 NTN 覆盖区的边界线，此外还可以指示边界线的哪一侧是 TN 覆盖区。

选项 3：对于准地面固定小区，TN 覆盖区由距小区中心的距离范围和基于参考方向的角度范围来描述。

选项 4：可以在系统信息中包括一个指示信息，以指示 NTN 小区的覆盖区与 TN 小区的覆盖区重叠。

选项 5：NTN 小区可以根据一定的标准划分为几个虚拟区域。虚拟区域和相应的 TN 频率信息作为辅助信息进行广播，以帮助 UE 更准确地测量 TN 小区。

选项 6：对于每个 TN 覆盖区，网络提供一个位置列表，用连接列表中的点所形成的闭合多边形来指示 TN 覆盖区。

对于选项 3，需要提供的参数包括小区中心、距离范围、参考方向和角度范围，需要的参数较多，导致信令开销增加和复杂性提高。对于选项 4，因为 NTN 小区的覆盖范围远大于 TN 小区，仅指示 NTN 小区的覆盖范围与 TN 小区的覆盖范围重叠并不能帮助 UE 减少对 TN 小区的搜索工作。对于选项 5，如何指示虚拟区域是关键问题，一种解决方案是指示每个虚拟区域的中心位置和半径，并且用映射到虚拟区域的每个比特的位图来指示 TN 是否可用，这种解决方案导致选项 5 信号开销增加。3GPP 首先排除了选项 3、选项 4 和选项 5，下面将重点讨论选项 1、选项 2 和选项 6。

TN 覆盖区的最小表示示意如图 6-22 所示。

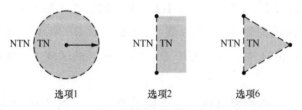

图6-22 TN覆盖区的最小表示示意

对于选项 1，描述 TN 覆盖区需要参考位置的坐标（referenceLocation 格式）和半径，至少需要 8 个字节（半径需要 2 个字节，1 个坐标需要 6 个字节）。对于选项 2，描述边界线至少需要 2 个坐标才能形成一条直线，如果忽略指示 TN 覆盖区位于哪一侧的信令，并重复使用 referenceLocation 格式，则至少需要 12 个字节（6 个字节×2 个坐标）。对于选项 6，将边界线延伸到闭合多边形至少需要 3 个坐标，则至少需要 18 个字节（6 个字节×3 个坐标）。

在实际部署时，对于选项 1、选项 2 和选项 6，TN 覆盖区的一种可能表示示例如图 6-23 所示。

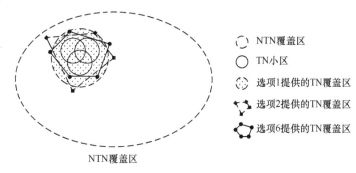

图6-23　TN覆盖区的一种可能表示示例

根据图 6-23，选项 2 和选项 6 提供的 TN 覆盖区精度相似，均略高于选项 1。对于选项 1，所需的信令开销参考位置坐标和小区半径；对于选项 2，所需的信令开销是 4 个坐标；对于选项 6，所需的信令开销是 5 个坐标。选项 1 所需要的信令开销最小。

提供 TN 覆盖区辅助信息的目的是帮助 UE 节省搜索和测量 TN 小区的功率，使 UE 只需要在接近 TN 覆盖区或在 TN 覆盖区内时才开始搜索和测量 TN 小区，因此不需要高精度提供 TN 覆盖区信息。由于 TN 小区通常是集群的，并且在具有不规则覆盖边界的一个区域中可以获得多个 TN 小区，因此提供近似的 TN 覆盖边界足以让 UE 识别 TN 覆盖区，并在接近 TN 覆盖区时启动 NT 小区的测量。

综上所述，与选项 1 相比，选项 2 和选项 6 需要更多的信令开销来指示 TN 覆盖区，但是 TN 覆盖的准确性又没有明显高于选项 1，且选项 2 和选项 6 的实现过程较为复杂，因为网络需要沿着 TN 覆盖边缘精确选择坐标。除此之外，难以用选项 2 和选项 6 来表示多个 TN 覆盖区（例如，小区内的几个城市/城镇）。由于选项 1 实现简单且具有最低的总体信令开销，因此 NTN 提供 TN 覆盖区辅助信息的最终方案确定为选项 1。

选项 1 既适用于地面移动小区，也适用于准地面固定小区。除此之外，选项 1 可以调整相邻 TN 覆盖区的参考位置和距离阈值（半径）来满足不同的精度需求。如果精度要求较低，使用大的距离阈值，则一个 TN 覆盖区将覆盖尽可能多的 TN 小区，信令开销将更小。如果精度要求较高，使用小的距离阈值，则一个 TN 覆盖区将覆盖更少的 TN 小区，高精度可以使 UE 节省更多的功率，但具有更大的信令开销，UE 也需要存储更多的 TN 覆盖区信息。在实际部署时，由网络来配置适当的 TN 覆盖区，以便在精度和信令开销之间取得平衡。TN 覆盖区如图 6-24 所示。

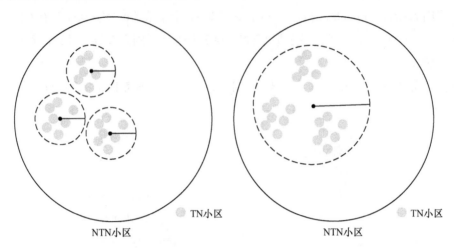

图6-24　TN覆盖区

网络可以通过两个选项把 TN 覆盖区信息发送给 UE。第一个选项是通过系统消息发送给 UE，第二个选项是通过专用 UE 信令发送给 UE。由于 TN 覆盖区信息是相对静态的，并且对所有 UE 都是公共的，因此通过系统消息以广播方式发送给 UE 更合理。

在 3GPP 协议制定过程中，还讨论了是否需要专用信令提供 TN 覆盖区额外信息的问题。提供 TN 覆盖区信息的目的是在 RRC 空闲态 / 非激活态下，UE 在进行小区重选时可以节省功率。专用信令仅在 RRC 连接态中可用，当 UE 进入 RRC 空闲态 / 非激活态时，在 RRC 连接态下提供的信息可能无效，这是因为 UE 在空闲模式下会移动到新的区域或驻留到新的小区，进而导致存储的信息无效。除此之外，当 UE 进入 RRC 连接态时，网络将控制 UE 的测量行为，当 UE 不在 TN 覆盖区时，网络可以配置 UE 不测量 TN 频率。此外，当专用信令和广播信令发送的 TN 覆盖区信息不同时，需要进一步讨论更新机制、有效时间或行为，这增加了制定规范的工作量。总之，通过专用信令提供额外的 TN 覆盖区信息的优势有限，且通过区域中心位置 + 区域半径表示的 TN 覆盖区信息节省了 UE 功率，因此不建议通过专用信令来提供 TN 覆盖区的额外信息。

为了确保网络能够提供更多的 TN 覆盖区，3GPP Rel-18 中引入了 SIB25 来提供 TN 覆盖区信息。根据规范，SIB 的最大尺寸是 2976bit，即 372 个字节，一个 TN 覆盖区（区域中心 + 区域半径）的数据尺寸是 8 个字节，因此，一个 SIB 理论上可以容纳的 TN 覆盖区的最大数量是 $\lfloor 372/8 \rfloor = 46$ 个，在规范中，TN 覆盖区的最大值是 32 个。

SIB25 消息定义如下。

```
SIB25-r18 ::=                    SEQUENCE {
    coverageAreaInfoList-r18         CoverageAreaInfoList-r18
OPTIONAL,  -- Need R
    lateNonCriticalExtension         OCTET STRING
OPTIONAL,
```

```
    ...
}
CoverageAreaInfoList-r18 ::=    SEQUENCE (SIZE (1..maxTN-AreaInfo-r18)) OF
CoverageAreaInfo-r18

CoverageAreaInfo-r18 ::=        SEQUENCE {
    tn-AreaId-r18                   TN-AreaId-r18,
    tn-ReferenceLocation-r18        ReferenceLocation-r17,
    tn-DistanceRadius-r18           INTEGER(0..65535)
}
```

SIB25 消息中各个参数的详细解释如下。

TN-AreaId：TN 覆盖区的标识，在 NTN 系统中，用于识别 TN 覆盖区。

ReferenceLocation：以椭圆点模型（经度和纬度）表示的参考位置。

tn-DistanceRadius：TN 覆盖区的半径，圆心是参考位置，步长是 1m。

maxTN-AreaInfo-r18：在一个 NTN 小区中可以配置的 TN 覆盖区的最大数量，取值是 32 个。

（2）如何提供 TN 的频率

接下来讨论 NTN 如何提供 TN 小区的频率信息。NTN 提供 TN 频率的信令有两个选项。

选项 1：在每个 TN 覆盖区直接显示 TN 的频率列表。

选项 2：在每个 TN 覆盖区配置一个 TN 覆盖区标识，通过在 SIB4 和 SIB5 中添加 TN 覆盖区标识来指示 TN 覆盖区的频率信息。当 UE 处于空闲态/非激活态时，网络应在系统消息（SIB4/SIB5）中提供 TN 配置。

接下来分析选项 1 和选项 2 的信令负荷。NTN 小区可以广播最多 8 个 NR 频率和 8 个 E-UTRAN 频率，每个 NR 频率和 E-UTRAN 频率分别需要 22bit 和 18bit。TN 覆盖区相关参数的信令负荷见表 6-7。

表6-7 TN覆盖区相关参数的信令负荷

参数	值	信令负荷/bit
TN-AreaId	INTEGER(1…maxTN-AreaInfo) maxTN-AreaInfo=32	5
ReferenceLocation	Ellipsoid-Point	48
distanceThresh	INTEGER(0…65525)	16
ARFCN-ValueNR	INTEGER (0…maxNARFCN) maxNARFCN= 3279165	22
ARFCN-ValueEUTRA	INTEGER (0…maxEARFCN) maxEARFCN= 262143	18

对于选项 1，如果 1 个 TN 覆盖区与 8 个 NR 频率和 8 个 E-UTRAN 频率相关联，则 1 个 TN 覆盖区需要 22×8+18×8=320bit 来表示 TN 频率，32 个 TN 覆盖区需要 320×32=10240bit。

当有 8 个 TN 覆盖区，每个 TN 覆盖区关联 2 个 NR 频率和 2 个 E-UTRAN 频率时，共计需要（22×2+18×2）×8=640bit。

对于选项 2，如果 1 个频率与 32 个 TN 覆盖区相关联，则需要 5×32=160bit，8 个 NR 频率和 8 个 E-UTRAN 频率需要 160×(8+8)=2560bit。当有 2 个 NR 频率和 2 个 E-UTRAN 频率，每个频率关联 8 个 TN 覆盖区时，共计需要（5×8+5×8）×2=160bit。

根据以上分析可以发现，在相同的条件下，选项 2 需要的信令负荷是选项 1 的 25%。NTN 提供给 UE 的 TN 辅助信息，除了 TN 覆盖区和频率，还包括 SSB、SMTC、接入门限、小区优先级等信息，这些信息也在 SIB4/SIB5 中发送，将 TN 覆盖区标识与 SIB4/SIB5 中的小区重选参数一起发送时，信令比较简单。因此，3GPP 最终选择选项 2，即在每个 TN 覆盖区配置一个 TN 覆盖区标识，通过在 SIB4/SIB5 中添加 TN 覆盖区标识来指示 TN 覆盖区的频率信息。

综上所述，对于 NTN-TN 的移动性增强，SIB25 提供了以区域中心位置坐标和半径表示的 TN 覆盖区，最多可以提供 32 个 TN 覆盖区。而 SIB4/SIB5 中添加了 TN 覆盖区标识来指示 TN 覆盖区的频率信息及其他信息。TN 覆盖区信息与频率的关联示例如图 6-25 所示。

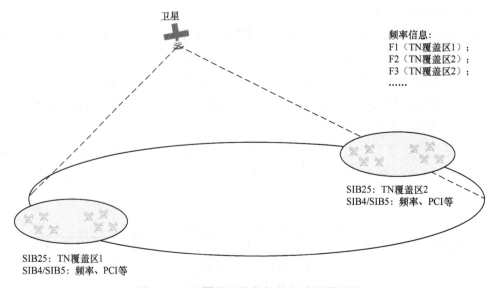

图6-25　TN覆盖区信息与频率的关联示例

对于 NTN-TN 的移动性增强，3GPP 规定，网络可以在 TN 服务小区中广播 SIB19 消息，以提供相邻 NTN 小区的卫星辅助信息。为了减少对规范的影响，3GPP 规定如下。

① 当 TN 服务小区提供 SIB19 时，SIB19 不是必要的 SIB，即如果 UE 没有读取 SIB19，UE 也可以正常接入 TN 服务小区。

② UE 驻留在 TN 服务小区时，TN 服务小区中的 SIB19 可以不是有效的版本。UE 驻留在 TN 服务小区时，UE 重新获取 SIB19 的确切时间取决于 UE 的实现。

③ TN 服务小区中的 SIB19 指示的历元时间基于 TN 服务小区的定时。

6.5.4 NTN-NTN 移动性管理增强

针对基于位置的小区重选，需要提供服务小区的参考位置和距离阈值，如果 UE 通过 GNSS 获得的位置与服务小区的参考位置之间的距离大于距离阈值，则 UE 应进行相邻小区测量。在 Rel-17 中，基于位置的小区重选只适合于准地面固定小区。在 Rel-18 中，3GPP 对 NTN-NTN 的移动性进行了增强，使基于位置的小区重选也适合于地面移动小区。

对于地面移动小区的 NTN-NTN 小区重选，NTN 将在系统消息中向 UE 提供参考位置和距离阈值，以便 UE 估计服务小区何时停止覆盖。如果当前 UE 位置和参考位置之间的距离大于距离阈值，则 UE 可以认为服务小区将停止提供服务，UE 可以基于距离阈值来执行小区重选。接下来讨论 NTN 如何提供服务小区的参考位置。

NTN 向 UE 提供地面移动小区的参考位置有以下 5 个选项。

选项 1：只提供当前小区的中心位置坐标，当 NTN 需要向 UE 提供地面移动小区位置时，每次提供小区的中心位置坐标的更新值。

选项 2：多个地面移动小区的参考位置及其时间信息。

选项 3：基于卫星星历表导出的子卫星点和子卫星点与小区参考位置之间的位置偏移。

选项 4：小区类型（准地面固定小区或地面移动小区）、带有时间戳的参考位置和参考位置的移动速度。

选项 5：小区类型（准地面固定小区或地面移动小区）、与历元时间对应的参考位置。

对于选项 1，网络仅提供参考位置而没有其他辅助信息，网络需要不断更新地面移动小区的参考位置，对于 LEO 卫星，其速度可能高达 7.56km/s，这将导致网络需要非常频繁地更新参考位置，信令开销大。如果参考位置更新频率低，UE 不得不使用历史位置信息，这将导致 UE 不能准确估计服务小区停止覆盖的时间或不能进行小区重选。

对于选项 2，网络提供多个参考位置及其时间信息，UE 可以基于时间信息来使用每个参考位置，但是带有时间信息的参考位置列表会导致信令开销大。

对于选项 3，网络提供到子卫星点的偏移可以作为参考位置，UE 可以基于卫星星历表和偏移量来更新参考位置。

对于选项 4，网络提供带有时间戳的参考位置，UE 可以根据卫星星历表计算服务小区的速度，利用卫星星历表中的参考位置、时间戳和速度，UE 可以更新服务小区的参考位置。

对于选项 5，网络提供与历元时间相对应的参考位置，类似于选项 4，UE 可以基于参考位置、历元时间和卫星星历表来更新参考位置。

选项 3、选项 4 和选项 5，UE 都可以实时更新服务小区的参考位置，从信令的角度来看，选项 5 的信令开销最小，3GPP 最终采用选项 5。对于地面移动小区，基于位置的小区重选的详细过程见 6.4.2。

6.6 潜在的 TN/NTN-NTN 间移动性管理增强

具有应用前景的移动性管理增强方案，包括支持 TN/NTN-NTN 的双活动协议栈（Dual Active Protocol Stack，DAPS）切换用户面（User Plane，UP）和控制面（Control Plane，CP）增强方案，以及支持 TN/NTN-NTN 双连接（Dual Connectivity，DC）的主/辅接入点快速链路重建增强方案等。增强方案与传统地面网络方案的比较见表 6-8。

表6-8 增强方案与传统地面网络方案的比较

场景	控制面方案	控制面方案优缺点比较	用户面方案	用户面优缺点比较
传统地面网络（TN-TN）DAPS 切换	RLF 和切换失败后优先尝试源小区恢复或重建；适用 DAPS 切换流程	逻辑简单，源小区可用时恢复成功率高；源小区不可用时（例如 LEO-NTN）恢复或重建尝试失败，中断时间延长	源小区和目标小区使用相同承载和用户配置（目标小区默认复制源小区配置）；适用 DAPS 切换流程	信令少，实现简单；无法适应 TN/NTN-NTN 之间的网络特性差异（时延）
天地一体化网络间（TN/NTN-NTN）DAPS 切换	恢复或重建需要考虑源小区及目标小区可用性，可跳过不必要的恢复或重建尝试；适用 DAPS 切换流程	根据可用性简化信令流程，减少终端用时和能耗；额外配置和 UE 行为，使标准复杂度增加	根据 TN/NTN-NTN 特性使用相同承载和差异化用户面配置；适用 DAPS 切换流程	使 TN/NTN-NTN 之间的 DAPS 切换可用，保障业务连续；额外配置和 UE 行为，使标准复杂度增加
传统地面网络（TN-TN）双连接	MCG RLF 快速恢复直接通过当前激活的 SN 及其 SCG 进行（默认承载）；SCG RLF 恢复通过 MN 及其 MCG 进行（默认承载）	逻辑简单，SN 或 MN 可用时恢复成功率高；SN 不可用（例如 LEO-NTN）或时延大（GEO-NTN）时，无其他选择；MN 不可用（例如 LEO-NTN）时，先通过 MN 尝试恢复，然后才能尝试重建	使用不同的用户面承载；适用非切换流程	与 DAPS 切换不同，不需要保持相同承载
天地一体化网络间（TN/NTN-NTN）双连接	MCG RLF 快速恢复考虑 SN 及其 SCG 的可用性和/或时延进行选择；SCG RLF 恢复考虑 MN 可用性，若不可用直接跳过恢复进行重建	根据 SN 可用性及时延提高 MCG 恢复成功率和效率，或根据 MN 可用性简化 SCG 恢复信令流程，减少重建和能耗；额外配置和 UE 行为，使标准复杂度增加	TN/NTN-NTN 可使用不同用户面承载；适合非切换流程；不需要增强	与 DAPS 切换不同，不需要保持相同承载；不需要增强

6.6.1 TN/NTN-NTN DAPS 增强

在 Rel-15 中，连接态的切换采用的是硬切换方式，即 UE 在接收切换命令之后，首先释放与源小区的连接，然后与目标小区建立连接，因此在切换执行过程中不可避免地存在用户数据中断的情况。在 Rel-16 中，为了满足 5G 用户业务连续性的需求，引入了 DAPS 切换，即 UE 在接收到切换命令之后，在保持源小区连接的同时向目标小区建立连接，只有 UE 成功接入目标小区之后，才可释放源小区的连接。DAPS 切换短时间维持了 UE 与源小区和目标小区的双重连接以及相同的用户面配置，保障了用户数据传输在切换过程中的连续性。在天地一体化网络，特别是 TN 与 NTN 融合的网络架构下，为保障

TN-NTN 或 NTN-NTN 之间切换时的业务连续性，Rel-16 为 TN 引入的 DAPS 可以作为基础方案之一。但是，为了适应 NTN 特性，特别是 NTN 与 TN 的特性差异，传统的 DAPS 机制面临用户面和控制面的双重挑战。

（1）NTN 中的 DAPS 用户面问题与解决方案

为实现 DAPS 切换，源小区为 UE 指示 DAPS 专用的承载配置，包括在切换过程中用于源小区和目标小区的 MAC/RLC/PDCP 协议层配置等。对于每个配置的 DAPS 承载，UE 的 PDCP 层会被重配置为面向源小区和目标小区的统一设置，用于维持切换过程中的 PDCP 层序列号连续性，进而保证用户数据的按序递交。相应地，面向源小区和目标小区的重排序和复制功能也会被统一配置，只有加密/解密和报头压缩/解压缩等不影响数据顺序的功能会被分开配置。类似地，为了保障切换过程中的用户数据连续性以及用户体验，3GPP 协议进一步规定，对于配置的 DAPS 承载，UE 将复制源小区的 MAC、RLC 层及逻辑信道配置，面向目标小区建立相同的协议层实体。这种简化设计在 TN 内部应用是较为合理的，但是在 NTN 中会遇到新的挑战。

NTN 极高的天线高度在带来广覆盖的同时，也不可避免地导致 UE 到网络的传播时延增加，例如相比于 TN 约 0.033ms（以 5km 覆盖半径计算）的 RTT，NTN 的 RTT 可以达到数十乃至数百毫秒，即使在 NTN 内，LEO 卫星的 26ms 时延和 GEO 卫星的 541ms 时延之间也有较大差异。综合考虑传统 TN 的 DAPS 的统一用户面配置规定和 NTN 的特殊用户面配置增强，可以发现，若在 TN 与 NTN 之间，或者使用不同轨道高度卫星（例如 LEO 卫星和 GEO 卫星）的 NTN 之间配置使用 DAPS 时，会不可避免地出现矛盾，矛盾包括以下 3 点。

① 对于需要涵盖整个 RTT 时间范围的计时器，例如 MAC 层的 sr-ProhibitTimer、RLC 层的 t-Reassembly、PDCP 层的 DiscardTimer 和 t-Reordering 等，Rel-17 NTN 将其取值范围扩大至 NTN 最大 RTT（即 541ms）的数倍。若面向目标 TN（或 LEO-NTN）小区适用源 NTN（或 GEO-NTN）小区的用户面配置，会出现参数设置过大等问题，反之则会导致参数设置过小。

② 对于在 RTT 时间范围内无须启动的计时器（没有数据或信令接收），例如 MAC 层的 ra-ContentionResolutionTimer、drx-HARQ-RTT-TimerDL 和 drx-HARQ-RTT-TimerUL 等，Rel-17 NTN 将其启动时间向后偏置 RTT 时间。面向目标 TN（或 LEO-NTN）小区适用源 NTN（或 GEO-NTN）小区的用户面配置时，会出现计时器过晚启动等问题，反之则会导致计时器过早启动。

③ 为了避免高传播时延导致的 HARQ 停滞问题，即过多的 HARQ 反馈或重传导致信道资源占用、可用 HARQ 进程不足，以及缓存器溢出等，Rel-17 NTN 允许配置 UE 关闭针对下行数据的 HARQ 反馈以及针对上行数据的 HARQ 重传机制。是否允许关闭的配置在 MAC 层配置实现，并且对于上行传输资源可以额外配置逻辑信道优先级（Logic Channel Prioritization，LCP）策略，以限制其可承载的 HARQ 重传模式。若面向目标 TN（或

LEO-NTN）小区适用源 NTN（或 GEO-NTN）小区的用户面配置，会出现 HARQ 反馈或重传不必要禁止等问题，反之则会导致 HARQ 停滞等。

为解决上述问题，提出针对 NTN 的 DAPS 用户面增强方案，如图 6-26 所示，有别于传统 TN DAPS 中简单的用户面配置复制而无基站间交互，其通过源小区和目标小区所属基站间的信息交互，确定需要针对 TN 和 NTN 各自网络特性所需差异化用户面配置的用户面参数，然后通过以下 3 种选项之一发送至 UE。

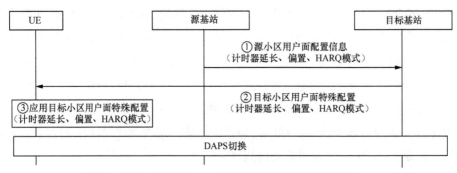

选项1a：基站间交互信息后，由目标基站单独配置目标小区用户面

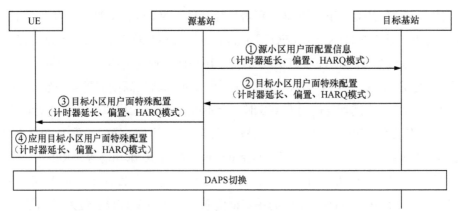

选项1b：基站间交互信息后，由源基站单独配置目标小区用户面

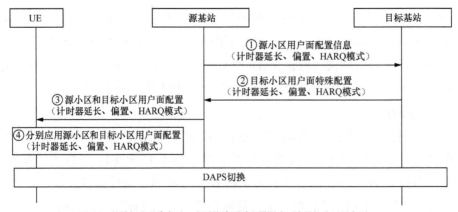

选项2：基站间交互信息后，由源基站同时配置源小区和目标小区用户面

图6-26　针对NTN的DAPS用户面增强方案

选项1a：由目标小区所属基站通过Xn透传信令将差异化用户面配置额外发送至UE，UE针对目标小区应用差异化用户面配置。

选项1b：由源小区所属基站通过空口信令将差异化用户面配置额外发送至UE，UE针对目标小区应用差异化用户面配置。

选项2：直接由源小区所属基站在配置DAPS之初通过空口信令将两套不同的用户面配置发送至UE，UE针对源小区和目标小区分别应用两套不同的用户面配置。

其中，选项1a和选项1b的区别在于负责生成差异化用户面配置并送达UE的网络实体及相应的信令流程，该差异化配置在逻辑上位于DAPS配置之后，属于不同的信令消息。选项2不同于选项1a和选项1b，在DAPS配置之初便将两套不同的用户面配置分别送至UE，与DAPS配置使用同一条信令消息。该方案使UE在执行DAPS切换过程中，既能保证用户数据的顺序，又能以不同的参数配置契合TN与NTN各自的网络特性。

（2）NTN中的DAPS控制面问题与解决方案

用户面方案用在UE与TN和NTN的无线链路存续前提下，通过差异化配置保障用户数据经不同时延链路无损到达，且按序递交。源小区或目标小区链路的RLF可能导致DAPS切换失败，这就需要在控制面通过信令交互流程来实现上报、处理和恢复。

在面向TN的Rel-16中，RLF和切换失败处理和恢复流程未考虑小区或基站的移动，因此无法适用于NTN存在的场景，这主要包括以下两种原因。

① 在TN DAPS切换过程中，UE持续监测源小区链路RLF，直至目标小区的随机接入成功完成，在此期间，若源小区链路发生RLF，则UE停止该链路上的数据收发，但保留其配置；若目标小区链路发生RLF或切换失败，则UE寻找合适小区发起重建，若无合适小区则UE进入空闲态。当TN/NTN-NTN DAPS切换过程中源小区（LEO-NTN）发生RLF时，如果源小区（LEO-NTN）接近其服务时间（t-Service），UE可能无法重建或者无法恢复源小区链路。若UE需要选择合适小区发起重建，而没有排除可能接近服务停止时间的源小区或目标小区（按照信号最强原则仍有可能被选中），则可能会再次重建失败。

② 在TN DAPS切换失败后，若小区链路仍可用，UE回退至源小区配置并恢复源小区链路，并可以上报DAPS切换失败指示。当TN/NTN-NTN DAPS切换失败时，如果源小区（LEO-NTN）接近其停止服务时间（t-Service），UE可能无法重建或者恢复源小区链路，也无法上报DAPS切换失败指示，且当前协议不支持UE在后续连接成功后上报失败原因，以协助网络纠正不合理的DAPS切换配置。

为解决上述问题，提出针对NTN的DAPS控制面增强方案，如图6-27所示。在传统TN DAPS失败处理流程的基础上，引入针对NTN相关特性的条件配置，即UE参考源NTN小区或目标NTN小区的服务停止时间及相应的网络配置，以决定是否可以略过不必要的失败处理环节，包括在源小区接近或到达服务停止时间时释放源小区链路及其配置，在源小区不发起重建或恢复，并在后续的小区选择中排除源小区；在目标小区接近或到达服务停止时间时停止随机接入，释放目标小区配置，触发切换失败，并在后续的小区选择中排除目标小区。此外，UE可以将接近或到达服务停止时间作为失败原因，并在下一次接入网络时上报。

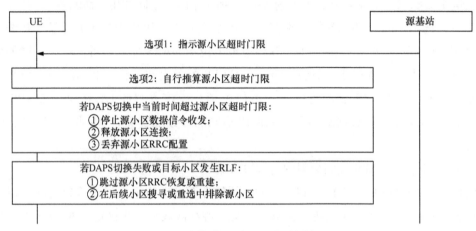

1：当前时间超过源小区超时门限

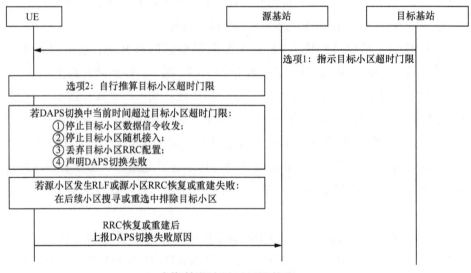

2：当前时间超过目标小区超时门限

图6-27 针对NTN的DAPS控制面增强方案

6.6.2 TN/NTN-NTN 双连接增强

双连接是 Rel-15 支持的网络架构，以满足 UE 同时接入多个网络节点保障业务吞吐量和连续性、负载均衡和可靠性等需求。与 DAPS 仅适用于切换过程不同，DC 可以适用于任何存在多个可连接节点的场景，可以配置一个主节点（Master Node，MN）和多个辅节点（Secondary Node，SN）并激活其中一个，并且不要求统一用户面配置。DAPS 的目标在于当切换不可避免地发生时，被动地同时建立 TN 和 NTN 两条暂时的无线连接链路（切换成功后即释放源小区连接），通过有效的控制面信令交互保障切换，以及通过差异化用户面配置（使用相同的用户面承载）保障用户数据的连续性。而 DC 可以在没有切换需求的情况下，主动建立 TN 和 NTN 两条连接链路，充分利用 TN 和 NTN 各自的网络优势，使用不同的用户面承载来提升用户体验。因此，DC 无须面对 DAPS 的用户面和切换失败问题，主要解决 RLF 处理和恢复问题，特别是针对 TN 设计流程的适用性，具体如下。

① 在 TN 中，当主小区组（Master Cell Group，MCG）发生 RLF 时，若配置了快速 MCG 链路恢复（即 T316），则 UE 通过辅小区组（Secondary Cell Group，SCG）向 MN 发起恢复请求并启动 T316 等待答复。若 T316 超时，则 UE 发起连接重建。TN/NTN-NTN 双连接用例如图 6-28 所示。对于两种用例，若 SN 中存在 NTN-SN，当 MCG 发生 RLF 并触发快速 MCG 恢复流程时，UE 首先面临是否以及如何选择 SCG 以发送恢复请求的问题，若某个 SCG 属于 NTN-SN 控制，则通过该 SCG 恢复的时延较大，且可能因接近或到达服务停止时间而发送请求或接收回复失败；此外，UE 使用统一的 T316 配置，而 TN-SN 和 NTN-SN 所需的信令环回时延存在差异，无法适用同样的 T316 时长配置。

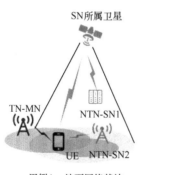
用例A：地面网络基站作为主节点（TN-MN）

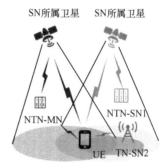
用例B：非地面网络基站作为主节点（TN-MN）

图6-28 TN/NTN-NTN双连接用例

② 在 TN 中，当 SCG 发生 RLF 时，若 MCG 的无线承载没有被暂停，则 UE 向 MN 发送 SCG 失败信息并等待处理；若 MCG 的无线承载被暂停，则 UE 发起连接重建。对于用例 B，在 SCG 失败恢复过程中，存在 NTN-MN 接近或到达服务停止时间导致恢复失败

的可能性。

为解决上述问题，提出针对 TN/NTN-NTN 的双连接增强方案，如图 6-29 所示。该方案包括以下 3 个方面。

① 在执行 MCG 快速恢复时，有别于传统 TN 中直接通过当前激活的 SCG 及其所属 SN 发送恢复请求，本方案综合考虑所配置 SCG 及其所属 TN/NTN-SN 的时延及可用时间等因素，选择时延最小、可靠性最高的 SN 来发送恢复请求，还包括为不同时延的 TN/NTN-SN 配置独立的 T316，以适配 TN 与 NTN 各自的网络特性。

② 在执行 SCG 恢复时，有别于传统 TN 中必须等待恢复失败后才能发起重建，本方案考虑 MCG 及其所属 NTN-MN 的时延及可用时间等因素，允许 UE 选择暂停 MCG 承载或放弃恢复流程而直接尝试连接重建。

③ 有别于传统 TN 中失败信息只能由 RLF 被动触发，考虑到 NTN-MN 及 NTN-SN 服务停止时间的可预测性，本方案允许 UE 在服务停止时间到达之前提前触发失败信息上报，从而允许网络根据可预测的 RLF 信息提前进行连接的重配置。

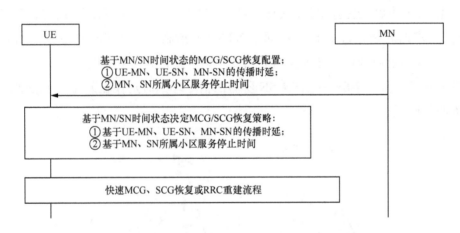

图6-29 针对TN/NTN–NTN的双连接增强方案

该方案在 TN 双连接机制的基础上，针对 TN/NTN-NTN 双连接场景优化了信令内容和流程，实现了 TN/NTN-NTN 双连接中 RLF 的高效处理和恢复。一方面，该方案充分利用了 Rel-17 NTN 所引入的 NTN 相关信息交互和指示，即 MN 知晓其所属卫星 MCG 小区、其为 UE 配置的 SN 及所属卫星 SCG 小区的星历信息、服务停止时间，以及 MN-SN 传播时延等，并可以通过 UE 上报的 TA 和传播时延差获得 UE-MN、UE-SN 的传播时延，从而能够有效生成基于 MN/SN 时间状态的 MCG/SCG 恢复配置；另一方面，得益于 NTN UE 的定位能力、卫星 MCG/SCG 小区星历信息和服务停止时间的获取，UE 可以自行计算 UE-MN、UE-SN 的传播时延并根据网络配置执行相应的恢复策略。

6.7 本章小结

NR-NTN 的移动性管理包括空闲模式下的移动性和连接模式下的移动性，相较于 TN，NTN 移动性管理面临高信令时延、信令风暴、远近效应不明显等挑战。为了解决上述挑战，NR-NTN 移动性管理增加了基于距离和基于时间的测量事件、无 RACH 切换、具有重新同步的卫星转换等特征，并增强了 NTN-TN 和 NTN-NTN 的移动性管理。

第 7 章

NR-NTN 验证 UE 位置

在 Rel-18 中，NR-NTN 增强功能主要包括 4 个方面，分别是覆盖增强、NTN 部署在 10GHz 以上频段、NTN 验证 UE 位置，以及 NTN-TN 和 NTN-NTN 移动性和服务连续性增强。本章分析 NTN 验证 UE 位置功能。

7.1 网络验证 UE 位置的必要性

运营商在运营 NTN 时，为了让 UE 成功注册并选择合适的核心网功能，必须清楚地知道附着到网络上的 UE 位置信息。NTN 验证 UE 位置是 NR-NTN 增强的一个目标，以便其服务满足政策监管要求，包括公共预警系统、应急服务、计费和收费通知。

为了满足监管要求，网络可以在移动性管理和会话管理过程期间验证 UE 位置，来强制 UE 所选的 PLMN 被允许在 UE 位置所在的国家提供服务。在这种情况下，对于使用卫星接入 NR 的 UE，当 AMF 接收到的 NGAP 消息中包括 UE 的用户位置时，AMF 可以决定验证 UE 位置。如果 AMF 基于从 gNB 接收到的 PLMN ID 和用户位置信息（User Location Information，ULI）决定不允许 UE 在当前位置处操作，则 AMF 应当以适当的原因拒绝任何 NAS 请求，并且如果 AMF 已知 UE 位置所在的国家，则将国家信息通知给 UE。如果 AMF 确定已经注册到网络的 UE 不允许在当前位置操作，则 AMF 可以发起 UE 注销流程。

如果 AMF 基于 ULI 不能以足够的精度确定 UE 的位置，则 AMF 继续进行移动性管理或会话管理过程，并且可以在移动性管理或会话管理过程完成之后发起 UE 定位过程，以确定 UE 的精确位置。如果从 LMF 接收到的信息指示 UE 注册到的 PLMN 不允许 UE 操作，则 AMF 应当注销 UE 的登记。在切换过程中，如果目标 AMF 确定 UE 不被允许在当前位置处操作，则 AMF 拒绝切换，或者接受切换但是随后注销 UE。

NTN 小区的覆盖范围通常非常大，对于多运营商共享核心网场景，服务多个国家的同一个 NTN 小区可能具有不同的核心网，或者覆盖国际区域（例如海洋）的 NTN 小区信号泄漏到邻近的国家，特别是在靠近国家边界的区域，网络仅知道服务小区 ID 的信息，并不能总是正确决定 UE 连接到哪一个核心网，因此，网络需要清楚地知道 UE 的位置信息。

3GPP Rel-17 规定，接入卫星的 UE 必须具有 GNSS 接收机，理论上，UE 可以在 RRC 连接状态给 RAN 发送 GNSS 测量信息，这样网络就可以通过 UE 的上报来获取 UE 位置信息，然后根据 UE 的位置信息，选择合适的 PLMN。通过 UE 上报位置信息有两个缺点。第一，UE 上报的 GNSS 位置信息可能存在错误，错误的原因可能是内部因素，例如用户或者第三方的恶意篡改，为了尝试连接到不同的核心网，"恶意"的 UE 可能"欺骗"网络，以便选择到不同的 PLMN；也可能是外部因素，例如受到干扰。第二，在 AS 安全建立之前，在 RRC 上发送 GNSS 位置信息会引起安全和隐私问题。基于以上两个因素，网络不能完全信任 UE 报告的位置信息。

对于 UE 报告的位置验证，以国家为单位的颗粒度对 UE 位置进行区分，有两种不同的场景。

① 场景 1：1 个波束仅覆盖 1 个国家。

在该场景中，网络能够把 UE 的位置和 UE 的服务波束相关联，以识别 UE 位置。1 个波束覆盖 1 个国家示意如图 7-1 所示，如果 UE#1 报告的位置在地区 2，但是 NTN 经由波束 1 向 UE#1 提供服务，这种情况下，由于服务波束 1 仅覆盖地区 1，gNB 可以自然地识别出 UE 报告的位置是不正确的。

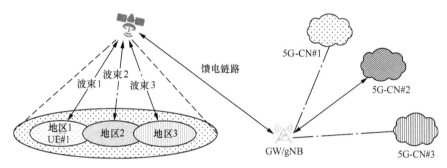

图7-1　1个波束覆盖1个国家示意

② 场景 2：1 个波束覆盖多个国家。

1 个波束覆盖多个国家示意如图 7-2 所示。在该场景中，为了验证 UE 位置，NTN 能够使用基于 5G 蜂窝网的定位方法。

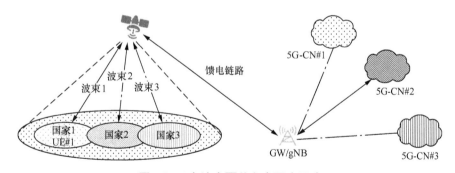

图7-2　1个波束覆盖多个国家示意

在现有的 5G 定位框架中，UE 定位方法通常是由多个网络节点同时完成的。但是对于 NTN，由于卫星的覆盖范围比 NTN 网络宽得多，通常情况下仅有 1 颗卫星为 UE 提供服务，经过 1 颗卫星的 NR 定位方法，其流程与现存的定位机制类似，但是为满足单卫星情形，传统的多节点联合定位需要增强为单节点不同时刻的联合定位。

对于 NTN，网络验证 UE 位置的精度要求是 5～10km，与宏小区的大小一致，基本上能够满足国家识别和核心网的选择。

7.2 5G 蜂窝网定位原理

7.2.1 5G 蜂窝网定位系统架构

蜂窝网定位的基本流程如图 7-3 所示。一般来说，定位的基本流程由定位客户端（LCS Client）发起定位请求到定位服务器，定位服务器通过配置无线接入网络节点进行定位目标的测量，或者通过其他手段从定位目标处获得相关位置信息，最终计算出位置信息并与坐标匹配。需要指出的是，定位客户端和定位目标可以合设，即定位目标本身可以发起针对自己的定位请求，也可以是外部发起针对某个定位目标的请求；最终定位目标位置的计算可以由定位目标自身完成，也可以由定位服务器计算得出。

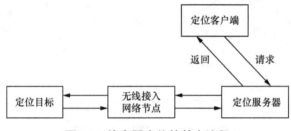

图7-3　蜂窝网定位的基本流程

NG-RAN 定位架构如图 7-4 所示，方框代表参与定位的功能实体，连接线表示实体间的通信接口及相关协议。

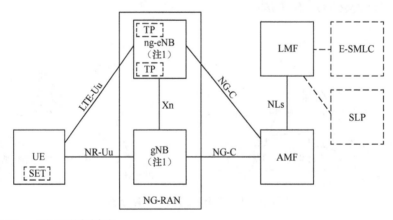

注：1. gNB 和 ng-eNB 不必同时存在。

图7-4　NG-RAN定位架构

NG-RAN 定位架构的各个网元的功能如下。

① 增强型服务移动位置中心（Enhanced Serving Mobile Location Center，E-SMLC）。E-SMLC 通常可以被认为是控制面的定位服务器，可以是逻辑单元或者实体单元。E-SMLC 将客户端请求的位置要求转化为相应的 NG-RAN 测量参数，并选择定位方法，

对返回的位置估算最终结果和精度。

② AMF。AMF 是 5GC 网元，一般可以通过 AMF 完成控制面的定位请求，AMF 可以接收其他实体请求，也可以由自己发起定位请求。

③ **定位测量功能**（Location Measurement Function，LMF）。LMF 为目标 UE 的位置服务提供各种支持，包括 UE 的定位和为 UE 发送辅助数据。LMF 可以与目标 UE 的服务 gNB 或服务 ng-eNB 进行交互，以得到 UE 的位置测量，包括由 NG-RAN 节点实施的上行测量和 UE 实施的下行测量。如果 LMF 被请求某个位置服务，LMF 可以与目标 UE 进行交互，以便发送辅助数据，或者根据请求得到 UE 的位置估计。LMF 可以与多个 NG-RAN 节点进行交互，以提供用于广播目的的辅助数据信息。为了定位目标 UE，LMF 根据 LCS 客户端类型、请求的 QoS、UE 定位能力、gNB 定位能力、ng-eNB 定位能力等因素决定使用的定位方法。LMF 可以与 AMF 进行交互，向 AMF 提供（或更新）UE 定位能力，以及接收 AMF 存储的 UE 定位能力。

④ **安全用户面定位**（Secure User Plane Location，SUPL）。定位信息通过 SUPL 协议在 LMF 和 SLP 之间的用户面进行交互和传输。

⑤ **SUPL 定位平台**（SUPL Location Platform，SLP）。SLP 是承载 SUPL 协议的实体，通常被认为是用户面定位服务器。

⑥ **UE/SUPL 使能终端**（SUPL Enabled Terminal，SET）。UE/SET 指用户面的定位目标。UE 可以测量来自 NG-RAN 或者其他信号源的下行信号，其他信号源包括 E-UTRAN、不同的 GNSS 和地面信标系统（Terrestrial Beacon System，TBS）、WLAN 接入节点、蓝牙信标、UE 的气压计和运动传感器。选择的定位方法决定了 UE 实施的测量。UE 包括 LCS 应用或者接入 LCS 应用，LCS 应用包括必需的测量和计算功能，以决定 UE 的位置。UE 也包括独立的定位功能（例如 GPS），因此能够不依赖 NG-RAN 传输来报告它的位置。具有独立定位功能的 UE 可以使用来自网络的辅助信息。

⑦ **gNB/ng-eNB**。NG-RAN 的网络节点，可以提供目标 UE 的测量信息并与 LMF 进行通信，为了支持与 RAT 相关的定位，gNB/ng-eNB 对目标 UE 的无线信号进行测量，为位置估计提供测量值。gNB/ng-eNB 可以服务几个 TRP，例如 RRU、仅有 UL-SRS 的接收节点（Reception Point，RP）、仅有 DL-PRS 的发射节点（Transmission Point，TP）。gNB 通过定位系统消息 SIB9（ng-eNB 通过定位系统消息 SIB16），广播来自 LMF 的辅助数据信息。

LTE 定位协议（LTE Positioning Protocol，LPP）在目标终端（控制面用例的 UE 或者用户面用例的 SET）和定位服务器（控制面用例的 LMF 或者用户面用例的 SLP）之间终止。LPP 既可以使用控制面协议进行传输，也可以使用用户面协议进行传输。LMF 和 UE 之间传输 LPP 消息，LPP PDU 通过 AMF 和 UE 之间的 NAS PDU 承载，LMF 和 UE 之间的协议栈如图 7-5 所示。LTE 定位协议的详细内容见 3GPP TS 37.355 协议。

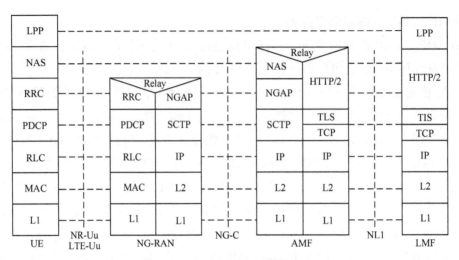

图7-5 LMF和UE之间的协议栈

gNB 与 LMF 信令通过 NR 定位协议 a（NR Positioning Protocol a，NRPPa）通信。NRPPa 对 AMF 是透明的，AMF 基于路由 ID 透明的路由 NRPPa PDU，路由 ID 对应 NG 接口上相关的 LMF 节点，而不必知道 NRPPa 相关处理。NG 接口上承载的 NRPPa PDU 可能是与 UE 相关的模式或者 non-UE 模式。LMF 和 NG-RAN 节点的协议栈如图 7-6 所示。NRPPa 的详细内容见 3GPP TS 38.455。

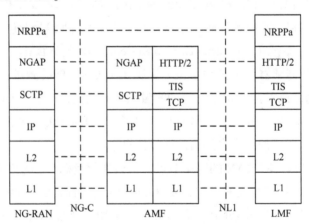

图7-6 LMF和NG-RAN节点的协议栈

NRPPa 支持以下定位功能。

① E-UTRA 的 E-CID，测量结果从 ng-eNB 发送到 LMF。

② 支持 E-UTRA 的可观察到达时间差（Observed Time Difference of Arrival，OTDoA）定位，收集来自 ng-eNB 和 gNB 的数据。

③ 支持 NR 小区 ID 定位方法，检索来自 gNB 的小区 ID 和其他部分小区 ID。

④ 支持辅助数据广播，在 LMF 和 NG-RAN 节点之间进行信息交互。

⑤ NR E-CID，测量结果从 gNB 发送到 LMF。

⑥ NR Multi-RTT，测量结果从 gNB 发送到 LMF。

⑦ NR UL-AoA，测量结果从 gNB 发送到 LMF。

⑧ NR UL-TDoA，测量结果从 gNB 发送到 LMF。

⑨ 支持 DL-TDoA、DL-AoD、Multi-RTT、UL-TDoA、UL-AoA，收集来自 gNB 的数据。

⑩ 测量预配置信息发送，允许 LMF 请求 NG-RAN 节点预先配置和激活 / 去激活测量间隙和 / 或 PRS 处理窗口。

AMF 可以自己发起（例如来自 UE 的紧急呼叫），或者收到另外一个实体（例如来自 UE 的定位业务或者其他设备等）发起针对某一个终端的定位请求时，AMF 将向 LMF 发起一个定位服务请求（Location Service Request，LSR）。LMF 会对该请求进行处理，例如向目的 UE 发起辅助数据，来帮助终端使用基于终端 / 终端辅助的方法进行定位，或者 LMF 通过获取的数据自行计算终端位置。LMF 会把获得的服务数据或者定位结果，返回定位请求的发起方 AMF，然后 AMF 再将对应的结果返回发起定位请求的实体，以上是控制面的定位流程。SLP 是用户面定位的定位服务器，用户面定位主要在应用层，即所有定位相关数据分组都通过应用层直接到对应的服务器。

NG-RAN 支持的定位流程如图 7-7 所示，主要涉及 UE、gNB、AMF、LMF、5GC LCS 这 5 个功能实体。

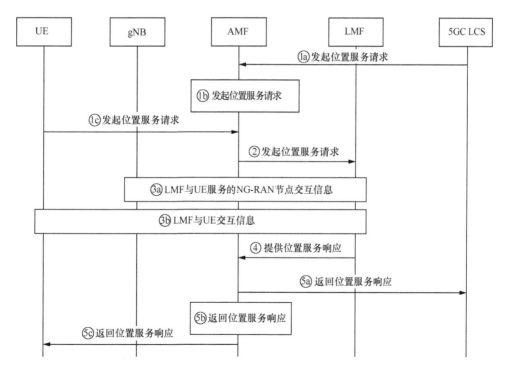

图7-7 NG-RAN支持的定位流程

NG-RAN 支持的定位流程具体如下。

步骤①a：在核心网中的一些实体（例如 GMLC）向服务 AMF 发起对目标 UE 的定位请求。

步骤①b：服务 AMF 自行决定对目标 UE 发起位置请求服务（例如获取紧急呼叫 UE 的位置）。

步骤①c：UE 通过 NAS 信令向服务 AMF 请求某个位置服务（定位或提供辅助数据）。

步骤②：AMF 发送位置服务请求到 LMF。

步骤③a：LMF 与 UE 服务的 ng-eNB 或 gNB，也可能包括邻近的 ng-eNB 或 gNB 交互，获得定位观测或辅助数据。

步骤③b：承接步骤③a继续执行或用步骤③b代替步骤③a，LMF 与 UE 交互，获得位置估计或定位测量，或向 UE 发送定位辅助数据。

步骤④：LMF 向 AMF 提供定位服务的响应，包括任何可能的结果（例如成功或失败的指示，或 UE 的位置估计）。

步骤⑤a：如果执行步骤①a，则 AMF 返回位置服务响应到 5GC 实体（例如 UE 的位置估计）。

步骤⑤b：如果执行步骤①b，则 AMF 使用步骤④的位置服务响应辅助步骤①b触发的位置服务请求（例如可以向 GMLC 提供与紧急呼叫相关联的位置估计）。

步骤⑤c：如果执行步骤①c，则 AMF 返回位置服务响应给 UE(例如 UE 的位置估计)。

对于 NTN，gNB 发送和接收的信号都需要经过卫星中继，考虑到大的传播时延及移动的锚点（卫星），传统的 NG-RAN 定位架构需要更改，以支持 NTN 定位过程和定位信令。基于单颗卫星的 NG-RAN 定位架构如图 7-8 所示，在该框架下，UE 连接到单颗卫星上，NTN 是透明有效载荷架构。

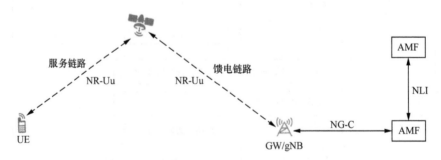

图7-8 基于单颗卫星的NG-RAN定位架构

7.2.2 5G 蜂窝网定位方法

不同的定位应用对定位精度有不同的要求，可以将定位方案用以下参数表征其 QoS：定位响应时间、定位精度（包括经纬度和高度）、定位精度置信度。定位响应时间指定位请求从发出到获得定位位置的时间；定位精度一般以米来度量；定位精度置信度表示某个定位精度在某一个置信区间内。同时，每一种定位方案在实施时，对于网络、终端都有不同的影响，考虑到实际部署的难度和定位技术的成熟度，可以在不同的区域采取不同的定位策略。常见蜂窝网定位技术如图7-9所示，图7-9给出了部分定位方法的响应时间和定位精度的关系。

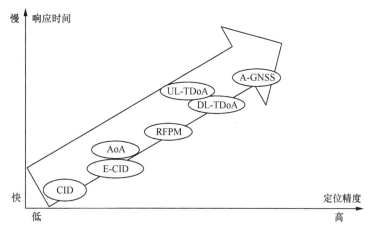

图7-9 常见蜂窝网定位技术

不同定位精度QoS的侧重点可能是不一样的。例如，CID方案的定位精度较低，但是响应速度快，同时对终端和系统的影响较小；DL-TDoA的定位精度较高，在3GPP Rel-16中可以达到水平距离0.2m的精度，但是其对系统的影响较大，且响应速度需要测量和计算，相比CID方案时延较大。

定位方案并没有定式的分类方法和原则，按照不同的逻辑会有不同的分类方法，下面介绍的两种分类方案是目前3GPP讨论较为主流的方式。

（1）控制面定位和用户面定位

按照定位数据收集的通道，蜂窝网定位分为控制面定位和用户面定位。控制面定位指定位相关数据，通过测量报告或NAS层消息，传给接入网或者核心网，网络将这些定位数据当作控制数据，传给运营商的定位服务器。控制面定位会给定位数据更好的QoS控制保障，运营商对这些数据是可控的。而用户面定位，指相关定位数据通过用户面通道传到对应的定位服务器；应用程序从芯片读取测量数据后，直接上报到OTT（Over the Top）厂商自设的定位服务器/数据库，对于运营商是透明的。当然，蜂窝网络也需要部署SPL设备，方可支持用户面定位。从这个层面，这种分类方法与使用何种定位具体技术无关，而与使用何种协议有关。之所以会提供两种定位方法，主要是为了提供更多的选择自由度，利于产业界根据自身需要选择合适的方案。

（2）终端自主定位、基于终端定位与终端辅助定位

按照定位数据收集和计算的承载单元分类，定位方案可分为终端自主、基于终端、终端辅助三大类。终端自主方案指UE直接获得定位位置，即计算在UE完成；基于终端

方案是指 UE 接收网络的辅助信息，然后自主测量，得到最终的坐标定位，与终端自主定位的唯一区别是需要网络提供辅助信息，而终端自主定位是完全不依赖网络的；终端辅助方案是指通过 UE 的自主测量，把相应的测量结果（例如 RSTD 或者 RSRP）上报给网络，然后由网络根据收集到的信息计算出最终的位置和终端自主定位，以及基于终端定位的区别是终端无法获得最终的坐标，其坐标由网络计算。

3GPP 协议认定的 NG-RAN 支持的定位方案有以下 13 种。

① 网络辅助的 GNSS（A-GNSS）定位。
② 基于 LTE 信号的 OTDoA 定位。
③ 基于 LTE 信号的 E-CID 定位。
④ WLAN 定位。
⑤ 蓝牙定位。
⑥ TBS 定位。
⑦ 基于传感器的定位（气压计传感器、运动传感器）。
⑧ 基于 NR 信号的 E-CID 定位。
⑨ 多环回时间定位（基于 NR 信号的 Multi-RTT）。
⑩ 基于 NR 信号的下行出发角度（Downlink Angle-of-Departure，DL-AoD）定位。
⑪ 基于 NR 信号的下行到达时间差（Downlink Time Difference of Arrival，DL-TDoA）定位。
⑫ 基于 NR 信号的上行到达时间差（Uplink Time Difference of Arrival，UL-TDoA）定位。
⑬ 基于 NR 信号的上行到达角度（Uplink Angle-of-Arrival，UL-AoA），包括 A-AoA 和 Z-AoA。

以上方案可以混合使用或独立使用，3GPP 协议均支持上述定位方法的独立应用。UE 定位方法支持情况（3GPP Rel-17）见表 7-1。

表7-1 UE定位方法支持情况（3GPP Rel-17）

定位方案	基于UE	UE 辅助，基于LMF	NG-RAN 节点辅助	SUPL
A-GNSS	是	是	否	是
OTDoA	否	是	否	是
E-CID	否	是	是	是（对于 E-UTRA）
WLAN	是	是	否	是
蓝牙	否	是	否	否
TBS	是	是	否	是（MBS）
传感器	是	是	否	否
DL-TDoA	是	是	否	是
DL-AoD	是	是	否	是

续表

定位方案	基于 UE	UE 辅助，基于 LMF	NG-RAN 节点辅助	SUPL
Multi-RTT	否	是	是	是
NR E-CID	否	是	是	是（DL NR E-CID）
UL-TDoA	否	否	是	是
UL-AoA	否	否	是	是

需要指出的是，定位方法的分类没有特别规定，当符合应用需求时，自然会有不同的分类方案。

7.2.3 5G 蜂窝网定位技术

5G 蜂窝网定位技术有 DL-TDoA、UL-TDoA、DL-AoD、UL-AoA、Multi-cell RTT、E-CID 和 A-GNSS 等。

（1）DL-TDoA

NR DL-TDoA 与 4G OTDoA 原理类似，终端测量两个站点下行定位参考信号到终端的时间差，并上报到网络。定位服务器根据多个参考信号时间差（Reference Signal Time Difference，RSTD），利用罗兰导航技术的逆应用，已知时间差和基站位置，解方程组，从而获得终端估计位置。NR DL-TDoA 定位方法如图 7-10 所示。

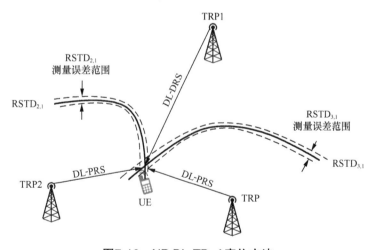

图 7-10 NR DL-TDoA 定位方法

5G 的大规模天线技术可以实现更高精度的测距和获取更多的方向信息，进一步优化定位算法。

Rel-16 NR 标准没有定义 NR DL-TDoA 定位的具体算法。终端测量两个 TRP（其中一个为参考 TRP）发射的下行定位参考信号（DL-PRS）的到达时间差（RSTD），将每个测量值（DL-PRS RSTD）转换为距离，从而构成一条双曲线，双曲线的焦点为这两个 TRP 所在的位置，双曲线上的任意点到这两个 TRP 的距离之差为 RSTD 测量值，UE 即位于双曲线之上的某个点。若 UE 由 N 个 TRP 获得 N-1 个 DL-PRS RSTD 测量值，则可构成一个有 N-1 个双曲线方程的方程组，UE 的位置可由解算该双曲线方程组得到。图 7-10 是一个用 NR DL-TDoA 进行定位的示例，其中，UE 由 3 个 TRP 得到两个 DL-PRS RSTD 测量值：$RSTD_{2,1}$ 和 $RSTD_{3,1}$（TRP1 为参考 TRP），由 $RSTD_{2,1}$ 和 $RSTD_{3,1}$ 构成两条双曲线，UE 位置可由解算这两条双曲线的交点得出。

一般而言，每个 DL-PRS RSTD 测量值都有一定的测量误差。因此，利用 NR DL-TDoA 定位时，希望 UE 能从较多的 TRP 获得更多和更准确的 RSTD 测量值，以降低测量误差对 UE 位置解算的影响，从而得到更准确的 UE 位置。这要求合理地设计 DL-PRS（例如信号序列、映射模式和静音模式等），让 UE 从尽可能多的 TRP 接收到 DL-PRS 并获得准确的 RSTD 测量值。

（2）UL-TDoA

UL-TDoA 定位方法的基本原理是利用多个 LMF 测量从 UE 发送的上行参考信号定时。LMF 结合定位服务器的辅助数据测量接收信号定时，然后通过得到的测量结果来估计 UE 的位置。

UL-TDoA 定位方法的基本原理与 DL-TDoA 定位方法相似，也是通过多个 RSTD 测量求解 UE 位置坐标。两者的差别在于，DL-TDoA 是多个基站发射定位信号，UE 测量下行信号；而 UL-TDoA 定位中使用上行定位参考信号，网络根据上行定位参考信号，多个基站测量终端到达时间差，然后把测量值上报给定位服务器，利用双曲线算法计算出 UE 的位置。NR UL-TDoA 定位方法如图 7-11 所示。

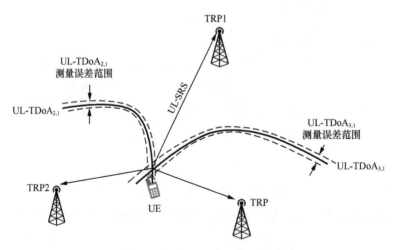

图7-11　NR UL-TDoA定位方法

在 UL-TDoA 定位方法中，服务基站首先要给 UE 配置发送上行定位参考信号（UL-SRS）的时间和频率资源，并将 UL-SRS 的配置信息发送给定位服务器。定位服务器将 UL-SRS 的配置信息发给 UE 周围的 TRP。各 TRP 根据 UL-SRS 的配置信息去检测 UE 发送的 UL-

SRS，并获取UL-SRS到达时间与TRP本身参考时间的相对时间差。根据3GPP TS 38.133协议，UL-TDoA的报告范围是$-985024\times T_c \sim 985024\times T_c$，分辨率是$T=T_c\times 2^k$，$k$的取值范围是$\{0, 1, 2, 3, 4, 5\}$，其中$T_c$=0.509ns。LMF通过timingReportingGranularityFactor参数向gNB提供分辨率的建议值，gNB基于timingReportingGranularityFactor选择参数k，然后通知给LMF。

下面给出UL-TDoA上行定位请求的信令流程，上行定位信息请求流程如图7-12所示。

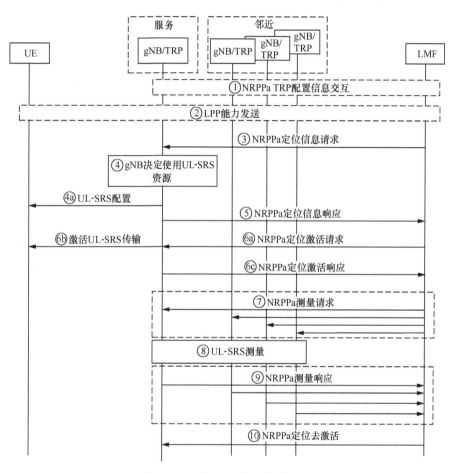

图7-12 上行定位信息请求流程

步骤①：LMF获得TRP信息，以便用于UL-TDoA定位。

步骤②：LMF使用LPP能力发送流程，请求目标终端的定位能力。

步骤③：LMF发送NRPPa定位信息请求信息给服务gNB，请求目标终端的UL-SRS配置信息。

步骤④：服务gNB决定使用UL-SRS的资源并在步骤④a配置目标终端的UL-SRS。

步骤⑤：服务gNB向LMF提供NRPPa定位信息响应信息。

步骤⑥：如果是半持续或非周期性SRS，首先LMF向为目标终端服务的gNB发送NRPPa定位激活请求信息，请求激活UL-SRS传输。然后gNB激活UL-SRS传输，发送NRPPa

定位激活响应信息，目标终端根据 UL-SRS 资源配置的时域行为，最后开始发送 UL-SRS。

步骤⑦：LMF 在 NRPPa 测量请求信息中，向选定的 gNB 提供 UL-SRS 配置，测量请求信息包括使 gNB/TRP 完成 UL 测量的所有信息。

步骤⑧：每个在步骤⑦配置的 gNB 测量来自目标终端的 UL-SRS。

步骤⑨：每个 gNB 在 NRPPa 测量响应信息中，向 LMF 报告 UL-SRS 测量值。

步骤⑩：LMF 向服务 gNB 发送 NRPPa 定位去激活信息。

（3）DL-AoD

终端测量上报下行定位参考信号到达终端的接收功率，网络根据发送波束方向来估计终端的位置角度。5G 采用的大规模天线技术，具有更高的自由度，可以实现更高精度的测距和测角特性。在 NR DL-AoD 定位方法中，UE 根据 LMF 提供的周围 TRP 发送下行定位参考信号 DL-PRS 的配置信息，来测量各 TRP 的 DL-PRS，并将 DL-PRS RSRP 测量值上报给 LMF。LMF 利用 UE 上报的 DL-PRS RSRP 及其他已知信息（例如各 TRP 的各个 DL-PRS 的发送波束方向）来确定 UE 相对各 TRP 的角度，即 DL-AoD，然后利用所得的 DL-AoD 及各 TRP 的地理坐标计算出 UE 的位置。

（4）UL-AoA

网络根据上行定位参考信号，多个基站测量终端发射的参考信号到达基站的方向。每个方向就是终端指向基站的一条直线，通过多个基站测量就可以得到多条直线，这些直线的交点即为待定位终端的估计位置，解方程组，可获得终端位置。根据 3GPP TS 38.133 协议，UL-AoA 的方位角（Azimuth Angle）的报告范围是 $-180° \sim 180°$，分辨率是 $0.1°$；UL-AoA 的垂直角（Vertical Angle）的报告范围是 $0° \sim 90°$，分辨率是 $0.1°$。作为对比，LTE 的 UL-AoA 的分辨率是 $0.5°$。

估计 UL-AoA 的算法有多种，简单的方法是直接用接收波束的方向作为 UL-AoA，这种方法的角度估计分辨率较低。分辨率较高的方法是通过接收天线阵列接收 UL-SRS，利用信号子空间和噪声子空间之间的正交性，通过有效的算法将观察空间分解成两个子空间：信号子空间和噪声子空间，并由信号子空间估计 SRS 的到达方向 UL-AoA。一旦获得 UL-AoA，就可利用已有的算法来计算出 UE 的位置。NR UL-AoA 定位示意如图 7-13 所示。

（5）Multi-cell RTT

Multi-cell RTT 技术是 5G 新引入的高精度定位技术。基于到达时间（Time of Arrival，ToA）的原理，终端以基站为圆心，确定终端二维坐标需要 3 个圆，终端在 3 个圆的交点，Multi-RTT 定位方法如图 7-14 所示。终端测量下行定位参考信号，获得发送接收时间差；基站测量单元捕获上行定位参考信号，

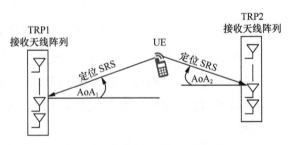

图7-13　NR UL-AoA定位示意

测量发送接收时间差，汇总到定位服务器，解方程组。以往移动通信网络定位 DL-TDoA 技术要求各个基站严格同步，但 Multi-cell RTT 定位方法不依赖基站间的严格同步，测量精度不会受到基站间同步精度的影响，但是需要终端知道信号开始传输的确切时刻。

NR Multi-RTT 定位方法采用的测量值是 UE_{Rx-Tx} 时间差和 gNB_{Rx-Tx} 时间差。UE_{Rx-Tx} 时间差指 UE 测量的 DL-PRS（DL-PRS 通过 TRP 发射）到达时间与 UE 发送 SRS 的时间的差值。gNB_{Rx-Tx} 时间差指 TRP 所测量的 SRS 到达时间（SRS 通过 UE 发射）与 TRP 发送 DL-PRS 的时间的差值。信号往返时间示意如图 7-15 所示。UE 与某 TRP 之间的信号往返时间，可由 UE 在该 TRP 的 DL-PRS 所测量的 UE_{Rx-Tx} 时间差（$t_{UE}^{Rx} - t_{UE}^{Tx}$）加上该 TRP 在该 UE 的 SRS 所测量的 gNB_{Rx-Tx} 时间差（$t_{TRP}^{Rx} - t_{TRP}^{Tx}$）得到，而 UE 与该 TRP 的距离可由 1/2 RTT 乘以光速得到。

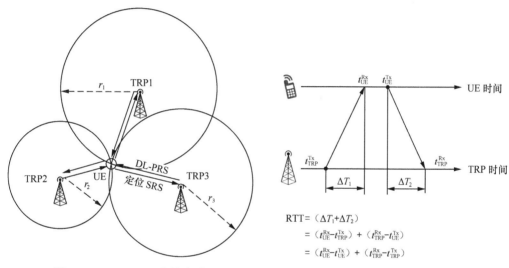

图7-14 Multi-RTT定位方法　　图7-15 信号往返时间示意

NR Multi-RTT 定位方法需要用 gNB_{Rx-Tx} 时间差和 UE_{Rx-Tx} 时间差，因此定位精度与这两个时间差密切相关。

根据 3GPP TS 38.133 协议，gNB_{Rx-Tx} 时间差的报告范围是 $-985024 \times T_c \sim 985024 \times T_c$，分辨率是 $T = T_c \times 2^k$，k 的取值范围是 $\{0,1,2,3,4,5\}$，其中 $T_c = 0.509$ns，gNB_{Rx-Tx} 时间差的时间分辨率和空间分辨率见表 7-2。LMF 通过 timingReportingGranularityFactor 参数向 gNB 提供分辨率的建议值，gNB 基于 timingReportingGranularityFactor 选择参数 k，然后通知给 LMF。

表7-2 gNB_{Rx-Tx}时间差的时间分辨率和空间分辨率

k	时间分辨率 /ns	空间分辨率 /m
0	0.509	0.153
1	1.017	0.305

续表

k	时间分辨率 /ns	空间分辨率 /m
2	2.035	0.610
3	4.069	1.221
4	8.138	2.441
5	16.276	4.883

gNB$_{Rx-Tx}$ 时间差的实际测量精度与信道环境、UL-SRS 的 Ês/Iot、SCS、SRS 的带宽等因素有关。在加性高斯白噪声（Additive White Gaussian Noise，AWGN）信道环境下，对于 FR1，在 UL-SRS 的 Ês/Iot ≥ 3dB、SCS=60kHz、SRS 的带宽 ≥ 88 个 RB 的条件下，gNB$_{Rx-Tx}$ 时间差的精度可以达到 ±(9+Y)T_c；对于 FR2，在 UL-SRS 的 Ês/Iot ≥ 3dB、SCS=120kHz、SRS 的带宽 ≥ 88 个 RB 的条件下，gNB$_{Rx-Tx}$ 时间差的精度可以达到 ±(8+Y)T_c。误差幅度 Y 由设备制造商在生产手册中声明。

根据 3GPP TS 38.133 协议，UE$_{Rx-Tx}$ 时间差的报告范围是 $-985024 \times T_c \sim 985024 \times T_c$，分辨率是 $T=T_c \times 2^k$，k 的取值范围与 UE 测量的参考信号和 FR 有关。具体取值如下。

① 对于 FR1，当 PRS 和 SRS 至少配置了 1 个时，k 的取值范围是 {2, 3, 4, 5}。

② 对于 FR2，当同时配置了 PRS 和 SRS 时，k 的取值范围是 {0,1,2,3,4,5}。

③ 当 LMF 为 UE$_{Rx-Tx}$ 时间差测量配置 timingReportingGranularityFactor 参数时，k ≥ timingReportingGranularityFactor。

在 AWGN 信道环境且满足 UE 参考灵敏度的条件下，对于 FR1，在 PRS 的 Ês/Iot ≥ −3dB、SCS=60kHz、PRS 的带宽 ≥ 132 个 RB 的条件下，UE$_{Rx-Tx}$ 时间差的精度可达 ± [7+24] T_c，其中 24 是误差幅度；对于 FR2，在 PRS 的 Ês/Iot ≥ −3dB、SCS=60kHz、PRS 的带宽 ≥ 128 个 RB 的条件下，UE$_{Rx-Tx}$ 时间差的精度可达 ± [4+20] T_c，其中 20 是误差幅度。

（6）E-CID

CID 定位方法的基本工作原理是，定位平台向核心网发送信令，查询手机所在地小区 ID，无线网络上报终端所处的小区号（从服务基站获得，或者需要核心网唤醒 UE），位置业务平台根据存储在基站数据库中的基站经纬度数据，将定位结果返给服务提供商，得出用户的大致位置。

CID 定位方法实现简单，适用于所有的蜂窝网络，不需要在无线接入网侧增加设备，对网络结构改动小，成本低；不需要增加额外的测量信息，只需要加入简单的定位流程处理；由于不需要 UE 进行专门的定位测量，并且空中接口的定位信令传输少，定位响应时间短；定位精度较低，取决于基站或者扇区的覆盖范围，在市区一般可以达到 300～500m，郊区误差甚至可达几千米。

在 5G 网络下，利用大规模多天线技术，根据测量终端发送信号及方向，联合终端所在小区 ID 信息，计算用户的位置，E-CID 定位方法如图 7-16 所示。常用的方法是由 UE 上报的 RRM 测量值（RSRP 或 RSRQ），结合假设的信道路径损耗模型推导出 UE 与发送参考信号的 TRP 之间的距离，然后由 TRP 的地理坐标、UE 与 TRP 的距离及 TRP 参考信号发送方向计算出 UE 的位置。假设的信道路径损耗模型与真实信道路径损耗的差异，以及 RRM 测量值的测量误差，所推导的 UE 和 TRP 之间的距离与 UE 和 TRP 之间的真实距离的误差一般较大，因此 E-CID 定位精度相对于 NR 的其他定位方法较低。

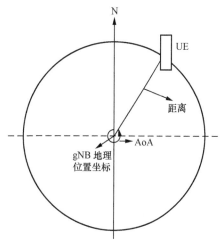

图7-16 E-CID定位方法

（7）A-GNSS

GNSS 定位方法存在两部分误差。第一部分是系统性误差，例如卫星钟误差、星历误差、电离层误差、对流层误差等，每一个 GNSS 接收机都存在此类误差，利用差分技术，可以消除系统性误差。根据差分基准站发送的信息方式不同，差分定位分为位置差分、伪距差分和实时动态（Real-Time Kinematic，RTK）载波相位差分，这 3 类差分方式的工作原理是相同的，都是由基准站发送修正数据，由用户站接收并对其测量结果进行修正，以获得精确的定位结果。这 3 类差分方式的不同之处在于发送修正数据的具体内容不同，其差分定位精度也不同。第二部分是随机发生的误差，例如接收机的内部噪声、通道时延、多径效应等，这部分误差无法被系统性消除。

5G 网络具有大带宽、低时延的特性，当 GNSS 通过 5G 网络与 GNSS 接收机交互信息后，5G 网络可以辅助 GNSS 接收机减少初始化时间、增加接收机灵敏度、减少功耗并提高定位精度。

5G 网络辅助的 GNSS 定位有基于 UE（UE-Based）的 GNSS 定位和 UE 辅助（UE-Assisted）的 GNSS 定位两种工作模式。

基于 UE 的 GNSS 定位，UE 中包括完整的 GNSS 接收机，位置计算在 GNSS 接收机中进行，通过 5G 网络传输给 GNSS 接收机的信息分为两类。第一类是星历和时钟模型、历书等信息，这类信息可以减少 GNSS 接收机的初始化时间，增加 GNSS 接收机的灵敏度，因此能显著提高测量速度，使 GNSS 接收机能够捕获和跟踪较弱的卫星信号，在较低 SNR 的条件下也能工作，这类信息的有效时间通常是 2～4 小时。第二类是 RTK 修正数据和 GNSS 物理模式，RTK 修正数据包括 RTK 参考站信息、RTK 辅助站数据、RTK 观测值、RTK 公共观测信息、RTK 主辅站（Master Auxiliary Concept，MAC）技术修正差、RTK 残余等，GNSS 物理模式包括状态空间表示（State Space Representation，SSR）轨道修正、SSR 时钟修正、SSR 码字偏差，这类信息与 GNSS 接收机的测量信息相结合，可以大幅提高 UE 的定位精度,这类信息的有效时间通常是几十秒到几分钟。基于 UE 的 GNSS 定位的优点是通过 5G 网络传输的数据较少,且定位时延较小,缺点是 UE 需要增加相应的存储器和计算能力,尤其是 RTK 定位,UE 需要增加专用的差分定位模块,增加了 UE 成本。

对于 UE 辅助的 GNSS 定位,GNSS 接收机的主要功能在网络侧,UE 位置的计算在定位服务中心进行。定位服务中心可以把时间、可见的卫星列表、卫星信号的多普勒和码相位,以及搜索窗口,通过 5G 网络传输给 GNSS 接收机。GNSS 接收机把码相位和多普勒测量、可选的载波相位测量,通过 5G 网络上报给定位服务中心。定位服务中心根据 RTK 修正数据及 GNSS 接收机提供的测量数据,计算出 UE 的精确位置,然后再通过 5G 网络把精确的位置信息反馈给 UE。UE 辅助的 GNSS 定位的优点是把复杂的数据处理功能交给定位服务中心完成,GNSS 接收机不需要增加额外的计算功能,因此对 UE 的要求较低,缺点是时延较大,且上传的数据量较大。

5G 网络辅助的 GNSS 定位原理如图 7-17 所示。其中,基准站接收机负责采集 GNSS 卫星的测量数据并传送到定位服务中心,定位服务中心用实时接收基准站接收机的测量数据,进行数据质量分析、处理、评价,提供不同精度等级要求的修正数据,定位服务中心也可以接收 GNSS 接收机上报的原始测量数据,完成特定 UE 的差分定位解算。

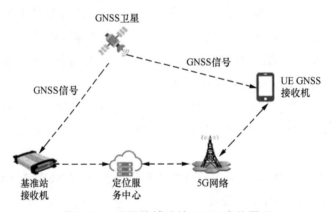

图7-17　5G网络辅助的GNSS定位原理

传统的无线通信网络由于速率较低、时延较大,可以满足基于 UE 的 GNSS 定位。对于 UE 辅助的 GNSS 定位,只能为静止或者低速移动的 UE 提供高精度定位,不能为高速移动的 UE 提供高精度定位,5G 网络具有低时延特性,使 UE 辅助的 GNSS 定位为高速移动的 UE 提供高精度定位成为可能。

7.2.4　5G 蜂窝网定位误差分析

5G 蜂窝网的主要定位误差来源包括:基站侧误差、移动台/UE 侧误差、信号传播误差、时间估计误差及定位算法误差等。

（1）基站侧误差

基站误差主要包括基站间同步误差、基站位置误差、基站间距和基站几何布局对定位成功率的影响。

基站间同步误差会直接影响基于网络的定位技术的信号测量与估计检测，表现为信号相位不同步。通常5G蜂窝网的基站都是使用GPS完成同步的，对于用于定位系统的5G基站，一般可保证20ns或者更高的定位精度。

基站位置误差会直接带入定位算法中。实际基站坐标测量时，往往采用大地测绘仪或高精度的GPS接收机，尽量使基站的位置误差限制在米级或以下。

基站选址对定位的影响，主要包括基站间距和基站几何布局这两个方面。这两者主要表现在影响定位计算过程的几何精度因子大小，它与定位成功率及定位精度密切相关。

（2）移动台/UE侧误差

对于某些定位技术，移动台对定位精度的影响主要表现为热噪声的影响；而对于移动台的时钟误差，往往可考虑采用差分算法消除对定位结果的影响。

（3）信号传播误差

信号传播误差主要包括多径传播误差、非视距（Non Line of Sight，NLOS）传播误差和干扰误差等。

多径传播是信号以多条路径经过周围物体的反射、衍射或折射到达接收机的传播现象。多径传播的存在可能使一个信号在相位、幅度和时延上发生变化。而接收机往往不能直接区分直达信号和多径信号，基于互相关技术的时延估计器的性能也会受到影响，特别是当反射波到达时间与直射波在一个码片间隙内时，产生的影响更加严重。多径传播造成误差的严重程度由多径信号的相对幅度、相位和时延三者共同决定。

非视距传播造成的误差，是引起蜂窝网定位误差的主要来源之一，它可以看作多径传播的一种特殊情况。NLOS传播误差根据传播环境不同，其浮动范围很大。蜂窝网中的测试表明，NLOS传播误差平均在500～700m。移动通信环境错综复杂，用户大量分布在NLOS传播普遍存在的场景，到达接收机的信号通常是多种传播分量的合成结果。NLOS传播误差抑制成为提高定位精度的关键性问题，也是目前研究领域有待突破的重要关卡。

蜂窝网络中的干扰主要包括小区内干扰和小区间干扰。随着多制式网络融合组网，蜂窝网干扰分布变得十分复杂，干扰严重可能影响正常获取定位参考信号。干扰协调关键技术的研究成为蜂窝网络中的重要难题，也关系着定位在内的所有通信业务的质量。

（4）时间估计误差

对于E-CID、DL-TDoA、UL-TDoA等定位方法，RTT、RSTD等测量在时间估计过程中的误差主要由信号同步程度、基带速率与带宽、频率偏移及检测算法等决定。

首先，信号时延的估计精度与估计过程中的参考信号与接收信号之间的同步程度有关。这会影响 ToA/TDoA 相关峰值检测的结果与真正的峰值的误差大小，特别是在多径干扰情况下的影响更明显。

其次，基带速率也是误差的主要来源。基带速率越大，对应的信号采用周期越小，相关波形就越窄，对于相关峰值时间估计算法，得到的峰值误差就越小。所以在时间估计算法中，一般可以认为基带速率与定位精度呈正相关。同时，定位精度在很大程度上与基带带宽有关。频带资源的限制在某种程度上决定了蜂窝系统的定位精度，理论上，可供使用的带宽越大，越有利于实现高精度定位。

最后，收发机时钟不匹配或者高速运动造成的频率偏移，以及相应的检测算法，也会影响相关时间估计的准确度。

（5）定位算法误差

定位算法误差可分为两类。

第一，基于二维解析几何方法计算的定位算法，可能受到站间天线、移动台与基站的非水平面的影响，特别是山区等场景，基站之间的高度差达到 30m 以上，这对处于基站几何边缘的移动台定位影响很大。

第二，基于估计迭代的算法，不同方法之间对初始估计点、收敛判断门限及迭代次数等参数的敏感度表现不一。应尽量做到适当选取收敛判断门限和最大迭代次数，以保证在系统定位精度和实时性之间实现最优。

除了以上 5 点误差，值得指出的是，每一种特定的定位算法都有较大程度影响定位精度的瓶颈，不能一概而论。室内环境、天气因素可能影响 A-GNSS 定位效果；上行功率受限会影响 UL-TDoA 的定位实现；室内环境会导致 DL-TDoA 算法效果大打折扣等。从另外的角度看，也同样说明了混合定位的必要性，通过混合定位方案可弥补某些定位方法的误差和缺点。

7.3 单卫星 Multi-RTT 定位

7.3.1 基本原理

对于 NTN，小区或波束的尺寸通常是几十千米到上百千米，CID 的定位方法不满足定位精度要求。此外，由于卫星的宽波束，不能使用基于角度的定位方法，可以使用 UL-TDoA 或 Multi-RTT 等基于时间的定位方法。

3GPP 中的定位方法是为地面网络设计的，其中网络节点（例如 gNB）是静止的，对于 DL-TDoA 定位方法，需要测量从 3 个网络节点发送的信号（例如 PRS）以计算精确的位置。在使用透明转发的 NTN 中，UE 通过沿轨道平面移动的卫星连接到网络，在 UE

视野中通常只有单颗卫星，UE 一次仅看到一颗卫星的情况被认为具有更高的优先级。对于具有准地面固定波束或地面移动波束的 NGSO 星座，适用于单卫星 Multi-RTT 的定位方案，不同时刻的 LEO 卫星处于不同的位置，可以将其视为不同的发射和传输接收点（TRP），为了计算 UE 的位置，可以多次重复测量。

Multi-RTT 定位原理如下。网络知道卫星的位置，因此每个测量的 RTT 值对应于地面上的一个圆，该圆由所有距离卫星相同的点组成，中心是卫星位置对地面的投影。随着卫星位置的变化，将会产生具有不同中心的多个圆，如果 RTT 增加或减少，则还会产生不同直径的圆，同一颗卫星在不同位置的多个圆之间的交点，即是 UE 的位置，单卫星 Multi-RTT 定位原理如图 7-18 所示。考虑到 RTT 的测量误差，图 7-18 中的圆实际上是一个圆环。

在 NTN 的 Multi-RTT 定位中，得出 RTT 的测量值是一个关键问题，可以由 gNB 和 UE 联合决定 RTT。UE 测量来自同一颗卫星的下行链路信号（PRS）在不同时间点的 UE_{Rx-Tx} 时间差，这些时间点对应同一颗卫星的不同位置，服务 gNB 测量来自 UE 的上行链路信号（SRS）

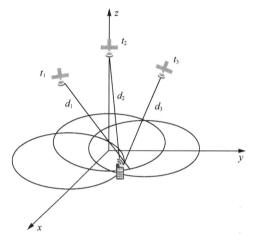

图7-18 单卫星Multi-RTT定位原理

在不同时间点的 gNB_{Rx-Tx} 时间差。UE 测量的 UE_{Rx-Tx} 时间差和 gNB 测量的 gNB_{Rx-Tx} 时间差通常提供给 LMF，由 LMF 进一步计算 RTT，再结合不同时间点的卫星坐标，估算出 UE 的位置。

单卫星 Multi-RTT 定位方案适合于具有准地面固定波束或地面移动波束的 NGSO 场景。与地面网络类似，GEO 卫星在地球表面的覆盖范围是固定的，对于多颗 GEO 卫星情况，可以重复使用现有的 RAT 定位方法，但是从实际部署的角度来看，很难确保 3 颗或 3 颗以上的 GEO 卫星同时覆盖某个地方。对于单颗 GEO 卫星情况，可以采用单 RTT 方法，单 RTT 方法的原理与 Multi-RTT 情况相同，使用这种方法，只进行一次测量，网络不能自主地计算 UE 的位置，但是它能够验证或证实 UE 报告的位置。

7.3.2 镜像位置模糊问题

基于单颗卫星的 Multi-RTT 定位会因为 UE 镜像出现模糊性问题，镜像位置模糊示意如图 7-19 所示。当卫星波束的覆盖范围覆盖了实际位置及其镜像位置时则会出现模糊性，由于位于轨道面相对侧的 UE 具有相同的时延，使用基于时间测量的定位方法无法解决镜像位置模糊问题。

镜像位置模糊与 UE 的实际位置有关，分为以下 3 种情况。

① 当 UE 的实际位置远离轨道平面时，实际位置和镜像点之间的距离会很大，它们不太可能在同一个波束/小区中，因此，网络很容易通过 UE 所在的波束/小区来解决镜像模糊性问题。

② 当 UE 在轨道线上或非常靠近轨道线，两个镜像点非常接近，如果两点之间的距离小于 10km，即 UE 位置距离轨道线小于 5km，不需要区分实际位置和镜像点，因为已经达到所需的定位精度要求。

③ 当 UE 的实际位置接近轨道平面时，实际位置和镜像点可以在同一波束中，在这种情况下，会出现镜像位置模糊性问题，需要采取措施来区分 UE。

由网络（包括 gNB 和 LMF）来确定最佳小区覆盖面积和天线方向图，可以最大限度地减少镜像位置模糊问题，并满足 10km 估计误差要求。NTN 能够以这样的方式排列波束，即整个波束始终位于卫星轨道平面的一侧，确保没有波束直接位于卫星轨道的下方。在实践中，波束是重叠的，以便在地面上提供足够的覆盖范围，因此位于卫星轨道正下方的一些波束将穿过卫星的轨道平面，该区域将存在镜像模糊性，该区域在卫星轨道下呈条状，此区域被称为模糊带。六边形波束的模糊带宽度是波束半径的一半。模糊带示意如图 7-20 所示。

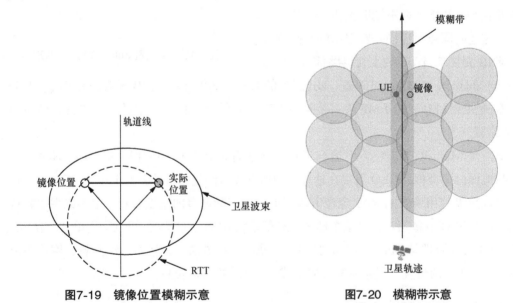

图 7-19　镜像位置模糊示意　　　　图 7-20　模糊带示意

为了解决镜像位置模糊问题，3GPP 提供了以下 6 个选项。

选项 1：通过 gNB 或 LMF 实现，以解决镜像模糊问题。

选项 2：重用现有的 E-CID 方法，例如，结合 UE 邻小区测量来解决镜像位置模糊问题，并进行潜在的增强。

选项 3：NTN UE 应报告在服务链路上计算的多普勒。

选项 4：VSAT UE 应报告其相对于卫星波束视野的波束指向。

选项 5：向 LMF 报告小区覆盖信息，例如小区覆盖区、参考点或天线方向图。

选项 6：使用已有的 UL-AoA 定位方案，对 UL-AoA 进行增强以支持 Multi-RTT 定位。

在以上的 6 个选项中，比较可行的是选项 1、选项 2 和选项 6。选项 1、选项 2 和选项 6 的详细解释如下。

对于选项 1，当镜像位置发生模糊时，LMF 可以将两个位置（实际位置和镜像位置）与 UE 报告的位置相比较，当两个位置都验证失败时，LMF 认为 UE 报告的位置未被验证。否则，LMF 则认为 UE 报告的位置已被验证。此选项是最简单的解决方案，可以由 LMF 完成。

对于选项 2，使用 E-CID 方法，生成两个分别指向镜像位置和实际位置的 CSI-RS 波束。然后，UE 可以向 gNB 或 LMF 报告接收的这些波束的 RSRP。LMF 可以基于两个波束的 RSRP 去除镜像模糊性。实际上，单个比特指示 UE 位于轨道平面的左侧或右侧即可，因此 UE 可以不报告准确的 RSRP，只需要向 gNB 报告 1bit 即可，以节省资源开销。选项 2 的解决方案如图 7-21 所示。

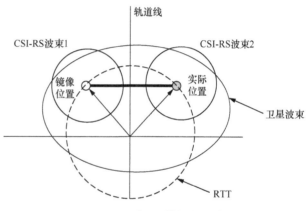

图7-21 选项2的解决方案

对于选项 6，在地面网络中，LMF 基于在不同 TRP 处（gNB）获取的上行信号（例如 SRS）的到达角（方位角和/或仰角），以及配置信息和辅助数据来估计 UE 位置。在 NTN 中，卫星使用 UL-AoA 定位方法，测量 UE 上行信号的到达角，然后区分实际位置和镜像位置。实际上，单个比特指示 UE 位于轨道平面的左侧或右侧，卫星可以不报告准确的到达角，只需要向 gNB 报告 1bit 即可，以节省资源开销。

UL-AoA 定位方法的主要优点是低时延，测量之后可以立即生成位置信息，生成的位置和 UE 实际位置基本是一致的，除此之外，在 UE 视野范围内只有一颗卫星也可以使用 UL-AoA 定位方法，并且适用于 NGSO 星座和 GSO 星座。

UL-AoA 定位方法面临的挑战主要是卫星和 gNB 之间需要一条链路，以便于卫星向 gNB 报告测量结果，对于现有的透明转发的 NTN 架构，建立这种链路需要对规范进行较大的更改。

7.4 参考信号

单卫星 Multi-RTT 定位可由 UE 测量来自同一颗卫星的下行链路信号在不同时间点的 UE_{Rx-Tx} 时间差，服务 gNB 测量来自 UE 的上行链路信号在不同时间点的 gNB_{Rx-Tx} 时间差。

利用现有的参考信号（PRS 和 SRS）验证 UE 位置，可以减少由于 UE 位置验证引起的资源开销和 UE 功耗，本节接下来分析 PRS 和 SRS。

7.4.1 PRS

理论上，任何下行参考信号（例如 PSS、SSS、CSI-RS）都可以获得 RSTD 测量值，支持 DL-TDoA 定位，但是这些下行参考信号设计和实施的目的是用于数据通信，因此相邻小区的信号通常较弱而不能被检测，使 UE 检测不到相邻小区足够数量的下行参考信号。为了提高 UE 检测到相邻小区信号的概率，满足 DL-TDoA 所需 RSTD 测量要求，3GPP R16 定义了定位参考信号（Positioning Reference Signal，PRS），DL-PRS 是携带 PN 序列的置换和交错梳状的 QPSK 信号，PRS 可以在相应的端点与相应的复制信号相关，在相关峰值出现的时间来确定发射机和接收机之间的时延。

1. PRS 的结构

PRS 的生成及映射方式如下。

参考信号序列 $r(m)$ 定义见公式（7-1）。

$$r(m) = \frac{1}{\sqrt{2}}[1-2c(2m)] + j\frac{1}{\sqrt{2}}[1-2c(2m+1)] \quad (7\text{-}1)$$

其中，$c(i)$ 的定义见公式（7-2）

$$\begin{aligned} c(n) &= [x_1(n+N_c) + x_2(n+N_c)] \bmod 2 \\ x_1(n+31) &= [x_1(n+3) + x_1(n)] \bmod 2 \\ x_2(n+31) &= [x_2(n+3) + x_2(n+2) + x_2(n+1) + x_2(n)] \bmod 2 \end{aligned} \quad (7\text{-}2)$$

在公式（7-2）中，$N_c=1600$，第 1 个 m 序列通过 $x_1(0)=1$，$x_1(n)=0$，$n=1, 2, \cdots, 30$ 进行初始化，第 2 个 m 序列 $x_2(n)$ 通过 $c_{\text{init}} = \sum_{i=0}^{30} x_2(i) \cdot 2^i$ 进行初始化，c_{init} 依赖于序列的使用场景，对于 PRS 序列，伪随机序列 c_{init} 初始化见公式（7-3）。

$$c_{\text{init}} = \left(2^{22}\left\lfloor\frac{n_{\text{ID,sed}}^{\text{PRS}}}{1024}\right\rfloor + 2^{10}(N_{\text{symb}}^{\text{slot}} n_{\text{s,f}}^{\mu} + l + 1)(2(n_{\text{ID,seq}}^{\text{PRS}} \bmod 1024) + 1) + (n_{\text{ID,seq}}^{\text{PRS}} \bmod 1024)\right) \bmod 2^{31} \quad (7\text{-}3)$$

在公式（7-3）中，$n_{\text{s,f}}^{\mu}$ 是时隙号，下行 PRS 序列 ID $n_{\text{ID,seq}}^{\text{PRS}} \in \{0,1,\cdots,4095\}$ 通过高层参数 dl-PRS-SequenceID 提供，l 是序列映射在时隙内的符号位置。

参考信号的时频资源映射表达式见公式（7-4）。

$$\begin{aligned} a_{k,l}^{(p,\mu)} &= \beta_{\text{PRS}}\, r(m) \\ m &= 0, 1, \cdots \\ k &= m K_{\text{comb}}^{\text{PRS}} + \left[(k_{\text{offset}}^{\text{PRS}} + k') \bmod K_{\text{comb}}^{\text{PRS}}\right] \\ l &= l_{\text{start}}^{\text{PRS}}, l_{\text{start}}^{\text{PRS}}+1, \cdots, l_{\text{start}}^{\text{PRS}} + L_{\text{PRS}} - 1 \end{aligned} \quad (7\text{-}4)$$

公式（7-4）中，各个参数的含义如下。

① PRS 的天线端口号是 $p=5000$。

② $l_{\text{start}}^{\text{PRS}}$ 在下行 PRS 时隙内的第一个符号位置，由高层参数 dl-PRS-ResourceSymbolOffset 给出。

③ L_{PRS} 是下行 PRS 在 1 个时隙内的 PRS 符号数，$L_{\text{PRS}} \in \{2, 4, 6, 12\}$ 由高层参数 dl-PRS-NumSymbols 给出。

④ $K_{\text{comb}}^{\text{PRS}}$ 是 PRB 的梳齿尺寸，$K_{\text{comb}}^{\text{PRS}} \in \{2,4,6,12\}$，基于 RRT 传播时延补偿的定位方法，$K_{\text{comb}}^{\text{PRS}}$ 由高层参数 dl-PRS-CombSizeN-AndReOffset 给出；对于其他定位方法，$K_{\text{comb}}^{\text{PRS}}$ 由高层参数 dl-PRS-CombSizeN 给出，且 $\{L_{\text{PRS}}, K_{\text{comb}}^{\text{PRS}}\}$ 的组合为 $\{2, 2\}\{4, 2\}\{6, 2\}\{12, 2\}\{4, 4\}\{12, 4\}\{6, 6\}\{12, 6\}$ 和 $\{12, 12\}$ 其中之一。

⑤ $k_{\text{offset}}^{\text{PRS}}$ 是 RE 的偏移，$k_{\text{offset}}^{\text{PRS}} \in \{0, 1, \cdots, K_{\text{comb}}^{\text{PRS}} - 1\}$，由高层参数 dl-PRS-CombSizeN-AndReOffset 提供。

⑥ 频率偏移 k' 是 $l - l_{\text{start}}^{\text{PRS}}$ 的函数，k' 的定义见表 7-3。

表 7-3　k' 的定义

$K_{\text{comb}}^{\text{PRS}}$	下行 PRS 资源内的符号数 $l - l_{\text{start}}^{\text{PRS}}$											
	0	1	2	3	4	5	6	7	8	9	10	11
2	0	1	0	1	0	1	0	1	0	1	0	1
4	0	2	1	3	0	2	1	3	0	2	1	3
6	0	3	1	4	2	5	0	3	1	4	2	5
12	0	6	3	9	1	7	4	10	2	8	5	11

PRS 一般是周期性发送。UE 假定下行 PRS 资源在满足公式（7-5）的帧号和时隙上发送。

$$\left(N_{\text{slot}}^{\text{frame},\mu} n_{\text{f}} + n_{\text{s,f}}^{\mu} - T_{\text{offset}}^{\text{PRS}} - T_{\text{offset,res}}^{\text{PRS}}\right) \bmod T_{\text{per}}^{\text{PRS}} \in \left\{ i T_{\text{gap}}^{\text{PRS}} \right\}_{i=0}^{T_{\text{rep}}^{\text{PRS}} - 1} \quad (7\text{-}5)$$

在公式（7-5）中，各个参数的含义如下。

① $T_{\text{per}}^{\text{PRS}}$ 是 PRS 资源的周期，$T_{\text{per}}^{\text{PRS}} \in 2^{\mu}\{4, 5, 8, 10, 16, 20, 32, 40, 64, 80, 160, 320, 640, 1280, 2560, 5120, 10240\}$；$T_{\text{offset}}^{\text{PRS}}$ 是时隙偏移，$T_{\text{offset}}^{\text{PRS}} \in \{0, 1, \cdots, T_{\text{per}}^{\text{PRS}} - 1\}$。$T_{\text{per}}^{\text{PRS}}$ 和 $T_{\text{offset}}^{\text{PRS}}$ 由高层参数 dl-PRS-Periodicity-and-ResourceSetSlotOffset 联合给出，是子载波间隔配置。

② $T_{\text{offset,res}}^{\text{PRS}}$ 是下行 PRS 资源时隙偏移，由高层参数 dl-PRS-ResourceSlotOffset 给出。

③ $T_{\text{rep}}^{\text{PRS}}$ 是 PRS 资源重复的次数，$T_{\text{rep}}^{\text{PRS}} \in \{1, 2, 4, 6, 8, 16, 32\}$，由高层参数 dl-PRS-ResourceRepetitionFactor 给出。

④ $T_{\text{muting}}^{\text{PRS}}$ 是静音（muting）重复因子，由高层参数 dl-PRS-MutingBitRepetitionFactor 给出。在一些情况下，网络可以通过 $T_{\text{muting}}^{\text{PRS}}$ 参数关闭 PRS 以进一步减少小区干扰，这使

在邻小区 PRS 重叠的情况下也能获得增益。

⑤ $T_{\text{gap}}^{\text{PRS}}$ 是时隙间隔，$T_{\text{gap}}^{\text{PRS}} \in \{1,2,4,8,16,32\}$，$T_{\text{gap}}^{\text{PRS}}$ 由高层参数 dl-PRS-ResourceTimeGap 给出。

PRS 在频域上占用 $N_{\text{RB}}^{\text{PRS}}$ 个 PRB，采用梳齿状（comb）结构，每个 PRB 在单个 OFDM 符号上有 $12/K_{\text{comb}}^{\text{PRS}}$ 个 PRS。PRS 在 1 个时隙内占用 L_{PRS} 个 OFDM 符号，PRS 采用交错（staggered）结构，相比于非交错结构，交错结构具有更好的互相关峰值。1 个时隙内的 PRS 结构如图 7-22 所示。

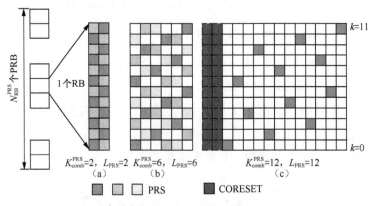

图7-22　1个时隙内的PRS结构

2. PRS 参数的配置原则

PRS 在 1 个时隙内的关键参数包括 PRS 带宽 $N_{\text{RB}}^{\text{PRS}}$、梳齿尺寸 $K_{\text{comb}}^{\text{PRS}}$、符号数 L_{PRS}、周期 $T_{\text{per}}^{\text{PRS}}$ 和重复因子 $T_{\text{rep}}^{\text{PRS}}$ 等，每个参数的配置原则如下。

（1）$N_{\text{RB}}^{\text{PRS}}$ 的配置原则

$N_{\text{RB}}^{\text{PRS}}$ 是用于 PRS 传输的 PRB 数，$N_{\text{RB}}^{\text{PRS}}$ 最小值为 24 个 PRB，最大值为 272 个 PRB，颗粒度是 4 个 PRB。$N_{\text{RB}}^{\text{PRS}}$ 的配置与定位精度有关，在其他参数相同的条件下，$N_{\text{RB}}^{\text{PRS}}$ 越大，对应的采样周期越小，相关波形越窄，得到的峰值误差越小，定位精度越高，但是开销也越大。$N_{\text{RB}}^{\text{PRS}}$ 的配置有两点需要注意。第一，$N_{\text{RB}}^{\text{PRS}}$ 的配置独立于 UE 的 BWP，因此 PRS 有可能位于 UE 的 BWP 之外，如果 UE 不测量 BWP 之外的 PRS，会导致定位性能下降，为了避免这种情况发生，建议 PRS 配置在公共 BWP 上，其优势是可以满足大量 UE 同时定位的需求。第二，为了提高定位精度，当 PRS 的平均功率高于数据信道的平均功率时，PRS 应避开信道边缘 1～2 个 PRB，以便降低非期望辐射，减少对其他数据信道或系统的干扰。

（2）$K_{\text{comb}}^{\text{PRS}}$ 的配置原则

$K_{\text{comb}}^{\text{PRS}}$ 是 PRB 的梳齿尺寸，$K_{\text{comb}}^{\text{PRS}} \in \{2,4,6,12\}$。$K_{\text{comb}}^{\text{PRS}}$ 的配置需要考虑以下两个因素。

第一，$K_{\text{comb}}^{\text{PRS}}$ 的配置需要考虑 PRS 的定位范围。UE 通过时域自相关，在时域上搜索峰值估算 ToA，为了减少复杂性和降低时延，需要限制 UE 的搜索窗，$K_{\text{comb}}^{\text{PRS}}$ 越大，搜索窗越窄，PRS 的非模糊自相关窗（Non-Ambiguous Autocorrelation Window，NAAW）的时长依赖于 $K_{\text{comb}}^{\text{PRS}}$ 和 OFDM 符号持续时间 T_{smbol}，进而可以转换为 PRS 的定位范围，见公式（7-6）。

$$\text{PRS 的定位范围} = \frac{c \times T_{\text{smbol}}}{K_{\text{comb}}^{\text{PRS}}} = \frac{c}{K_{\text{comb}}^{\text{PRS}} \times \text{SCS}} \qquad (7\text{-}6)$$

根据公式（7-6），可以计算出，对于不同的 SCS 和 $K_{\text{comb}}^{\text{PRS}}$，PRS 的定位范围见表 7-4。

表7-4 PRS的定位范围

SCS	$K_{\text{comb}}^{\text{PRS}}$			
	2	4	6	12
15kHz	10000m	5000m	3333.33m	1666.67m
30kHz	5000m	2500m	1666.67m	833.33m
60kHz	2500m	1250m	833.33m	416.67m
120kHz	1250m	625m	416.67m	208.33m

第二，$K_{\text{comb}}^{\text{PRS}}$ 的配置还需要考虑 UE 的信道带宽、小区密度等因素。$K_{\text{comb}}^{\text{PRS}}$ 越小，频域上的 PRS 密度越大，即使较小的带宽也能达到较高的定位精度，因此较小的 $K_{\text{comb}}^{\text{PRS}}$ 适用于带宽受限场景，例如小带宽的物联网设备。$K_{\text{comb}}^{\text{PRS}}$ 越大，可复用的 PRS 数量越多，当 $K_{\text{comb}}^{\text{PRS}}$=6 时，在频域上可以最多复用 6 个 PRS，图 7-22（b）给出了复用 3 个 PRS 的情形。较大的 $K_{\text{comb}}^{\text{PRS}}$ 减少了 PRS 冲突的概率，适用于高密度小区，UE 可以通过检测更多的小区来提高定位精度。另外，较大的 $K_{\text{comb}}^{\text{PRS}}$ 还可以通过功率提升来改善 SINR，进而提高定位精度。当 $K_{\text{comb}}^{\text{PRS}}$=4、6、12 时，PRS 提升功率分别为 6dB、7.8dB、10.8dB。过大的 $K_{\text{comb}}^{\text{PRS}}$ 存在占用的带宽较大、易受多普勒频移影响、UE 移动和时钟漂移引入的较大误差等缺点。

在配置 $K_{\text{comb}}^{\text{PRS}}$ 时，需要注意以下两个场景。第一，室内场景具有低多普勒频移、低时延传播、低时延扩展的特点，$K_{\text{comb}}^{\text{PRS}}$ 可以配置的大一些，例如 $K_{\text{comb}}^{\text{PRS}}$ 配置为 12。第二，对于 UE 高速移动场景，高速移动 UE 的位置随着时隙变化而变化，UE 需要同时检测更多小区的 PRS，应配置较大的 $K_{\text{comb}}^{\text{PRS}}$；另外，高速移动 UE 的多普勒频移较大，应配置较小的 $K_{\text{comb}}^{\text{PRS}}$，可将 $K_{\text{comb}}^{\text{PRS}}$ 配置为 4 或 6。

（3）L_{PRS} 的配置原则

L_{PRS} 是 1 个时隙内的 PRS 符号数，可取值为 2、4、6、12。L_{PRS} 的配置与 $K_{\text{comb}}^{\text{PRS}}$ 和 PRS 开销等有关。如果 1 个时隙内的 L_{PRS} 小于 $K_{\text{comb}}^{\text{PRS}}$，则在频域的某些子载波上会一直没有 PRS，PRS 自相关后会产生较大的侧峰（side peak），进而影响定位精度和定位范围。当 L_{PRS} 等于 $K_{\text{comb}}^{\text{PRS}}$ 或者 L_{PRS} 是 $K_{\text{comb}}^{\text{PRS}}$ 的整数倍时，优势是相干合成后的自相关值只有一个主峰，没有侧峰，会提高定位精度，其缺点是 PRS 占用的 OFDM 符号较多，开销较大。

（4）$T_{\text{per}}^{\text{PRS}}$ 的配置原则

T_per^PRS 是 PRS 资源的周期，共有 17 种取值，最小为 4ms，对于 SCS=15kHz，最高可以配置为 5120ms，当 SCS=30kHz、60kHz 和 120kHz，最高可以配置为 10240ms。T_per^PRS 的配置与首次定位时间、UE 功耗、定位服务时延等有关。T_per^PRS 应小于首次定位时间，较长的 T_per^PRS 可以避免 UE 因为频繁的定位操作而耗尽电池容量，因此适合于低功耗场景；较短的 T_per^PRS 可以对 UE 进行频繁的定位操作，因此适用于低时延场景，其缺点就是开销较大。

（5）T_rep^PRS 的配置原则

T_rep^PRS 是 PRS 资源的重复次数，取值为 1、2、4、6、8、16、32，设置较大的重复因子可以聚合 PRS 能量，增加了 PRS 的覆盖范围和定位精度，其缺点就是开销较大。

7.4.2 SRS

PRS 是承载 Zadoff-Chu 序列的规则梳状信号，SRS 可以在相应的端点与相应的复制信号相关，通过相关峰值出现的时间来确定发射机和接收机之间的时延。

SRS 资源通过 IE SRS-Resource 配置，包括以下参数。

① $N_\text{ap}^\text{SRS} \in \{1,2,4\}$ 个天线端口，索引为 $\{p_i\}_0^{N_\text{ap}^\text{SRS}-1}$，$p_i$=1000+i，SRS 的天线端口数 N_ap^SRS 由高层参数 nrofSRS-Ports 通知给 UE。

② $N_\text{symb}^\text{SRS} \in \{1,2,4\}$ 个连续的 OFDM 符号，由高层参数 nrofSymbols 通知给 UE。

③ l_0 为 SRS 在时域上开始的符号位置，$l_0 = N_\text{symb}^\text{slot} - 1 - l_\text{offset}$，$l_\text{offset} \in \{0, 1, \cdots, 5\}$ 由高层参数 startPosition 通知给 UE，即 SRS 可以使用时隙内的最后 6 个 OFDM 符号，需要注意的是 $l_\text{offset} \geqslant N_\text{symb}^\text{SRS} - 1$。

④ k_0 为 SRS 在频域上的开始位置。

1. SRS 序列的产生

SRS 序列根据公式（7-7）产生。

$$r^{(p_i)}(n,l') = r_{u,v}^{(\alpha,\delta)}(n) \quad 0 \leqslant n \leqslant M_\text{sc,b}^\text{RB}-1, \quad l' \in \{0,1,\cdots,N_\text{symb}^\text{SRS}-1\} \quad (7\text{-}7)$$

在公式（7-7）中，$M_\text{sc,b}^\text{RB}$ 的定义见公式（7-10）。$\delta = \log_2(K_\text{TC})$，其中，$K_\text{TC}$ 是传输梳（transmission comb）的数量，取值是 2 或 4，包含在高层参数 transmissionComb 中。天线端口 P_i 的循环移位 α_i 根据公式（7-8）产生。

$$\alpha_i = 2\pi \frac{n_\text{SRS}^{\text{cs},i}}{n_\text{SRS}^\text{cs,max}}$$

$$n_\text{SRS}^{\text{cs},i} = \left(n_\text{SRS}^\text{cs} + \frac{n_\text{SRS}^\text{cs,max}(p_i-1000)}{N_\text{ap}^\text{SRS}} \right) \bmod n_\text{SRS}^\text{cs,max} \quad (7\text{-}8)$$

在公式（7-8）中，$n_{\text{SRS}}^{\text{cs}} \in \{0, 1, \ldots, N_{\text{symb}}^{\text{SRS}} - 1\}$，$n_{\text{SRS}}^{\text{cs}}$ 包含在高层参数 transmissionCom 中，如果 $K_{\text{TC}}=4$，则循环移位的最大数量为 $n_{\text{SRS}}^{\text{cs,max}}=12$；如果 $K_{\text{TC}}=2$，则 $n_{\text{SRS}}^{\text{cs,max}}=8$。这意味着虽然不同的 SRS 天线端口使用同一个基序列，但是可以使用不同的循环移位。

与 PUCCH 的 DM-RS 序列相同，SRS 序列也支持组跳频或序列跳频。组号 $u = [f_{\text{gh}}(n_{\text{s,f}}^{\mu}, l') + n_{\text{ID}}^{\text{SRS}}] \bmod 30$ 和序列号 v 的定义依赖于高层参数 groupOrSequenceHopping，其中，SRS 序列地址 $n_{\text{ID}}^{\text{SRS}}$ 由高层参数提供；$l' \in \{0, 1, \ldots, N_{\text{symb}}^{\text{SRS}} - 1\}$ 是 SRS 资源的 OFDM 符号索引。

2. SRS 到物理资源的映射

当发送给定的 SRS 资源时，每个 OFDM 符号和天线端口上的 SRS 资源都要乘以幅度缩放因子 β_{SRS}。根据公式（7-9），每个天线端口 P_i 从 $r^{(p_i)}(0, l)$ 开始映射到 RE(k, l) 上，即不同天线端口的 SRS，虽然使用相同的 RE 和同一个基序列，但是可通过不同的循环移位进行区分。

$$a_{K_{\text{TC}}k' + k_0^{(p_i)}, l' + l_0}^{(p_i)} = \begin{cases} \dfrac{1}{\sqrt{N_{\text{ap}}}} \beta_{\text{SRS}} r^{(p_i)}(k', l') & k' = 0, 1, \cdots, M_{\text{sc},b}^{\text{RB}} - 1; \quad l' = 0, 1, \cdots, N_{\text{symb}}^{\text{SRS}} - 1 \\ 0 & \text{其他情况} \end{cases} \quad (7\text{-}9)$$

SRS 序列的长度根据公式（7-10）计算。

$$M_{\text{sc},b}^{\text{RB}} = m_{\text{SRS},b} N_{\text{sc}}^{\text{RB}} / K_{\text{TC}} \quad (7\text{-}10)$$

在公式（7-10）中，$m_{\text{SRS},b}$ 的含义见下文。

SRS 在时域上的符号位置由 $N_{\text{symb}}^{\text{SRS}}$ 和 l_{offset} 联合确定。例如，$N_{\text{symb}}^{\text{SRS}}=1$，$l_{\text{offset}}=0$，则 SRS 在时隙内的最后 1 个符号上；$N_{\text{symb}}^{\text{SRS}}=1$，$l_{\text{offset}}=1$，则 SRS 在时隙内的倒数第 2 个符号上；$N_{\text{symb}}^{\text{SRS}}=4$，$l_{\text{offset}}=3$，则 SRS 在时隙内的最后 4 个 OFDM 符号上，SRS 在时域上的位置示意如图 7-23 所示。

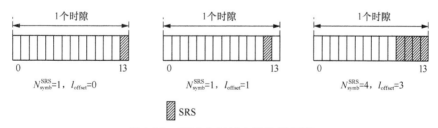

图7-23 SRS在时域上的位置示意

SRS 在频域上的位置比较复杂，SRS 在频域上开始的位置 $k_0^{(p_i)}$ 由公式（7-11）定义。

$$k_0^{(p_i)} = \bar{k}_0^{(p_i)} + \sum_{0}^{B_{\text{SRS}}} K_{\text{TC}} M_{\text{sc},b}^{\text{SRS}} n_b \quad (7\text{-}11)$$

在公式（7-11）中，$\bar{k}_0^{(p_i)}$ 的定义见公式（7-12）。

$$\bar{k}_0^{(p_i)} = n_{\text{shift}} N_{\text{sc}}^{\text{RB}} + k_{\text{TC}}^{(p_i)}$$

$$k_{\text{TC}}^{(p_i)} = \begin{cases} \left(\bar{k}_{\text{TC}} + K_{\text{TC}}/2\right) \bmod K_{\text{TC}} \\ \bar{k}_{\text{TC}} \end{cases} \tag{7-12}$$

在公式（7-12）中，如果 $n_{\text{SRS}}^{\text{cs}} \in \{n_{\text{SRS}}^{\text{cs,max}}/2, \cdots, n_{\text{SRS}}^{\text{cs,max}} - n_{\text{SRS}}^{\text{cs,max}}\}$、$N_{\text{ap}}=4$、$p_i \in \{1001, 1003\}$，则 $k_{\text{TC}}^{(p_i)} = \left(\bar{k}_{\text{TC}} + K_{\text{TC}}/2\right) \bmod K_{\text{TC}}$；否则 $k_{\text{TC}}^{(\ )} = \bar{k}_{\text{TC}}$。$b=B_{\text{SRS}}$，$B_{\text{SRS}}$ 的含义见下文。

SRS 在频域上的参考点 $\bar{k}_0^{(p_i)} = 0$ 是 CRB 0 的子载波 0（即 Point A）。频域上的偏移值 n_{shift} 可用于调整配置的 SRS 相对于 CRB 的偏移，取值是 0～268，由高层参数 freqDomainShift 通知给 UE。SRS 以梳状形式发射，其偏移包含在高层参数 transmissionComb 中，SRS 梳状结构示意如图 7-24 所示。当多个 UE 在相同的符号上和相同的 PRB 上发送 SRS 时，不同的 UE 配置不同的 $\bar{k}_{\text{TC}}$，在增加 SRS 容量的时候，也能够避免相互干扰。n_b 是频域索引，含义见下文。

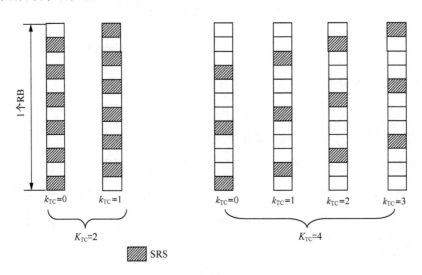

图7-24　SRS梳状结构示意

3GPP TS 38.211 协议通过 1 个表格指示小区内的用户能分配带宽类型的集合，SRS 带宽配置见表 7-5。

表7-5　SRS带宽配置

C_{SRS}	$B_{\text{SRS}}=0$		$B_{\text{SRS}}=1$		$B_{\text{SRS}}=2$		$B_{\text{SRS}}=3$	
	$m_{\text{SRS},0}$	N_0	$m_{\text{SRS},1}$	N_1	$m_{\text{SRS},2}$	N_2	$m_{\text{SRS},3}$	N_3
0	4	1	4	1	4	1	4	1
1	8	1	4	2	4	1	4	1
2	12	1	4	3	4	1	4	1

续表

C_{SRS}	$B_{SRS}=0$		$B_{SRS}=1$		$B_{SRS}=2$		$B_{SRS}=3$	
	$m_{SRS,0}$	N_0	$m_{SRS,1}$	N_1	$m_{SRS,2}$	N_2	$m_{SRS,3}$	N_3
3	16	1	4	4	4	1	4	1
4	16	1	8	2	4	2	4	1
5	20	1	4	5	4	1	4	1
6	24	1	4	6	4	1	4	1
7	24	1	12	2	4	3	4	1
8	28	1	4	7	4	1	4	1
9	32	1	16	2	8	2	4	2
10	36	1	12	3	4	3	4	1
11	40	1	20	2	4	5	4	1
12	48	1	16	3	8	2	4	2
13	48	1	24	2	12	2	4	3
14	52	1	4	13	4	1	4	1
15	56	1	28	2	4	7	4	1
16	60	1	20	3	4	5	4	1
17	64	1	32	2	16	2	4	4
18	72	1	24	3	12	2	4	3
19	72	1	36	2	12	3	4	3
20	76	1	4	19	4	1	4	1
21	80	1	40	2	20	2	4	5
22	88	1	44	2	4	11	4	1
23	96	1	32	3	16	2	4	4
24	96	1	48	2	24	2	4	6
25	104	1	52	2	4	13	4	1
26	112	1	56	2	28	2	4	7
27	120	1	60	2	20	3	4	5
28	120	1	40	3	8	5	4	2
29	120	1	24	5	12	2	4	3
30	128	1	64	2	32	2	4	8
31	128	1	64	2	16	4	4	4
32	128	1	16	8	8	2	4	2
33	132	1	44	3	4	11	4	1
34	136	1	68	2	4	17	4	1

续表

C_{SRS}	$B_{SRS}=0$		$B_{SRS}=1$		$B_{SRS}=2$		$B_{SRS}=3$	
	$m_{SRS,0}$	N_0	$m_{SRS,1}$	N_1	$m_{SRS,2}$	N_2	$m_{SRS,3}$	N_3
35	144	1	72	2	36	2	4	9
36	144	1	48	3	24	2	12	2
37	144	1	48	3	16	3	4	4
38	144	1	16	9	8	2	4	2
39	152	1	76	2	4	19	4	1
40	160	1	80	2	40	2	4	10
41	160	1	80	2	20	4	4	5
42	160	1	32	5	16	2	4	4
43	168	1	84	2	28	3	4	7
44	176	1	88	2	44	2	4	11
45	184	1	92	2	4	23	4	1
46	192	1	96	2	48	2	4	12
47	192	1	96	2	24	4	4	6
48	192	1	64	3	16	4	4	4
49	192	1	24	8	8	3	4	2
50	208	1	104	2	52	2	4	13
51	216	1	108	2	36	3	4	9
52	224	1	112	2	56	2	4	14
53	240	1	120	2	60	2	4	15
54	240	1	80	3	20	4	4	5
55	240	1	48	5	16	3	8	2
56	240	1	24	10	12	2	4	3
57	256	1	128	2	64	2	4	16
58	256	1	128	2	32	4	4	8
59	256	1	16	16	8	2	4	2
60	264	1	132	2	44	3	4	11
61	272	1	136	2	68	2	4	17
62	272	1	68	4	4	17	4	1
63	272	1	16	17	8	2	4	2

在表 7-5 中，C_{SRS} 是 SRS 带宽配置的索引，表示 UE 使用哪一行的 SRS 带宽，取值是 0～63，由高层参数 freqHopping 中的 c-SRS 通知给 UE。每一行的 SRS 带宽的深度是 4 级，BW0（即 $B_{SRS}=0$）有 $N_0=1$ 个 SRS，SRS 的带宽是 $m_{SRS,0}$ 个 RB，BW0 级具有最

大的 SRS 带宽；BW1（即 $B_{SRS}=1$）在 $m_{SRS,0}$ 个 RB 范围内有 N_1 个 SRS，每个 SRS 的带宽是 $m_{SRS,1}$ 个 RB；BW2（即 $B_{SRS}=2$）在 $m_{SRS,1}$ 个 RB 范围内有 N_2 个 SRS，每个 SRS 的带宽是 $m_{SRS,2}$ 个 RB；BW3（即 $B_{SRS}=3$）在 $m_{SRS,2}$ 个 RB 范围内有 N_3 个 SRS，每个 SRS 的带宽是 $m_{SRS,3}=4$ 个 RB，BW3 级具有最小的 SRS 带宽，固定为 4 个 RB。

通常情况下，建议根据信道带宽来配置 C_{SRS}。例如，当信道带宽等于 100MHz 时，有 273 个 RB（SCS=30kHz），则 C_{SRS} 可以配置为 61～63。通过设置不同的 B_{SRS} 来确定 UE 实际发送的 SRS 带宽，当信道条件良好即 SNR 高且 UE 传输需要较大的上行带宽时，UE 发送较大带宽的 SRS（配置小的 B_{SRS}）以便 gNB 能够快速获得上行信道的状态，提高调度效率；当 UE 的功率受限或多个 UE 同时需要发送 SRS 时，UE 发送窄带 SRS（配置较大的 B_{SRS}）以提高上行信道的探测精度或 SRS 容量。因为频繁地发送窄带 SRS 增加了与 PUCCH 冲突的概率，所以不建议采用频繁发送窄带 SRS 的方式来提供宽带的信道测量。另外，在快衰落和 / 或多径传播严重的场景中，如果采用窄带 SRS 遍历整个信道带宽，则耗时较长，且信道条件可能会发生很大变化。

假设 $C_{SRS}=9$，则 SRS 带宽树的结构（$C_{SRS}=9$）如图 7-25 所示。

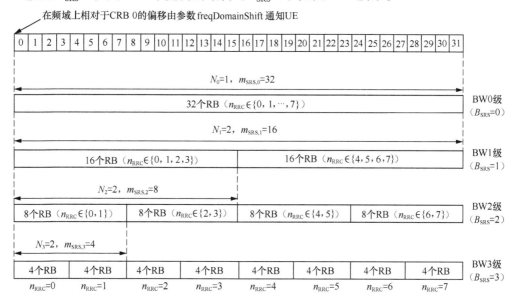

图 7-25　SRS 带宽树的结构（$C_{SRS}=9$）

公式（7-11）中的 n_b 确定了 UE 在哪级深度上，以及在哪个位置上发送 SRS，n_b 的取值与 $B_{SRS} \in \{0, 1, 2, 3\}$、$b_{hop} \in \{0, 1, 2, 3\}$ 和 n_{RRC} 有关。其中，B_{SRS} 由 freqHopping 中的 b-SRS 通知给 UE，是 UE 单次发送的 SRS 带宽。频率跳频 b_{hop} 由 freqHopping 中的 b-hop 通知给 UE。频域位置 n_{RRC} 由高层参数 freqHopping 通知给 UE，取值范围是 0～67。当 $C_{SRS}=63$ 时，BW3 级上的 SRS 共有 272/4=68 个可能的位置；当 $C_{SRS}=9$，BW3 级上只有 32/4=8 个可能的位置，则 n_{RRC} 配置为 0～7 即可。

SRS 是否跳频发送并不是以显示信令通知给 UE 的，而是通过 b_{hop} 和 B_{SRS} 之间的关系隐式通知给 UE。

当 $b_{hop} \geq B_{SRS}$，即 SRS 的跳频带宽范围小于 UE 发送的 SRS 带宽时，SRS 不跳频，SRS 在 SRS 资源所有的 OFDM 符号上发送，在频域上的位置根据公式（7-11）计算，其中频域索引 n_b 根据公式（7-13）计算。

$$n_b = \lfloor 4n_{RRC}/m_{SRS,b} \rfloor \bmod N_b \tag{7-13}$$

假设 $C_{SRS}=9$，当 $B_{SRS}=0$ 时，SRS 的带宽是 32 个 RB，只有 1 个 SRS 位置；当 n_{RRC} 等于任何数值时，SRS 都是在 RB 0～31 上发送的；当 $B_{SRS}=1$ 时，SRS 的带宽是 16 个 RB，有 2 个 SRS 位置；当 $n_{RRC}=0～3$ 时，SRS 在 RB 0～15 上发送，当 $n_{RRC}=4～7$ 时，SRS 在 RB 16～31 上发送；当 $B_{SRS}=2$ 或 3 时，依次类推。非周期 SRS 资源，SRS 跳频传输如图 7-26 所示。

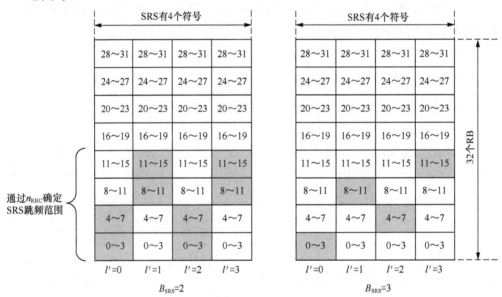

图 7-26 非周期 SRS 资源，SRS 跳频传输

当 $b_{hop} < B_{SRS}$，即 SRS 的跳频带宽范围大于 UE 单次发送的 SRS 带宽时，SRS 跳频，SRS 在频域上的位置根据公式（7-11）计算，频域索引 n_b 是个变量，根据公式（7-14）计算。

$$n_b = \begin{cases} \lfloor 4n_{RRC}/m_{SRS,b} \rfloor \bmod N_b & b \leq b_{hop} \\ \{F_b(n_{SRS}) + \lfloor 4n_{RRC}/m_{SRS,b} \rfloor\} \bmod N_b & \text{其他情况} \end{cases} \tag{7-14}$$

假设 $C_{SRS}=9$，当 $b_{hop}=1$、$B_{SRS}=2$，由于 $b_{hop} < B_{SRS}$，因此 SRS 需要跳频。公式（7-14）中的 $\lfloor 4n_{RRC}/m_{SRS,b} \rfloor \bmod N_b$ 确定了 BW1 级（$B_{SRS}=1$）上的 SRS 跳频范围，即根据 n_{RRC}，确定 SRS 的跳频范围在 BW1 级的哪一个 SRS 带宽（RB 0～15 或 RB 16～31）上，假设确定 SRS 的跳频范围在 RB 0～15 上。公式（7-14）中的 $\{F_b(n_{SRS}) + \lfloor 4n_{RRC}/m_{SRS,b} \rfloor\} \bmod N_b$ 则确

定了 UE 在 BW2 级（$B_{SRS}=2$）的哪一个 SRS 带宽（RB 0～7 或 RB 8～15）上发送。

在公式（7-14）中，如果 N_b 是偶数，则根据公式（7-15）计算 $F_b(n_{SRS})$。

$$F_b(n_{SRS}) = (N_b/2) \left\lfloor \frac{n_{SRS} \bmod \prod_{b'=b_{hop}}^{b} N_{b'}}{\prod_{b'=b_{hop}}^{b-1} N_{b'}} \right\rfloor + \left\lfloor \frac{n_{SRS} \bmod \prod_{b'=b_{hop}}^{b} N_{b'}}{2 \prod_{b'=b_{hop}}^{b-1} N_{b'}} \right\rfloor \quad (7\text{-}15)$$

如果 N_b 是奇数，则根据公式（7-16）计算 $F_b(n_{SRS})$。

$$F_b(n_{SRS}) = \lfloor N_b/2 \rfloor \left\lfloor n_{SRS} \bmod \prod\nolimits_{b'=b_{hop}}^{b} N_{b'} \right\rfloor \quad (7\text{-}16)$$

在公式（7-15）和公式（7-16）中，不管 N_b 是多少，$N_{hop}=1$。

SRS 在 1 个时隙内可以发送多次，称为重复因子 R，由高层参数 repetitionFactor 通知给 UE，取值是 1、2 或 4，$R \leq N_{symb}^{SRS}$。如果 $R = N_{symb}^{SRS}$，不支持时隙内跳频；如果 $R=1$，$N_{symb}^{SRS}=2$ 或 4，以 1 个 OFDM 符号为单位进行时隙内跳频；如果 $R=2$，$N_{symb}^{SRS}=4$，以 2 个 OFDM 符号为单位进行时隙内跳频。

如果 SRS 资源是非周期的，仅支持时隙内跳频，$n_{SRS} = \lfloor l'/R \rfloor$。

以 $C_{SRS}=9$ 为例，$b_{hop}=1$，假设 $n_{RRC}=0$，则 SRS 的跳频范围是 RB 0～15；再假设 $R=1$，$N_{symb}^{SRS}=4$，则 n_{SRS} 等于 0～3。如果 $B_{SRS}=2$，则 $N_2=2$，根据公式（7-15）可以计算出，当 n_{SRS} 等于 0～3 时，$F_2(n_{SRS})$ 分别等于 0、1、0、1；再根据公式（7-14）可以计算出，当 n_{SRS} 等于 0～3 时，n_2 分别等于 0、1、0、1；根据公式（7-11）可以计算出，当 n_{SRS} 等于 0～3 时，SRS 的发送位置分别是 RB 0～7、RB 8～15、RB 0～7、RB 8～15。如果 $B_{SRS}=3$，则 $N_3=2$，根据公式（7-12）可以计算出，当 n_{SRS} 等于 0～3 时，$F_3(n_{SRS})$ 分别等于 0、0、1、1；根据公式（7-10）可以计算出，当 n_{SRS} 等于 0～3 时，n_3 分别等于 0、0、1、1；再根据公式（7-11）可以计算出，当 n_{SRS} 等于 0～3 时，SRS 的发送位置分别是 RB 0～3、RB 8～11、RB 4～7、RB 12～15。如图 7-26 所示。

如果 SRS 资源是周期或半持续的，当 $N_{symb}^{SRS}=1$ 或 $N_{symb}^{SRS}=R$ 时，可以进行时隙间跳频；当 $N_{symb}^{SRS}=2$ 或 4 且 $R < N_{symb}^{SRS}$ 时，可以进行时隙内跳频和时隙间跳频。

SRS 的累加计数 n_{SRS} 根据公式（7-17）计算。

$$n_{SRS} = \left(\frac{N_{slot}^{frame,\mu} n_f + n_{s,f}^{\mu} - T_{offset}}{T_{SRS}} \right) \times \left(\frac{N_{symb}^{SRS}}{R} \right) + \left\lfloor \frac{l'}{R} \right\rfloor \quad (7\text{-}17)$$

SRS 所在的时隙满足 $(N_{slot}^{frame,\mu} n_f + n_{s,f}^{\mu} - T_{offset}) \bmod T_{SRS} = 0$，$T_{offset}$ 和 T_{SRS} 的含义见下文。

需要注意的是，当 UE 以跳频方式发送 SRS 时，虽然改变了 SRS 使用的 RB 在频域上的位置，但是 SRS 的子载波在 RB 内的梳齿状位置不改变，这是因为跳频时，$\bar{k}_{TC}$ 的值不发生改变。

通过以上分析可以发现，SRS 的发送方式非常灵活，当多个 UE 需要在 1 个时隙内发送 SRS 时，既可以在不同的 OFDM 符号位置但是相同的子载波上发送 SRS；也可以通过窄带 SRS 方式，在不同的 RB 位置上，同时发送窄带 SRS；还可以以 FDM 方式在相同的 RB 但是不同的子载波上以梳齿状方式同时发送 SRS。

3. SRS 的时隙配置

当 SRS 资源配置为周期或半持续时，由高层参数 periodicityAndOffset-p 或 periodicity-AndOffset-sp 配置 SRS 资源的周期 T_{SRS}（以时隙为单位）和时隙偏移 T_{offset}。只有当时隙满足公式（7-18）时，配置的 SRS 资源才可以在候选的 SRS 时隙上发送。

$$\left(N_{slot}^{frame,\mu}n_f + n_{s,f}^{\mu} - T_{offset}\right) \mod T_{SRS} = 0 \quad (7\text{-}18)$$

SRS 资源的周期可以配置为 {1, 2, 4, 5, 8, 10, 16, 20, 32, 40, 64, 80, 160, 320, 640, 1280, 2560} 个时隙，在配置 SRS 周期的时候，需要考虑两个因素：第一个因素是信号的时变特性，对于快衰落的信道，需要配置较小的周期；第二个因素是上行资源的利用率，因为 UE 频繁发送 SRS 会导致上行容量下降。

7.5 时间差测量

单卫星 Multi-RTT 定位方法要求在不同的时间确定 UE 和单颗卫星之间的 RTT。RTT 测量示意如图 7-27 所示。gNB 在 t_0 处通过 DL-PRS 的传输来发起测量，DL-PRS 在 t_1 处通过卫星，并且在 t_2 处由 UE 接收。经过处理时延之后，UE 在 t_3 发起 UL-SRS 信号的传输，该信号在 t_4 经过卫星并于 t_5 到达 gNB。在 t_5 处，gNB 将 RTT 确定为 RTT=t_5-t_0-(t_3-t_2)，就传播时延而言，这意味着 RTT=τ_0+τ_1+τ_2+τ_3。

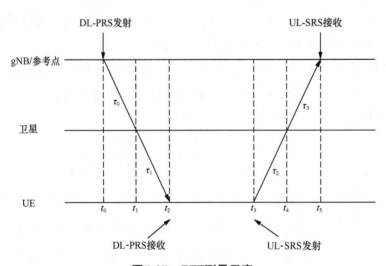

图7-27 RTT测量示意

在实践中，UE 在相对于接收的 DL 帧 i，提前 T_{TA} 发送 UL 帧 i，以确保上下行子帧在 UL 同步参考点处保持对齐，因此，RTT= 总的 UE Rx-Tx 时间差 + gNB Rx-Tx 时间差。NTN 定时关系如图 7-28 所示。本节接下来分别分析 UE Rx-Tx 时间差和 gNB Rx-Tx 时间差。

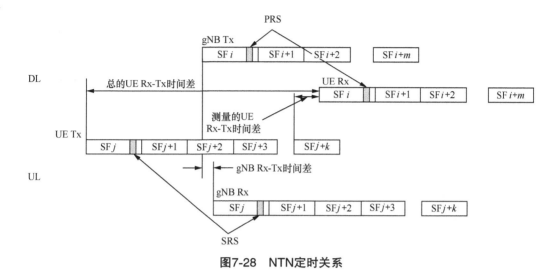

图 7-28 NTN 定时关系

7.5.1 UE Rx – Tx 时间差（$T_{\text{UE Rx-Tx}}$）

根据 3GPP TS 38.133 协议，UE Rx-Tx 时间差（$T_{\text{UE Rx-Tx}}$）的报告范围定义为 $-985024 \times T_c \sim 985024 \times T_c$，$T_c$ =0.509ns，等于 $-0.5 \sim 0.5$ms，即 1 个子帧的范围，这个报告范围适合于 TN。但是 NTN 具有较大的小区半径和传播时延，对于高度约为 35786km 的 GEO 卫星，环回时延约为 270ms，如果使用与 TN 情况类似的逻辑，NTN 的时间差为 $-135 \sim 135$ms，传统的 UE Rx-Tx 时间差的定义不再适用。

为了尽可能多地重用当前信令并减少对规范的影响，3GPP 协议规定，不修改传统的 UE Rx-Tx 时间差的定义，UE 继续按照原有的定义和格式报告 UE Rx-Tx 时间差，除此之外，UE 还需要报告子帧 #j～子帧 #i 的实际索引差值，以子帧为单位。

在 NTN LEO 场景中，卫星以非常高的速度移动，例如，LEO 卫星（轨道高度为 600km）的速度为 7.56km/s，当卫星靠近或远离 UE 时，UE 观察到 DL 信号将在 UE 的接收机处发生收缩或扩展，UE 观察到的 DL 子帧长度不再是 1ms，此种现象即是多普勒引起的 DL 定时漂移，这会导致任何依赖于对 DL 子帧进行计数并假设 UE 观察到的 DL 子帧长总是恒定的（即 1ms），UE Rx-Tx 时间差测量解决方案会使 UE Rx-Tx 时间差出现偏差，Multi-RTT 方法测量 UE 位置所得到的结果不准确。因此，UE 除了报告子帧 #j～子帧 #i 的实际索引差值，还需要报告与 UE Rx-Tx 时间差测量周期相关的服务链路上的多普勒引起的 DL 定时漂移。

下文给出 3 个定时漂移的评估结果，供大家参考。

1. 以 ppm 表示的评估结果

由于服务链路上的多普勒产生的 DL 定时漂移，可以使用公式（7-19）计算。

$$定时漂移（ppm）= \pm \frac{1}{c} \times \left(v_{UE} + v_{sat} \times \frac{R_E}{R_E + h} \times \cos\alpha \right) \times 10^6 \qquad (7\text{-}19)$$

在公式（7-19）中，v_{sat}、v_{UE}、c、R_E、h 和 α 分别表示卫星速度、UE 速度、光速、地球半径、卫星高度和卫星仰角。假设最坏的情况，即 UE 的移动方向直接朝向卫星，UE 最大速度为 1200km/h，使用公式（7-19），可以计算出不同卫星高度和仰角的定时漂移，见表 7-6。

表7-6　不同卫星高度和仰角的定时漂移（假设 v_{UE} = 1200km/h）

高度	仰角	
	30°	10°
600km	±21.1ppm	±23.8ppm
400km	±22.0ppm	±24.8ppm

通过表 7-6 可以发现，在仰角 10°、卫星高度 400km 的情况下，DL 定时漂移为 ±24.8ppm，再添加 0.2ppm 的边际误差，DL 定时漂移的最大值范围是 ±25ppm。

2. 诺基亚的模拟结果

诺基亚给出了 LEO 卫星在高度 600km、550km 和 500km 的定时漂移模拟结果。LEO 卫星的仰角分别是 10° 和 30°，除此之外，还给出了测量周期 20ms、40ms、80ms 和 160ms 的定时偏移。不同卫星高度和仰角的定时漂移率和漂移率变化（诺基亚）见表 7-7，不同测量周期的定时漂移见表 7-8。对于卫星处于仰角 10° 的情况，LEO 600km、LEO 550km 和 LEO 500km 的定时漂移率（一阶）分别是 −22.7053μs/s、−22.9515μs/s 和 −23.2023μs/s。

表7-7　不同卫星高度和仰角的定时漂移率和漂移率变化（诺基亚）

项目	LEO 卫星 600km		LEO 卫星 550km		LEO 卫星 500km	
LEO 卫星仰角	10°	30°	10°	30°	10°	30°
单向传播时间 /ms	6.4451	3.5864	6.0562	3.3118	5.6540	3.0337
定时漂移率（1阶）/（μs/s）	−22.7053	−19.9667	−22.9515	−20.1832	−23.2023	−20.4037
定时漂移变化率（2阶）/（μs/s²）	0.0068	0.0495	0.0071	0.0538	0.0075	0.0588

表7-8　不同测量周期的定时漂移

项目	LEO 卫星 600km		LEO 卫星 550km		LEO 卫星 500km	
LEO 卫星仰角	10°	30°	10°	30°	10°	30°

续表

项目	LEO 卫星 600km		LEO 卫星 550km		LEO 卫星 500km	
20ms 时的定时漂移 /μs	0.4541	0.3993	0.4590	0.4037	0.464	0.4081
40ms 时的定时漂移 /μs	0.9082	0.7986	0.9181	0.8073	0.9281	0.8161
80ms 时的定时漂移 /μs	1.8164	1.5972	1.8361	1.6145	1.8562	1.6321
160ms 时的定时漂移 /μs	3.6328	3.1940	3.6722	3.2286	3.7123	3.2638

3. 三星的模拟结果

假设 UE 位于 LEO 卫星（600km）的轨道平面下，卫星在 UE 的视野中停留了 13min。随着卫星越来越靠近 UE，UE 观测到的 DL 子帧持续时间可能比 1ms 少 48ns；当卫星经过 UE 上方时，UE 观察到的 DL 子帧持续时间几乎为 1ms；当卫星离 UE 越来越远时，UE 观测到的 DL 子帧持续时间可能比 1ms 多 48ns。随着卫星接近或远离 UE，DL 子帧收缩或扩展的量如图 7-29 所示。

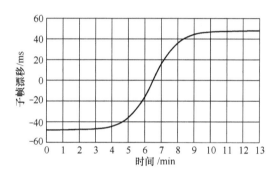

图7-29　随着卫星接近或远离UE，DL子帧收缩或扩展的量

UE 观察到的 DL 子帧长度如图 7-30 所示。

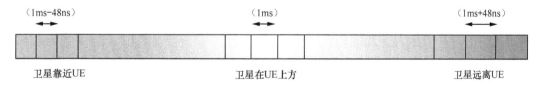

图7-30　UE观察到的DL子帧长度

综上所述，为了使 LMF 能够在 Multi-RTT 方法中准确地计算出 RTT 值，LMF 应计算 UE 接收 PRS 和同一 UE 发送的 SRS 之间的实际时间差。总的 UE Rx-Tx 时间差由以下 3 个部分组成，如图 7-31 所示。

① 测量的 UE Rx-Tx 时间差（$T_{UE\ Rx\text{-}Tx}$）。

② UE Rx-Tx 时间差子帧偏移，即 UE 报告子帧 #j～子帧 #i 的实际索引差值，取值范围是 0～542 个子帧。

③ DL 定时漂移。DL 定时漂移由服务链路上的多普勒引起，其数值与 UE Rx-Tx 时

间差测量周期相关。由于 DL 定时漂移的最大值对应最大 $TA_{CommonDrit}$（53.33us/s）的一半，UE 报告的 DL 定时漂移的最大值是 26.5ms/s，其颗粒度是 0.1μs/s，满足 3GPP TS 38.101 协议的相关要求。

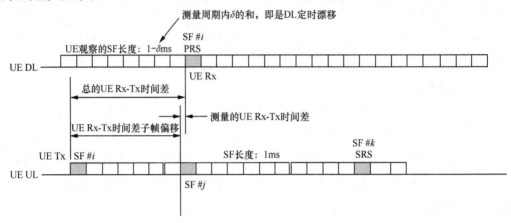

图7-31　总的UE Rx-Tx时间差

接下来对总的 UE Rx-Tx 时间差的 3 个组成部分分别进行分析。

（1）UE Rx-Tx 时间差（$T_{UE Rx-Tx}$）

根据 3GPP TS 38.215 协议，UE Rx-Tx 时间差（$T_{UE Rx-Tx}$）定义为 $T_{UE-Rx} - T_{UE-Tx}$。其中，T_{UE-Rx} 是 UE 从传输点（TP）接收的下行链路子帧 #i 的定时，由第一个检测到的路径定义；T_{UE-Tx} 是在时间上最接近从 TP 接收的子帧 #i 的上行链路子帧 #j 的 UE 发送定时。

对于 FR1，T_{UE-Rx} 测量的参考点应为 UE 的 Rx 天线连接器，T_{UE-Tx} 测量的参考点应为 UE 的 Tx 天线连接器。对于 FR2，T_{UE-Rx} 测量的参考点应为 UE 的 Rx 天线，T_{UE-Tx} 测量的参考点应为 UE 的 Tx 天线。

根据 3GPP TS 37.355 协议，UE 通过 IE NR-Multi-RTT-SignalMeasurementInformation 向 LMF 提供 $T_{UE Rx-Tx}$，其包含的内容如下。

```
nr-UE-RxTxTimeDiff-r16                CHOICE {
    k0-r16                            INTEGER (0..1970049),
    k1-r16                            INTEGER (0..985025),
    k2-r16                            INTEGER (0..492513),
    k3-r16                            INTEGER (0..246257),
    k4-r16                            INTEGER (0..123129),
    k5-r16                            INTEGER (0..61565),
    ...,
    kMinus1-r18                       INTEGER (0..3940097),
    kMinus2-r18                       INTEGER (0..7880193)
},
```

关于 T_{UE-Tx} 更详细的解释见 7.2.3 节。

（2）UE Rx-Tx 时间差子帧偏移

根据 3GPP TS 38.215 协议，UE Rx-Tx 时间差子帧偏移定义为上行链路子帧 #j 和上行

链子帧 #i 之间的子帧数量的索引差,其中,上行链路子帧 #j 在时间上最接近从传输点接收的 DL 子帧 #i,子帧 #i 是用于 UE Rx-Tx 时间差测量的 DL 子载波的索引。

对于 FR1,UE Rx-Tx 时间差子帧偏移测量的参考点应与 UE Rx-Tx 时间差测量的天线连接器相同。对于 FR2,UE Rx-Tx 时间差子帧偏移测量的参考点应与 UE Rx-Tx 时间差测量的天线相同。

(3) DL 定时漂移

根据 3GPP TS 38.215 协议,DL 定时漂移定义为 UE Rx-Tx 时间差在测量周期上由于服务链路多普勒产生的以 ppm 为单位的 DL 时延的变化率。

对于 FR1,DL 定时漂移测量的参考点应为 UE 的 Rx 天线连接器。对于 FR2,DL 定时漂移测量的参考点应为 UE 的 Rx 天线。

根据 3GPP TS 37.355 协议,UE 通过 IE NR-Multi-RTT-SignalMeasurementInformation 向 LMF 提供 UE Rx-Tx 时间差子帧偏移和 DL 定时漂移,其包含的内容如下。

```
NR-NTN-UE-RxTxTimeDiff-r18 ::= SEQUENCE {
  nr-NTN-UE-RxTxTimeDiffSubframeOffset-r18      INTEGER (0..542),
  nr-NTN-DL-TimingDrift-r18                     INTEGER (-265..265)
```

UE Rx-Tx 时间差子帧偏移以 10bit 来报告,其值范围高达 542 个子帧。

DL 定时漂移的取值范围是 −26.5 ~ 26.5ppm,颗粒度是 0.1ppm。

7.5.2 gNB Rx-Tx 时间差($T_{\text{gNB Rx-Tx}}$)

gNB Rx-Tx 时间差类似于 UE Rx-Tx 时间差,是测量携带 SRS 的 UL 子帧的接收定时与最近 DL 子帧的发送定时之间的时间差,gNB Rx-Tx 时间差需要讨论定时参考点、定时测量点两个问题。

定时参考点是 LMF 用于估计 RTT 的虚拟参考点,定时测量点是进行物理时间测量的位置。在 TN 中,信号仅通过一个接口并且仅在两个节点(UE 和 gNB)之间传播,定时参考点和定时测量点的位置很简单,即在 gNB 处。在 NTN 中,参考信号在 gNB、卫星和 UE 之间传输,并且测量值指示的是 UE 和 gNB 之间经由卫星的传播时延,而 UE 位置应由 UE 和卫星之间的传播时延导出。因此在 NTN 中,由于 UE 和 gNB 之间增加了卫星接入节点,使得测量和定时变得复杂。

在 NTN 中,gNB Rx-Tx 时间差测量的定时参考点有 3 个选项,分别是在卫星上、在上行时间同步参考点、在 gNB 上。在 TN 中,gNB 通常是上行时间同步参考点,即 UL 定时通常与 gNB 处的 DL 定时对准,gNB Rx-Tx 时间差较小。类似地,在 NTN 中,如果定时参考点设置在上行时间同步参考点,则 gNB Rx-Tx 时间差的范围与 TN 中时间差的范围相同,这对 5G NR 原有规范的影响最小,遵循了以上行时间同步参考点为中心的 UL/DL 时序关系的总体设计原则。需要注意的是,在透明转发架构下,上行时间同步参考点的位置在 gNB。

定时测量点有两个选项，分别是卫星和 gNB。从执行 R17 以来，3GPP 在制定 NTN 规范时一直集中在透明有效载荷上，这意味着卫星接入节点充当"镜像"节点，来自 UE 的信号经卫星放大并发射到地面 gNB 上，反之亦然。由于时间测量 T_{gNB-Rx} 和 T_{gNB-Tx} 应在具有 LPP 功能的 3GPP 实体中进行，如果要在卫星上执行测量，则要求卫星携带 3GPP 协议功能，且卫星和 gNB 之间还需要额外的信令和辅助数据来交换测量结果，这说明具有透明有效载荷的卫星无法执行 3GPP 协议功能。因此，这种测量的唯一可能的位置是 gNB。定时参考点和定时测量点的位置关系示意如图 7-32 所示。

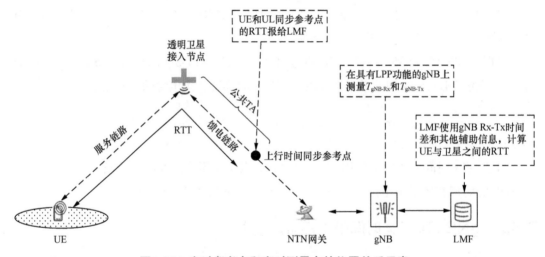

图7-32　定时参考点和定时测量点的位置关系示意

在单卫星 Multi-RTT 定位过程中，将 gNB Rx-Tx 时间差和 UE Rx-Tx 时间差测量报告给 LMF，只能确定 UE 和上行时间同步参考点之间的 RTT。由于 UE 位置是通过 UE 和卫星之间的 RTT 来估算的，馈电链路中的公共 TA 作为 UE 和上行时间同步参考点之间 RTT 的一部分，应从 UE 和上行时间同步参考点之间的 RTT 减去获得。因此，为了反映 UE 和卫星之间的实际传播时延，gNB 应向 LMF 报告公共 TA。公共 TA 参数包括历元时间和 TA 信息，公共 TA 的计算参见 5.2 节。

7.5.3　UE、gNB 和 LMF 之间的信号流

在 NTN 中，由于 UE 位置是通过 UE 和卫星之间的 RTT 来估算的，因此 LMF 需要知道卫星的位置信息。在 TN 中，为了确定 UE 位置，通常需要将 gNB 的地理坐标信息作为辅助数据从 gNB 传送到 LMF，由于 gNB 的位置是固定的，因此传递 gNB 地理坐标信息的方法是有效的。在 NTN NGSO 场景中，服务卫星保持移动，向 LMF 报告卫星在不同时刻的地理坐标信息是低效的，因此 gNB 向 LMF 报告卫星星历表信息，而不报告多颗卫星的地理坐标信息。

除了卫星星历表信息，LMF 为了获得 PRS 发送和 SRS 接收时的卫星定时，还需要

PRS 定时信息和 SRS 定时信息。PRS 时间戳由 UE 上报，SRS 时间戳由 gNB 上报。UE、gNB 和 LMF 之间经过的信号流如图 7-33 所示。UE 和 LMF 之间的信令通过 LTE 定位协议（LTE Positioning Protocol，LPP）进行通信，gNB 与 LMF 之间的信令通过 NRPPa 进行通信。

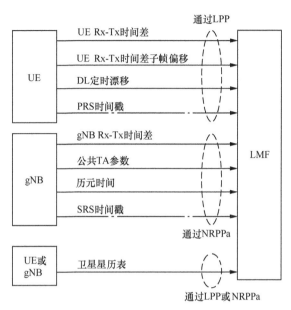

图7-33 UE、gNB和LMF之间经过的信号流

7.6 Multi-RTT 定位流程

7.6.1 NG-RAN/5GC 网元之间传递的信息

可以从 LMF 传送到 UE 的辅助数据见表 7-9。

表7-9 可以从LMF传送到UE的辅助数据

信息
UE 需要测量的候选 NR TRP 的 ARFCN、物理小区标识（PCI）、全区小区标识（CGI）和 PRS 标识
候选 NR TRP 相对于服务（参考）TRP 的定时
候选 NR TRP 的 DL-PRS 配置
指示 DL-PRS 定位频率层上的哪些 DL-PRS 资源集用于 DL-PRS 带宽聚合
TRP 的 SSB 信息（SSB 占用的时间 / 频率）
PRS-only TP 指示
按需的 DL-PRS 配置，可能包括哪些配置可用于 DL-PRS 带宽聚合的信息
辅助数据的有效区域

可以从 UE 传送到 LMF 的测量结果见表 7-10。

表7-10 可以从UE传送到LMF的测量结果

测量结果
UE 测量的 NR TRP 的 ARFCN、PCI、CGI 和 PRS 标识
DL-PRS-RSRP 测量
UE Rx-Tx 时间差测量
DL-RSCP 测量
测量的时间戳
每个测量的质量
UE 使用的 TA 偏移
UE Rx-Tx 时间差测量关联的 UE Rx TEG ID、UE Tx TEG ID 和 UE Rx–Tx TEG ID
UE 测量的 LOS/NLOS 信息
DL-PRS-RSRPP 测量
UE Tx TEG ID 和 SRS 的关联
指示 UE Rx-Tx 时间差测量使用的 DL-PRS 带宽聚合
指示所报告的测量是基于接收 DL-PRS 的单跳或多跳
UE Rx-Tx 时间差子帧偏移
DL 定时漂移

可以从 gNB 传送到 LMF 的辅助数据见表 7-11。

表7-11 可以从gNB传送到LMF的辅助数据

信息
gNB 服务的 TRP 的 PCI、GCI、ARFCN 和 TRP ID
gNB 服务的 TRP 的定时信息
gNB 服务的 TRP 的 DL-PRS 配置
指示 DL-PRS 定位频率层上的哪些 DL-PRS 资源集用于 DL-PRS 带宽聚合
TRP 的 SSB 信息（SSB 占用的时间/频率）
gNB 服务的 TRP 的 DL-PRS 资源的空间方向信息
gNB 服务的 TRP 的 DL-PRS 资源的地理坐标信息
TRP 类型
按需的 DL-PRS 配置，可能包括哪些配置可用于 DL-PRS 带宽聚合的信息
TRP Tx TEG 关联信息
TRP 的公共 TA 参数

可以从服务 gNB 传送到 LMF 的 UL 信息/UE 配置数据见表 7-12。

表7-12 可以从服务gNB传送到LMF的UL信息/UE配置数据

UE 配置数据
UE SRS 配置
SRS 配置的 SFN 初始化时间
SRS 传输状态

可以从 gNB 传送到 LMF 的测量结果见表 7-13。

表7-13 可以从gNB传送到LMF的测量结果

测量结果
测量的 NGCI 和 TRP ID
gNB Rx-Tx 时间差测量
UL-SRS-RSRP 测量
UL-SRS-RSRPP 测量
UL-RSCP 测量
UL 到达角（方位角和/或仰角）[注1]
多个 UL 到达角（方位角和/或仰角）[注1]
SRS 资源类型
测量的时间戳
每个测量的质量
测量的波束信息
每个测量的 LOS/NLOS 信息
测量的 ARP ID

注：1. 当与 UL-AoA 一起时，可用于混合定位。

可以从 LMF 传送到 gNB 的请求 UL-SRS 传输特性信息见表 7-14。

表7-14 可以从LMF传送到gNB的请求UL-SRS传输特性信息

信息
请求的 SRS 的传输次数/持续时间
带宽
资源类型（周期、半持续、非周期）
请求的 SRS 资源集数以及每个资源集的 SRS 资源数
路径损耗参考： ① PCI、SSB 标识 ② DL-PRS ID、DL-PRS 资源集 ID、DL-PRS 资源 ID
空间关系信息： ① PCI、SSB 标识 ② DL-PRS ID、DL-PRS 资源集 ID、DL-PRS 资源 ID ③ NZP CSI-RS 资源 ID ④ SRS 资源 ID ⑤ 定位 SRS 资源 ID

续表

信息
每个 SRS 资源集的 SRS 周期
SSB 信息
SSB 传输带宽的载波频率

可以从 LMF 传送到 gNB 的 TRP 测量请求信息见表 7-15。

表7-15 可以从LMF传送到gNB的TRP测量请求信息

信息
接收 UL-SRS 的 TRP 的 TRP ID 和 NCGI
UL-SRS 配置
候选 TRP 接收 SRS 的 UL 定时信息以及定时不确定性
测量的报告特性
测量数量
测量周期
测量波束信息请求
搜索窗信息
预期 UL-AoA/ZoA 和不确定度范围
TRP Rx TEG 数量
TRP Rx-Tx TEG 数量
响应时间
测量特性请求指示
测量实例的测量时机

可以从 LMF 传输到 gNB 的请求定位激活/去激活信息见表 7-16。

表7-16 可以从LMF传输到gNB的请求定位激活/去激活信息

信息
半持续 UL-SRS： ① 激活/去激活请求 ② 定位激活/去激活的 SRS 资源集 ID ③ 资源 ID 的空间关系 ④ 激活时间
非周期性 UL-SRS： ① 非周期性 SRS 资源触发列表 ② 激活时间
UL-SRS： 释放所有

7.6.2 Multi-RTT 定位流程的时序

Multi-RTT 定位流程如图 7-34 所示。图 7-34 显示了 LMF、gNB 和 UE 之间的信息传递，以执行 LMF 发起的定位信息传输过程。

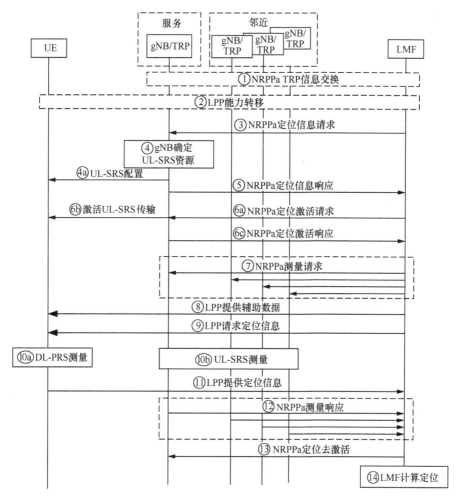

图7-34 Multi-RTT定位流程

① LMF 使用 TRP 信息交换流程来获得 Multi-RTT 定位所需的 TRP 信息。LMF 确定需要的 TRP 配置信息，并向 gNB 发送 NRPPa TRP 信息请求消息，该消息包含了请求哪个特定 TRP 配置信息的指示。如果 TRP 配置信息在 gNB 处可用，则 gNB 在 NRPPa TRP 信息响应消息中提供所请求的 TRP 信息。如果 gNB 不能提供任何信息，则返回一条 TRP 信息失败消息，指示故障原因。

② LMF 使用 LPP 能力转移流程请求目标设备的定位。该流程的目的是使 LMF 能够向 UE 提供辅助数据，也能够使 UE 向 LMF 请求数据。LMF 可以向 UE 提供预配置的 DL-PRS 辅助数据，以用于将来的定位测量。预先配置的 DL-PRS 辅助数据可以由多个实

例组成，其中每个实例适用于网络内的不同区域。使用 PRS ID 和 Cell ID 的组合来唯一识别 TRP。UE 可以存储多少个 TRP 的辅助数据是由 UE 能力决定的，并且由 UE 可以支持的区域数量来指示。LPP 能力转移流程既可以由 UE 发起，也可以由 LMF 发起。

③ LMF 向服务 gNB 发送 NRPPa 定位信息请求消息，以请求目标设备的上行信息。该请求包括特定 TRP 配置信息的指示。

④ 服务 gNB 确定可用于 UL-SRS 的资源，并在步骤④a使用 UL-SRS 资源集配置目标设备。

⑤ 服务 gNB 在 NRPPa 定位信息响应消息中向 LMF 提供 UL-SRS 配置信息。

⑥a 对于半持续或非周期性 SRS，LMF 可以通过向目标设备的服务 gNB 发送 NRPPa 定位激活请求消息来请求激活 UL-SRS 传输。对于半持续 UL-SRS，该消息包括要激活的 UL-SRS 资源集的指示，还包括要激活的半持续 UL-SRS 资源的空间关系信息。对于非周期性 UL-SRS，该消息可以包括非周期性 SRS 资源触发列表，以指示要激活的 UL-SRS 资源。

⑥b gNB 随后激活 UL-SRS 传输。目标设备根据 UL-SRS 资源配置的时域行为开始 UL-SRS 传输。

⑥c gNB 发送 NRPPa 定位激活响应消息。

⑦ LMF 在 NRPPa 测量请求消息中向所选 gNB 提供 UL 信息，该消息包括使 gNB/TRP 能够执行 UL 测量需要的所有信息。

⑧ LMF 向目标设备发送 LPP 提供辅助数据消息，该消息包括目标设备执行必要的 DL-PRS 测量需要的任何辅助数据。

⑨ LMF 发送 LPP 请求定位信息以请求 Multi-RTT 测量。

⑩a 目标设备完成所有 gNB（步骤⑧中的辅助数据提供）的 DL-PRS 测量。在 NTN 中，目标设备在不同的时间实例，对单个 TRP 执行多次 DL-PRS 测量。

⑩b 每个 gNB 测量来自目标设备的 UL-SRS 传输（在步骤⑦配置）。

⑪ 目标设备在 LPP 提供定位信息中向 LMF 报告 Multi-RTT 的 DL-PRS 测量。

⑫ 每个 gNB 在 NRPPa 测量响应消息中向 LMF 报告 UL-SRS 测量。

⑬ 如果激活的 UL-SRS 应去激活，或者 UL-SRS 传输应被释放，则 LMF 向服务 gNB 发送 NRPPa 定位去激活消息，以请求去激活 UL-SRS 资源集，或者释放所有的 UL-SRS 资源。

⑭ LMF 根据步骤⑪和步骤⑫提供的每个 gNB 的相应 UL 和 DL 测量，来确定 UE 和 gNB 的 Rx-Tx 时间差，并计算目标设备的位置。

7.7 本章小结

为了满足政策监管需求，NTN 需要知道 UE 的位置信息，但是由于 NTN 不信任 UE

上报的位置信息，所以需要 NTN 验证 UE 位置。在 UE 视野范围内通常只有一颗卫星，传统的多节点联合定位增强为单节点不同时刻的联合定位，即单卫星 Multi-RTT 定位。对于单卫星 Multi-RTT 定位，UE 测量来自同一颗卫星的下行链路信号在不同时间点的 UE Rx-Tx 时间差，服务 gNB 测量来自 UE 的上行链路信号在不同时间点的 gNB Rx-Tx 时间差，UE 测量的 UE Rx-Tx 时间差和 gNB 测量的 gNB Rx-Tx 时间差提供给 LMF，由 LMF 进一步计算 RTT，再结合不同时间点的卫星地理坐标信息，估算出 UE 的位置。利用现有的参考信号（PRS 和 SRS）来验证 UE 位置，可以减少由于 UE 位置验证引起的资源开销和 UE 功耗。最后，本章分析了 Multi-RTT 定位流程。

参考文献

[1] 张建国，杨东来，徐恩，等. 5G NR物理层规划与设计[M]. 北京：人民邮电出版社，2020.

[2] 张建国，周海骄，杨东来，等. 面向5G-Advanced的关键技术[M]. 北京：人民邮电出版社，2024.

[3] 刘琪，冯毅，邱佳慧. 无线定位原理与技术[M]. 北京：人民邮电出版社，2017.

[4] 孙宇彤，赵文伟，蒋文辉. CDMA空中接口技术[M]. 北京：人民邮电出版社，2004.

[5] 韩斌杰，杜新颜，张建斌. GSM原理及其网络优化（第2版）[M]. 北京：机械工业出版社，2017.

[6] [瑞典]Erik Dahlman，Stefan Parkvall，Johan Sköld，等. 3G演进：HSPA与LTE（英文版·第2版）[M]. 北京：人民邮电出版社，2010.

[7] [芬兰]Harri Holma，Antti Toskala. UMTS中的WCDMA-HSPA演进及LTE（原书第5版）[M]. 杨大成，等译. 北京：机械工业出版社，2012.

[8] 罗建迪，汪丁鼎，肖清华，等. TD-SCDMA无线网络规划设计与优化[M]. 北京：人民邮电出版社，2010.

[9] [瑞典]Erik Dahlman，Stefan Parkvall，Johan Sköld. 4G移动通信技术权威指南：LTE与LTE-Advanced[M]. 堵久辉，缪庆育，译. 北京：人民邮电出版社，2012.

[10] 张新程，田韬，周晓津，等. LTE空中接口技术与性能[M]. 北京：人民邮电出版社，2009.

[11] 刘晓峰，孙韶辉，杜忠达，等. 5G无线系统设计与国际标准[M]. 北京：人民邮电出版社，2019.

[12] 杨超斌，高全中，陈传飞，等. 5G-Advanced技术及应用展望[J]. 信息通信技术，2024，18(1): 25-31.

[13] 张建国，徐恩，肖清华. 5G NR频率配置方法[J]. 移动通信，2019，43(2): 33-37.

[14] 张建国，黄正彬，周鹏云. 5G NR下行同步过程研究[J]. 邮电设计技术，2019(3): 22-26.

[15] 缪德山，柴丽，孙建成，等. 5G NTN关键技术研究与演进展望[J]. 电信科学，2022，38(3): 10-21.

[16] 张建国，韩春娜，杨东来. 5G NR 随机接入信号的规划研究[J]. 邮电设计技术，2019(8): 40-44.

[17] 尼凌飞，胡博，王辰，等. 5G与卫星网络融合演进研究[J]. 移动通信，2022，46(1): 51-57+66.

[18] 王爱玲，刘建军，潘成康，等. 空天地一体化空口接入协议研究[J]. 移动通信，2021，45(5): 53-56.

[19] 刘善彬，陈达伟，朱斌，等. 5G与物联网卫星的融合通信及应用[J]. 移动通信，2023，

47(1): 2-6.

[20] 徐珉. 面向5G-Advanced的天地一体化网络移动性管理研究[J]. 移动通信，2022, 46(10): 26-34.

[21] 孙耀华，彭木根. 面向手机直连的低轨卫星通信：关键技术、发展现状与未来展望[J]. 电信科学，2023, 39(2): 25-36.

[22] 蒋瑞红，冯一哲，孙耀华，等. 面向低轨卫星网络的组网关键技术综述[J]. 电信科学，2023, 39(2): 37-47.

[23] 张建国，谢鹏，韩春娜. 非地面网络对5G NR随机接入的影响分析[J]. 电信工程技术与标准化，2022, 35(11): 88-92.

[24] 李思栋，李侠宇，孙建成，等.手机直连卫星应用发展与挑战[J].电信科学，2024, 40(4): 43-55.

[25] 刘会，叶阳，丁志东，等. 星地融合下的手机直连关键技术研究[J]. 电信科学. 2024. 40(4): 10-17.

[26] 张建国，徐恩，周鹏云，等. 基于OTDOA的5G定位性能综合分析[J]. 邮电设计技术，2021(5): 38-42.

[27] 张建国，韩春娜，周鹏云. 5G网络辅助的GNSS定位性能分析[J]. 邮电设计技术，2021(4): 19-22.

[28] 李健翔. 5G移动通信网的定位技术发展趋势[J]. 移动通信，2022, 46(1): 96-100+106.

[29] 于江涛，王森，张建国. 5G NTN随机接入过程分析[J]. 邮电设计技术，2023(10): 40-44.

[30] 芮杰，何华伟，张建国，等. 连接模式下5G NTN移动性策略分析[J]. 邮电设计技术，2023(11): 23-27.

[31] 张建国，王森，杨东来. 5G NTN在连接模式下的测量策略分析[J]. 邮电设计技术，2023(11): 18-22.

[32] 叶向阳，单单，韩春娜，等. 5G NTN定时提前调整策略分析[J]. 邮电设计技术，2023(9): 58-62.

[33] Stephan Sand ,Armin Dammann ,Christian Mensing. Positioning in Wireless Communications Systems[M]. John Wiley & Sons, 2014.

[34] Harri Holma, Antti Toskala, Takehiro Nakamura. 5G Technology 3GPP New Radio [M]. John Wiley & Sons, 2020.

[35] 3GPP. 3GPP TS 22.261: TSGSSA; Service requirements for the 5G system; Stage1[S/OL]. (2023-12-22).

[36] 3GPP. 3GPP TR 22.862: Feasibility Study on New Services and Markets Technology Enablers for Critical Communications;Stage 1 Stage1[S/OL]. (2016-10-04).

[37] 3GPP. 3GPP TR 22.872: TSGSSA; Study on positioning use cases; Stage1 [S/OL]. (2018-09-21).

[38] 3GPP. 3GPP TS 23.032: Universal Geographical Area Description (GAD) [S/OL]. (2023-09-19).

[39] 3GPP. 3GPP TS 23.273: TSGSSA; 5G System (5GS) Location Services (LCS); Stage2[S/OL]. (2024-03-27).

[40] 3GPP. 3GPP TS 36.133: E-UTRAN; Requirements for support of radio resource management[S/OL]. (2024-07-19).

[41] 3GPP. 3GPP TS 37.355: LTE Positioning Protocol (LPP) [S/OL]. (2024-07-10).

[42] 3GPP. 3GPP TS 38.101: NR; User Equipment (UE) radio transmission and reception[S/OL]. (2024-07-17).

[43] 3GPP. 3GPP TS 38.104: NR;Base Station (BS) radio transmission and reception[S/OL]. (2024-07-19).

[44] 3GPP. 3GPP TS 38.108: Satellite Access Node radio transmission and reception[S/OL]. (2024-07-11).

[45] 3GPP. 3GPP TS 38.133: NR; Requirements for support of radio resource management[S/OL]. (2024-07-17).

[46] 3GPP. 3GPP TS 38.211: NR; Physical channels and modulation[S/OL]. (2024-07-03).

[47] 3GPP. 3GPP TS 38.212: NR; Multiplexing and channel coding[S/OL]. (2024-07-03).

[48] 3GPP. 3GPP TS 38.213: NR; Physical layer procedures for control[S/OL]. (2024-07-03).

[49] 3GPP. 3GPP TS 38.214: NR;Physical layer procedures for data[S/OL]. (2024-07-03).

[50] 3GPP. 3GPP TS 38.215: NR;Physical layer measurements[S/OL]. (2024-07-03).

[51] 3GPP. 3GPP TS 38.300: NR; NR and NG-RAN Overall Description;Stage 2[S/OL]. (2024-07-12).

[52] 3GPP. 3GPP TS 38.304: NR;User Equipment (UE) procedures in Idle mode and RRC Inactive state[S/OL]. (2024-07-16).

[53] 3GPP. 3GPP TS 38.305: NG-RAN; Stage 2 functional specification of User Equipment (UE) positioning in NG-RAN[S/OL]. (2024-07-12).

[54] 3GPP. 3GPP TS 38.321: NR; Medium Access Control (MAC) protocol specification[S/OL]. (2024-07-12).

[55] 3GPP. 3GPP TS 38.331: NR; Radio Resource Control (RRC) protocol specification[S/OL]. (2024-07-11).

[56] 3GPP. 3GPP TS 38.455: NG-RAN; NR Positioning Protocol A (NRPPa) [S/OL]. (2024-07-19).

[57] 3GPP. 3GPP TR 38.811: Study on New Radio (NR) to support non-terrestrial networks[S/OL]. (2020-10-08).

[58] 3GPP. 3GPP TR 38.821: Solutions for NR to support non-terrestrial networks (NTN) [S/OL]. (2023-04-03).

[59] 3GPP. 3GPP TR 38.822: User Equipment (UE) feature list[R/OL]. (2023-06-30).

[60] 3GPP. 3GPP TR 38.855: TSGRAN; Study on NR positioning support[S/OL]. (2019-03-28).

[61] 3GPP. R1-1912725: On NTN synchronization, random access, and timing advance, Ericsson[R/OL]. (2019-11-09).

[62] 3GPP. R1-1912903: Timing advance and PRACH design for NTN, Panasonic[R/OL]. (2019-11-09).

[63] 3GPP. R1-2211601: Discussion on Network-verified UE location for NTN, Panasonic[R/OL]. (2022-11-07).

[64] 3GPP. R1-2300267: Discussion on network verified UE location for NR NTN, OPPO[R/OL]. (2023-02-17).

[65] 3GPP. R1-2302401: Discussion on network verified UE location in NR NTN, Thales[R/OL]. (2023-04-07).

[66] 3GPP. R1-2305530: NTN network verified UE location, Samsung[R/OL]. (2023-05-15).

[67] 3GPP. R1-2306766: Discussions on remaining issues of UE location verification in NR NTN, vivo[R/OL]. (2023-08-11).

[68] 3GPP. R1-2307246: Further aspects related to network verified UE location, Nokia, Nokia Shanghai Bell[R/OL]. (2023-08-11).

[69] 3GPP. R1-2307694: Network verified UE location for NR NTN, Samsung [R/OL]. (2023-08-11).

[70] 3GPP. R1-2311521: Maintenance on Network-verified UE location for NR-NTN, Panasonic[R/OL]. (2023-11-03).

[71] 3GPP. R1-2311862: Remaining issues on network verified UE location for NR NTN, Samsung [R/OL]. (2023-11-03).

[72] 3GPP. R1-2312138: Remaining open issues related to network verified UE location for NR over NTN, Nokia, Nokia Shanghai Bell[R/OL]. (2023-11-03).

[73] 3GPP. R2-2008982: Mobility enhancement for NTN, Intel Corporation[R/OL]. (2020-10-23).

[74] 3GPP. R2-2009984: NTN timers and Common Delay update in moving satellite scenario, Nokia, Nokia Shanghai Bell[R/OL]. (2020-10-23).

[75] 3GPP. R2-2105460: Discussion on connected mode aspects for NTN, Xiaomi Communications[R/OL]. (2021-05-11).

[76] 3GPP. R2-2105819: UE assistance for measurement gap and SMTC configuration in NTN, Lenovo, Motorola Mobility[R/OL]. (2021-05-11).

[77] 3GPP. R2-2106386: SMTC and MG configuration for NTN, Convida Wireless[R/OL]. (2021-05-11).

[78] 3GPP. R2-2107521: Further views on SMTC configurations for NTN, Nokia, Nokia Shanghai Bell[R/OL]. (2021-08-06).

[79] 3GPP. R2-2109555: Further discussion on NTN mobility aspect, CATT[R/OL]. (2021-10-22).

[80] 3GPP. R2-2109635: Mobility for NTN-TN scenarios, MediaTek Inc., Thales[R/OL]. (2021-10-22).

[81] 3GPP. R2-2109638: Discussion on remaining issues on SMTC, Intel Corporation[R/OL]. (2021-10-22).

[82] 3GPP. R2-2109972: SMTC and MG enhancements, Qualcomm Incorporated[R/OL]. (2021-10-22).

[83] 3GPP. R2-2109977: Remaining issues on connected mode mobility for NTN, vivo[R/OL]. (2021-10-22).

[84] 3GPP. R2-2110229: Remaining issues in NTN CHO, LG Electronics Inc[R/OL]. (2021-10-22).

[85] 3GPP. R2-2110266, Further discussion on intra-NTN mobility, CMCC[R/OL]. (2021-10-22).

[86] 3GPP. R2-2110467: UE location report and TAC in NTN, ZTE corporation, Sanechips[R/OL]. (2021-10-22).

[87] 3GPP. R2-2207074: Discussion on network verified UE location, OPPO[R/OL]. (2022-08-10).

[88] 3GPP. R2-2207098: Network verified UE location aspects, Thales[R/OL]. (2022-08-09).

[89] 3GPP. R2-2207444: Consideration on NTN Network Verified UE Location, Apple[R/OL]. (2022-08-10).

[90] 3GPP. R2-2207446: NTN-TN Mobility Enhancement, Apple[R/OL]. (2022-08-10).

[91] 3GPP. R2-2207767: Discussion on NTN-TN mobility, ITL[R/OL]. (2022-08-10).

[92] 3GPP. R2-2207866: On NTN NW verified UE location aspects, Lenovo[R/OL]. (2022-08-10).

[93] 3GPP. R2-2211768: Discussion on NTN-TN cell reselection enhancements, LG Electronics Inc[R/OL]. (2022-11-04).

[94] 3GPP. R2-2300164: Discussion on NTN-TN cell reselection enhancement, OPPO[R/OL]. (2023-

02-17).

[95] 3GPP. R2-2300209: Discussion on PCI unchanged scenario, CATT[R/OL]. (2023-02-17).

[96] 3GPP. R2-2301269, Service Link Switching with PCI unchanged, CMCC, CATT, Huawei, Lenovo,vivo[R/OL]. (2023-02-17).

[97] 3GPP. R2-2301365: NTN-TN mobility and service continuity, InterDigital[R/OL]. (2023-02-17).

[98] 3GPP. R2-2301536: Discussion on RACH-less handover for NTN, ASUSTeK[R/OL]. (2023-02-17).

[99] 3GPP. R2-2302698: Discussion on NTN RACH-less handover, Intel Corporation[R/OL]. (2023-04-07).

[100] 3GPP. R2-2303139: Consideration on cell reselection enhancements for NTN-TN, ZTE corporation, Sanechips[R/OL]. (2023-04-07).

[101] 3GPP. R2-2303728: NTN-TN mobility and service continuity, InterDigital[R/OL]. (2023-04-06).

[102] 3GPP. R2-2304014, Discussion on NTN-TN Cell re-selection, ITL[R/OL]. (2023-04-07).

[103] 3GPP. R2-2305196: RACH-less handover for NTN, Qualcomm Incorporated[R/OL]. (2023-05-12).

[104] 3GPP. R2-2306123: Discussion on RACH-less handover for NTN, ASUSTeK[R/OL]. (2023-05-12).

[105] 3GPP. R2-2307622, RACH-less handover for NTN, Qualcomm Incorporated[R/OL]. (2023-08-11).

[106] 3GPP. R2-2308032: Remaining issues on RACH-less HO in NTN, Huawei, Turkcell, HiSilicon[R/OL]. (2023-08-11).

[107] 3GPP. R2-2309883: Discussion on moving cell reference location for CHO, ASUSTeK[R/OL]. (2023-10-17).

[108] 3GPP. R2-2310307, Satellite switching with unchanged PCI, Apple[R/OL]. (2023-10-17).

[109] 3GPP. R2-2310696: Remaining issues on the unchanged PCI satellite switch, Google Inc[R/OL]. (2023-10-17).

[110] 3GPP. R2-2312047: Leftover issues on the unchanged PCI satellite switch, Google Inc[R/OL]. (2023-11-03).

[111] 3GPP. R2-2312463: Some remaining issues for CHO and RACH-less HO in NTN, Lenovo[R/OL]. (2023-11-03).

[112] 3GPP. R2-2400251: Discussion on Remaining Open Issue for Unchanged PCI Mechanism (H001), CATT, Huawei, HiSilicon, CMCC[R/OL]. (2024-02-19).

[113] 3GPP. R2-2401400: Remaining issue on soft satellite switch with re-sync, Ericsson[R/OL]. (2024-02-19).